日本と世界の戦車が3行でわかる本

第一次・第二次大戦 編

齋木伸生 著

イカロス出版

はじめに ―戦車の半世紀―

陸戦の王者戦車、戦車は、およそ100年前の戦場に誕生した。

戦車は第一次世界大戦の塹壕戦の中、当初は歩兵を支援する目的で開発された。全身にまとった装甲によって敵弾を跳ね返し、砲と機関銃で塹壕に立てこもった敵を排除する、移動できるトーチカに過ぎなかった。あくまでも戦車は歩兵に付属するもの、歩兵のしもべであった。実際、当時ののろのろ、それどころか、よたよたとしか動けない戦車は、主人には力不足だった。

しかし、世界各国で先見の明のある軍人たちは、戦車の大きな発展可能性に着目した。単に歩兵の戦い方を改善するだけのものでなく、陸戦の在り方を変えるのではないかと。

それを示唆する存在が、かつての騎兵であった。騎兵は歩兵と並ぶ、あるいは歩兵をはるかに凌駕《りょうが》する花形兵科であった。馬に乗った機動力、突進による衝撃力を持ち、機動と突破という、歩兵とは別個の戦闘能力を有していたのである。

第一次世界大戦の戦場は、騎兵の活躍の場を奪い去った。膠着《こうちゃく》した前線、機関銃の一斉射撃の前には、騎兵の機動力も衝撃力も活かしようがなかった。もはや騎兵には、偵察や伝令の役割しか残ってなかった。

しかし、これは戦場で騎兵的役割が、必要なくなったという意味では全くなかった。今までの騎兵では果たせなくなった、というだけのことである。装甲とエンジンを有する鉄の馬ならどうだろう。しかも、単なる騎兵の代わりではなく、新たな戦闘様式が導き出せるかもしれない。

戦車が歩兵のものか、はたまた騎兵のものか、さらに言えば戦車そのものが歩兵とも騎兵とも別の新たな兵種なのか、という問題は簡単なものではなかった。そこには技術的要素だけでなく、政治的要素もからんできた。政治的要素というのは、軍の在り方や予算を決める高等な政治的要素に加え、もっと卑近なもの、お役所的縄張り争いもあった。

例えば、戦車は歩兵のものとして、騎兵には戦車を作らせない、持たせないといったほとんどいやがらせまで。実際これは、多くの国で見られた。フランスでは歩兵用と騎兵用に別々の戦車が作られたし、アメリカでは戦車は歩兵のものだったので、騎兵用には「戦闘車」なるものが作られた。その結果、戦間期には百花繚乱《りょうらん》のごとく、さまざまな戦車が作り出されることになった。

それを助長したのは、戦車がまだ初歩的なレベルにあったことと、そして逆説的だが、世界各国の予算不足だった。初歩的ということは、国家レベルの技術や設備がなくても、極論すれば町の発明家でも戦車が作れたということである。アメリカのクリスティー技師などその見本である。また予算不足は、「早い、安い、うまい（?）」戦車の需要を生んだ。タンケッテ（豆戦車）の大流行である。こうして戦車の誕生からの迷走は、戦車の世界に多くの彩りを与えた。

しかし、それに続く第二次世界大戦の戦場の現実が、戦車の実際的な在り方を必然として決定付けたと言えるだろう。百花繚乱だった様々なアイデアは、クリスティー式の転輪走行や、「うまい」ではなく「弱い」だけだったタンケッテのように、あるものはアイデア倒れに終わった。歩兵戦車と巡航戦車、戦車と支援戦車の使い分けのような理想論は、机上の空論であることが分かった。こうして戦車の世界は、第二次世界大戦後の主力戦車へと収斂《しゅうれん》していったのである。

本書は当初は、現代までを含む戦車の総史を目指していた。しかし、様々な理由から戦車の半世紀でいったん綴じざるを得なくなった。紙数が足りないため、ありていに言えば、戦車の進化の苦しみの中の、多彩な試行錯誤の結果である、多くの戦車たちを見捨てることができなかったのである。

本書では正当進化の結果であるエポックな戦車とともに、各種のユニークな戦車、そして、特に主要戦車開発国以外にも目を配っている。読者諸兄には、こうした、いわゆる戦車らしい戦車以外にも、すべての戦車を愛していただければ幸いである。

齋木伸生

目次

※本書は『世界の「戦車」がよくわかる本』(齋木伸生 著／PHP研究所 刊)を元に、大幅に改稿し、写真および図版を追加したものです。

齋木伸生（さいき のぶお）

1960年、東京生まれ。早稲田大学政治経済学部卒業、同大学院法学研究科修士課程修了、博士課程修了。経済学士、法学修士。小学校時代から戦車などの模型にはまる。長じて戦史や安全保障の問題にも興味を持ち、国際関係論を研究。研究上はソ連・フィンランド関係とフィンランドの安全保障政策が専門。軍事・兵器に関しては陸海空に精通。特にソ連兵器と世界の戦車のエキスパート。主な著書に『ドイツ戦車博物館めぐり』『ヒトラー戦跡紀行 いまこそ訪ねよう第三帝国の戦争遺跡』（以上、潮書房光人社）、『フィンランド軍入門』『冬戦争』『写真集 BT-42突撃砲【完全版】』『写真集 ソミュールのフランス戦車【完全版】』『写真集 ソミュールのドイツ戦車』（イカロス出版）、『図解・ソ連戦車軍団』（並木書房）などがある。

日本と世界の戦車が3行でわかる本
第一次・第二次大戦 編

2021年3月20日発行

著者 ———— 齋木伸生
編集 ———— 武藤善仁
装丁・本文デザイン — 御園ありさ（イカロス出版制作室）
発行人 ———— 塩谷茂代
発行所 イカロス出版株式会社
〒162-8616 東京都新宿区市谷本村町2-3
[電話]販売部 03-3267-2766
編集部 03-3267-2868
[URL] https://www.ikaros.jp/
印刷所 ———— 図書印刷株式会社

図版／田村紀雄
写真／ミリタリー・クラシックス編集部
U.S.Army、U.S.Marine Corps、National Archives、IWM（特記以外）

日本軍の戦車

第一次世界大戦における戦車の登場を見た日本陸軍は、英仏から戦車を輸入。研究した後、国産戦車・八九式軽戦車（後に中戦車に類別変更）の開発に乗り出す。次いで、九五式軽戦車、九七式中戦車といった世界水準の性能を持つ戦車を開発。昭和16年（1941年）に勃発した太平洋戦争では、これらの戦車を用いて米英軍との戦いに挑むこととなった。

大日本帝國

八九式中戦車イ号

- 英国戦車の影響を受けた日本初の国産戦車
- 甲型とディーゼルエンジンの乙型の二種
- 中国方面で活躍、太平洋戦争時には旧式化

独自の設計を盛り込んだ初の国産戦車

日本は第一次世界大戦当時、自力で戦車を開発することはなかったが、戦後すぐに菱形戦車や、ホイペット、ルノーFT‐17といった主要な戦車を輸入し、その研究を開始している。輸入か国産かの議論の後、国産可能として昭和2年（１９２７年）に、初めての国産試製戦車の製作に成功した。この車両は戦闘重量が計画の12トンをはるかに上回る18トンになってしまった。

これを受けて、戦車の開発方針は10トン以下の軽戦車と18トンの重戦車に分けられることとなり、新たに「イ号」の秘匿名称の下、軽戦車が開発されることになった。当時、日本には研究用に重量11・6トンのヴィカースC型戦車が輸入されており、これを参考に新型戦車の開発が進められた。しかし、単なるコピーではなく、設計には日本独自の構想が盛り込まれていた。

昭和4年（１９２９年）4月、試作車が完成し、10月には八九式軽戦車（後に中戦車に分類変更）として仮制式化された。記念すべき日本初の国産制式戦車の誕生であった。

八九式の設計と二種の型式

車両デザインは、後の戦車に比べて背の高い箱型の車体に、全周旋回砲塔が搭載されている。前部の操縦室と戦闘室は一体化されており、後部の車体のほぼ半分がエンジン室になっている。エンジンに続いて変速機が配置されており、起動輪は後部にある。なお、このレイアウトは、当初は左側にあった操縦手席が後に右側に移

ガソリンエンジンを搭載した八九式中戦車甲型。甲型前期型に分類される車両で、円筒形の砲塔、背の高い「トルコ帽型」の車長用展望塔が特徴的だ。

されるように、生産中に大きく変更されている。装甲厚は車体前面17㎜、側後面15㎜、砲塔全周17㎜で、装甲板はリベット留めで組み立てられていた。

砲塔は初期は円筒形で、生産中に平面を組み合わせたものに変更されている。砲塔上には展望塔（キューポラ）を装備しているが、このデザインも途中で変更された。主砲は57㎜砲だが18・4口径と短砲身の戦車砲である。榴弾火力は高いものの対戦車能力はないに等しい砲だったが、歩兵と戦うことが主任務であった当時としては妥当だろう。副武装として、前方および砲塔後方に6・5㎜機関銃を装備していた。

エンジンは当初はガソリンエンジンが搭載されていたが、後にディーゼルエンジンに変更された。ガソリン型は甲型、ディーゼル型は乙型と区別されている。走行装置は小転輪4個をリーフスプリングで懸架したものを片側2組装備していた。最前部にはコイルスプリングで独立懸架した転輪1個を持つ。最大速度は25㎞／hと当時としては高速を発揮した。

八九式中戦車は昭和12年（1937年）までに409両が生産された。上海事変、満州事変といった中国大陸での戦いに加え、ノモンハン事件にも出動している。中でも、第二次上海事変から徐州会戦まで八九式を駆って奮戦した西住小次郎大尉の活躍は、〝軍神西住戦車長〟として広く知られた。太平洋戦争時にはすでに旧式化していたが、緒戦のフィリピン攻略作戦に投入され、残置された車両はなんと昭和20年（1945年）のルソン防衛戦でアメリカ軍のM4中戦車相手に戦っている。

太平洋戦争時、フィリピン・マニラ方面を進撃中の八九式中戦車イ号。砲塔は角張った形状の新型砲塔を搭載している。

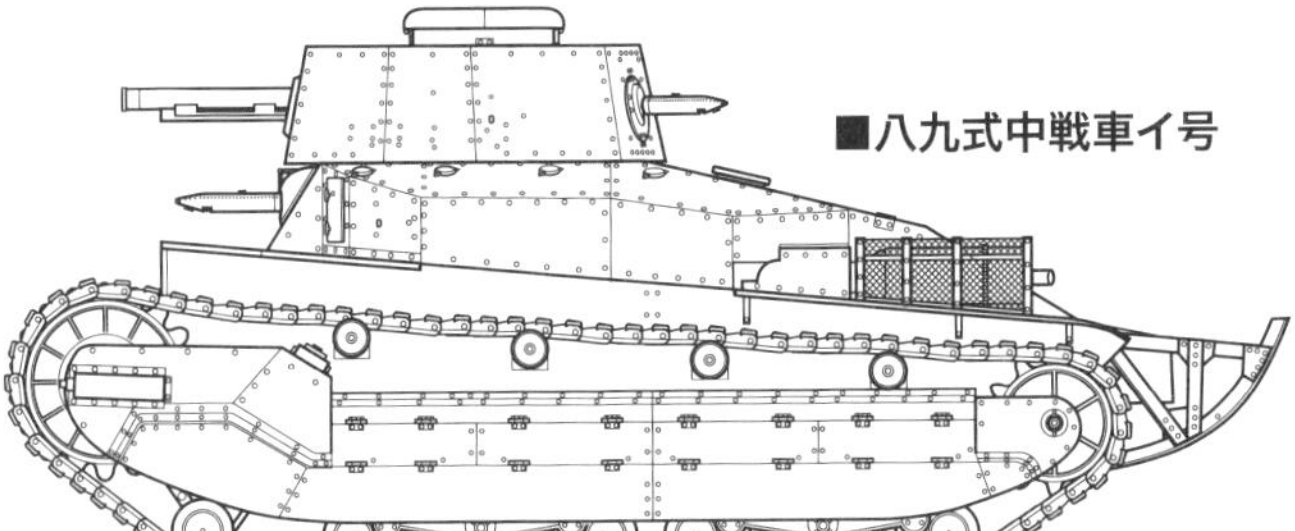

■八九式中戦車イ号

■八九式中戦車イ号

重量	12.7トン（甲型）／13.0トン（乙型）				
全長	5.75m	全幅	2.18m	全高	2.56m
エンジン	ダ式一〇〇馬力発動機 液冷ガソリン1基（甲型） 三菱A6120VD 空冷ディーゼル1基（乙型）				
エンジン出力	118hp	最高速度	25km/h		
行動距離	140km（甲型）／170km（乙型）				
兵装	18.4口径57mm戦車砲1門、6.5mm機関銃2挺				
装甲厚	10～17mm	乗員	4名		

大日本帝國

九五式軽戦車ハ号

■トラックに追随できる機動力の高い軽戦車
■弱威力の主砲、装甲は機関銃弾を防ぐ程度
■太平洋戦争では米戦車に苦戦を強いられる

歩兵支援に適した軽戦車の開発

八九式中戦車は、そもそもは広大な大陸で、歩兵を支援して機動戦闘を行うべく開発された高速機動戦車であった。同車の25km／hの最大速度は当時としては優れたものであったが、その後の歩兵用輸送トラックの性能向上で、歩兵部隊についていけないという問題が生じた。昭和5年（1930年）には歩兵側から歩兵戦闘用豆戦車の構想が示されており、昭和6年（1931年）には技術研究本部との議論も行われた。

こうして、小型で最大速度40km／hという要求仕様に基づく軽戦車が開発されることになった。開発に当たっては、日本戦車では初めて民間企業の三菱重工が細部設計を行うことになり、昭和7年（1932年）7月に設計が開始された。試作車は昭和9年（1934年）6月に完成。生産型に比べると、車体側面のバルジ、砲塔上面の展望塔（キューポラ）はなく、車体後部の誘導輪が前部の起動輪と同じ歯車型という相違点があった。

この試作車は予定より重量がオーバーしており、起動輪や誘導輪に軽目穴が明けられるような、涙ぐましい重量削減と各種の改良が施された。改修試作車は9月の試験で最大速度46km／hを発揮。さらに12月から翌年3月にかけては、満州で冬季試験も行

ジャングル地帯を進撃する九五式軽戦車ハ号。太平洋戦争中の昭和18年まで生産が継続され、生産数は2,375両。日本陸軍で最も多く生産された戦車となった。

われ、零下40℃でも快調に稼働している。

その後も試験と改修が行われ、昭和10年（1935年）6月には第二次試作車が発注され、11月に完成した。車体側面の特徴的なバルジが追加されたのは、この二次試作車からである。

また、転輪の間隔と満州のコーリャン畑の畝《うね》が偶然に一致し、はまり込んでしまったため、いわゆる北満型と言われる小転輪を追加したタイプも試作された。なお、本車は第二次試作車の完成を待たず、5月には「九五式軽戦車」との呼称が決定、12月に仮制式化が行われた。

九五式軽戦車の設計と性能

こうして完成した九五式軽戦車は、全長4・30m、全幅2・07m、全高2・28m、全備重量7・4トンというかわいい車両であった。乗員は三名で、車体前方右側に操縦手、左側に機関銃手、砲塔に車長が位置した。車体デザインは、車体戦闘室部、砲塔、エンジン室部ともに左右非対称で、実に複雑でユニークな形状をしている。特に車体戦闘室部左右のスカート状の膨らみと、砲塔の非対称な形状は、モデラー目線で楽しませてくれる。

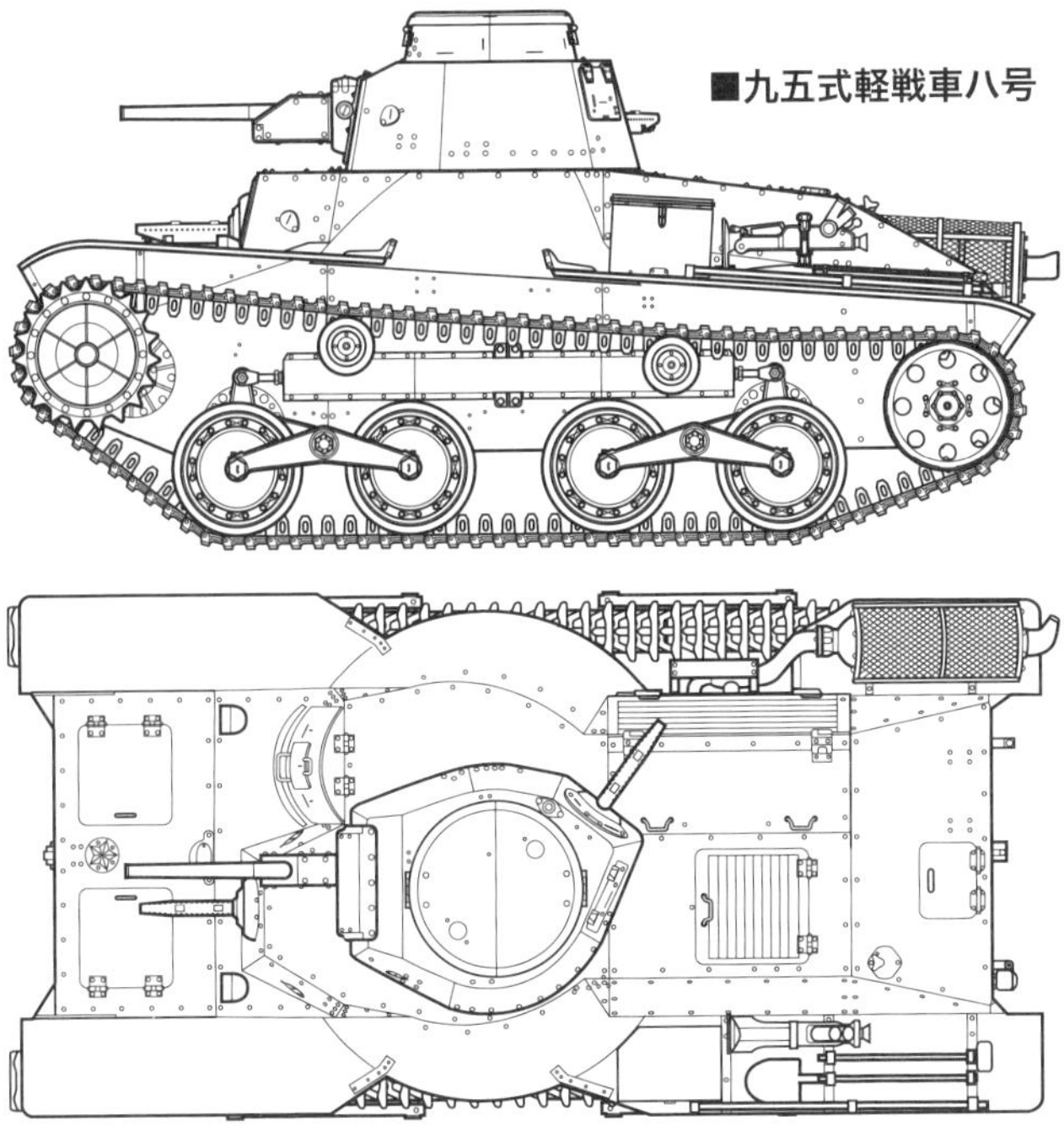

■九五式軽戦車八号

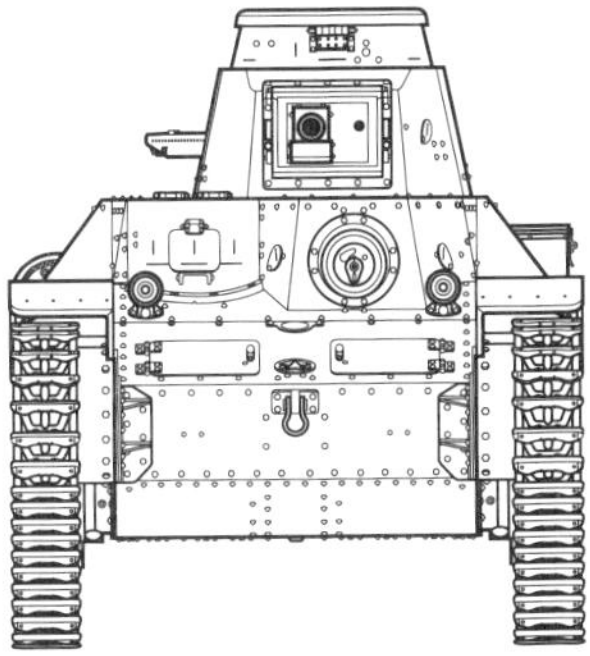

■九五式軽戦車八号

重量	7.4トン	全長	4.3m
全幅	2.07m	全高	2.28m
エンジン	三菱A6120VDe 空冷ディーゼル1基		
エンジン出力	115hp	最高速度	40km/h
行動距離	250km		
兵装	36.7口径37mm戦車砲1門、 7.7mm機関銃2挺		
装甲厚	6〜12mm	乗員	3名

装甲板の組み立ては溶接とリベット留めが併用されていた。装甲厚は最も厚い車体前面、砲塔全周でも12㎜しかなく、機関銃弾に耐える程度の軽装甲であった。開発当初から30㎜は欲しいと議論はあったが、妥協せざるを得なかった。ただし、本車の出現時期（1936年量産開始）を考えれば、列国の軽戦車と比較して劣るものではない。

主砲は九四式37㎜戦車砲を装備していた。37㎜という口径は諸外国の戦車砲と比較しても劣るものではないが、実はこの砲の砲弾は戦車内での取り扱いを考慮して、日本軍の同口径の対戦車砲と異なる、威力の小さいものが用いられていた（射距離300mで40㎜厚の垂直装甲板を貫徹）。だが、それでも八九式中戦車の57㎜砲より装甲貫徹力は大きい。なお、後に対戦車砲と同じ弾薬を使用する九八式37㎜戦車砲が製作され、装備されている（それでも不十分な威力だったが）。

■九五式軽戦車ハ号（北満型）

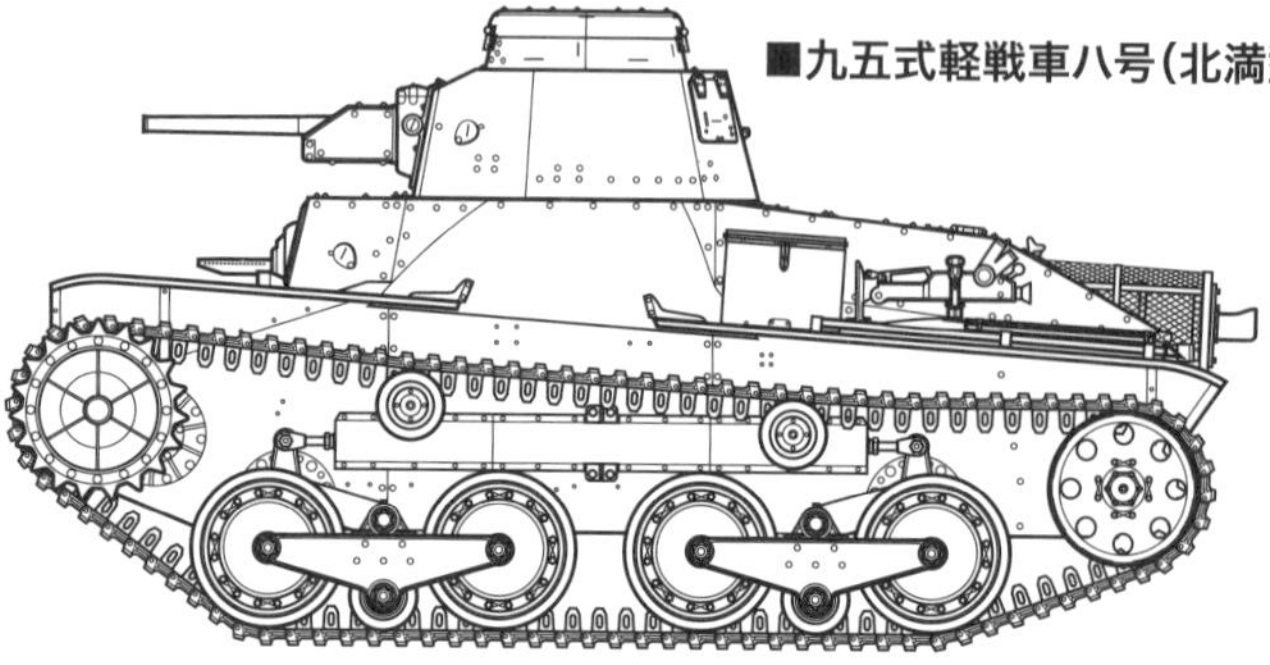

エンジンは三菱重工製の直列6気筒空冷ディーゼルエンジンA6120VDeで、出力は115馬力であった。同エンジンは元々、八九式戦車に搭載されたエンジンをコンパクト化したものだが、直列エンジンでやや高さがあり、このため、小型戦車を目指したはずの九五式のエンジン室の背が高くなってしまった。エンジンは車体後部のエンジン室右側に寄せられ、左側には燃料タンクが配置されていた。

テニアン島にて撃破された戦車第九連隊の九五式軽戦車ハ号。米戦車に対して攻防能力ともに弱体な九五式は、太平洋戦争後半の島嶼戦で苦戦を強いられた。

九五式は後方エンジン・前方駆動式で、変速機は車体前部に配置されている。起動輪は前部、誘導輪は後部に配置された。転輪は中型のゴム縁付きのもの4個、複列式で2個ずつがペアとなり、それが水平に配置されたコイルスプリングの左右端に取り付けられて緩衝されている（これはシーソー式と呼ばれる）。上部支持輪は2個で、ゴム縁付きだ。

九五式軽戦車の運用と戦歴

九五式軽戦車の生産は昭和11年（1936年）から開始され、昭和18年（1943年）までに合計2375両が完成した。本車は偵察用に師団捜索隊に配属された他、戦車連隊の軽戦車中隊や本部車両として、さらにはいくつかの戦車連隊では主力戦車として配備された。最初に配属されたのは、独立混成第一旅団隷下の戦車第四大隊第2中隊で、昭和12年（1937年）7月に勃発した日華事変において北京郊外に出動し、初陣を飾った。

10月には八九式とともに長城線突破作戦に参加したが、八九式が後落する中、先頭に立って中国軍を追い払った。昭和14年（1939年）のノモンハン事件には第四連隊の35両の九五式軽戦車が参加したが、すでにこの時、その装甲の非力さを露呈している。昭和16年（1941年）の太平洋戦争開戦時には1000両以上が配備されており、フィリピン攻略作戦やマレー電撃戦に参加した。

しかし、アメリカ軍のM3軽戦車には歯が立たず、マレー半島ではバクリ付近でオーストラリア軍の対戦車砲の待ち伏せにより中隊が全滅する等、その戦闘能力の限界も露わになった。昭和18年には生産が打ち切られるが、その後も部隊に配備された車両は、太平洋の島々で、また東南アジアで、最後まで苦しい戦いを続けたのである。

昭和19年7月、サイパン島の戦いで撃破され、車体右側面が完全に破壊された九五式軽戦車。陸軍ではなく海軍陸戦隊の所属車両である。なお、八九式中戦車は「イ号」、九五式軽戦車は「ハ号」との秘匿名称で呼ばれるが、「ロ号」は昭和10年制式の九五式重戦車を示す。

大日本帝國

九七式中戦車チハ

- 八九式を更新する、歩兵支援が得意な中戦車
- 日本陸軍の主力として太平洋戦争で奮戦
- 新砲塔チハは対戦車能力の高い47㎜砲に換装

チハとチニの二案からチハを採用

八九式中戦車は当時としては優れた戦車であったが、日進月歩の兵器の世界では必然的に旧式化は避けられず、また、満州や中国における実戦使用において色々と問題点も明らかとなった。これを受けて、昭和10年（1935年）に新型中戦車、後の九七式中戦車の研究が開始されることになった。この際、問題となったのは、新型戦車としてどのような戦車を開発するかであった。

一つは八九式中戦車を基礎とし、重量14トン、出力200馬力の空冷ディーゼルエンジンを搭載、時速35㎞、前面装甲30㎜、主砲57㎜砲、乗員4名の（相対的に）大型戦車案で、もう一つは九五式軽戦車を基礎とし、重量10トン、出力120馬力の空冷ディーゼルエンジンを搭載、時速30㎞、前面装甲25㎜、主砲57㎜砲、乗員3名の軽量小型戦車案であった。

この議論は結論が出ず、第一案のチハと第二案のチニの二種類の車両が、同時に試作されることになった。完成した車両は両者共それなりに満足いく性能で甲乙付け難かった。昭和12年（1937年）の日華事変の結果、軍事予算が急増し、けちけちした第二案を取る必要はなくなり（異説もある）、より余裕のある第一案、チハ車が新型中戦車・九七式中戦車として制式化されたのである。

九七式中戦車チハの構造

九七式中戦車の車体は箱型、砲塔は円筒形をしており、装甲鋼板をリベット留めして組み立てられている。各部の装甲厚は車体前面25㎜、側面25㎜、後面20㎜、砲塔は前側後面とも25㎜となっていた。この厚さは1937年段階の諸外国の同クラスの戦車と比べても、何ら遜色《そんしょく》のないものであった。

主砲は全周旋回式の砲塔に、九七式57㎜戦車砲を搭載していた。この砲は八九式戦車に搭載されていた九〇式57㎜戦車砲を改良したもので、短砲身で実質的には榴弾砲であった。九〇式に比べれば砲弾の初速は向上（毎秒350m

に対して毎秒４２０ｍ）していたものの、装甲貫徹力はやはり不足していた。ただし、設計者側はこの問題は認識しており、近い将来の攻撃力増強のために、砲塔リングの直径が大きく取られていた。

エンジンは、V型12気筒空冷ディーゼルエンジンで、出力は１７０馬力である。トランスミッションは機械式で、操向はクラッチ・ブレーキ式。走行装置は中口径の転輪が６個で、第二・第三転輪と第四・第五転輪がペアとなってアームに取り付けられ、第二・第三転輪のペアが第一転輪と、第四・第五転輪のペアが第六転輪と水平コイルスプリングで連結されて組になっている。この前後の転輪の組同士をさらに水平コイルスプリングで連結して緩衝、この懸架装置は九五式と同じくシーソー式と呼ばれる。最高速度は38km／hで十分なものと

国会議事堂前を行進する九七式中戦車チハ。チハは日本陸軍戦車の秘匿・試作名称で、「チ」は中戦車を、「ハ」はイロハの順で三番目に開発されたことを示す。なお、八九式中戦車の甲型がチイ、乙型がチロとされている。

■九七式中戦車チハ

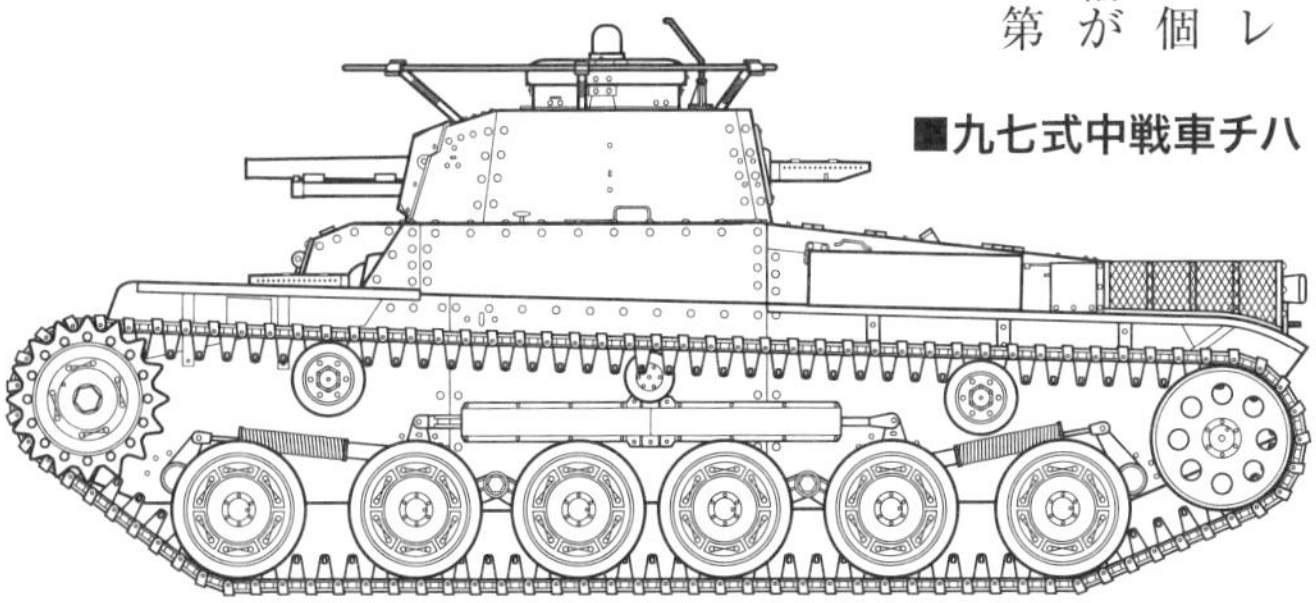

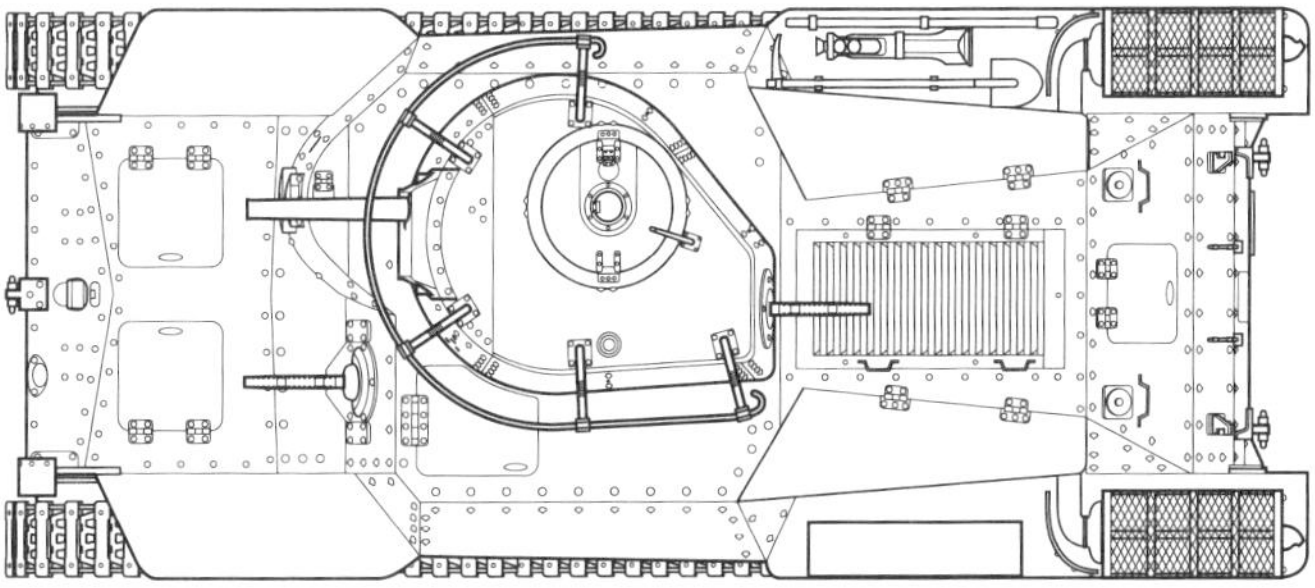

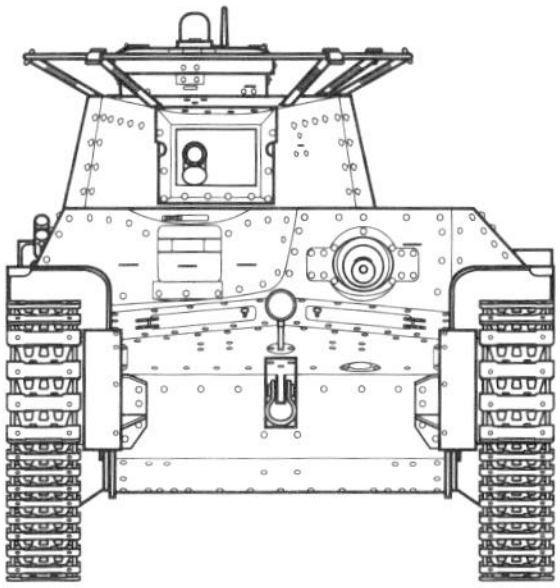

■九七式中戦車チハ

重量	15.0トン	全長	5.52m
全幅	2.33m	全高	2.23m
エンジン	三菱SA12200VD 空冷ディーゼル1基		
エンジン出力	170hp	最高速度	38km/h
行動距離	210km		
兵装	18.4口径57mm戦車砲1門、 7.7mm機関銃2挺		
装甲厚	10～25mm	乗員	4名

言えた。

九七式中戦車チハの戦歴

九七式中戦車は昭和13年（1938年）から量産が開始され、同年度内に25両生産した。その後、昭和14年（1939年）度に202両、昭和15年（1940年）度に315両、昭和16年（1941年）度に507両と生産数は急増した。九七式中戦車にとって初陣となったのは、昭和14年のノモンハン事件だったが、この時はわずかな数量だった上、すぐ引き上げられたため大した戦闘は行っていない。

九七式中戦車が大活躍した戦場と言えば、やはり太平洋戦争開戦劈頭《へきとう》のマレー作戦であろう。マレー半島シンゴラに上陸した第五師団は、捜索第五連隊を中心に佐伯挺身隊を編成してマレー半島のイギリス軍陣地に対する突破作戦を行ったが、同挺身隊には、九七式中戦車10両、九五式軽戦車2両を装備した戦車第一連隊第3中隊が配属されていた。

彼らはイギリス軍が三カ月はもつと豪語したジットラ陣地を、わずか一日で突破したのである。さらに戦車第六連隊、島田少佐率いる島田戦車隊は、戦車による夜襲を敢行しスリムの敵陣地を突破した。

マレー作戦には第三戦車団の四個連隊の戦車227両が投入され、そのうち83両が九七式中戦車であった。本車はまさに、マレー半島突進の立役者となる活躍を見せたのである。

主砲を換装した新砲塔チハ

九七式中戦車は優れた戦車ではあったが、それはあくまで出現当時の話であった。第二次世界大戦の激烈な戦車戦の中では、すべての戦車が瞬《また》く間に陳腐化して能力不足となっていった。九七式中戦車もその運命を免れなかった。特にノモンハンの経験は、日本陸軍に新しい武装の必要性を痛感させた。

前述したように九七式中戦車は、より大型の砲塔を搭載できるように余裕を持って設計されていた。新たな武装に関しては47㎜と57㎜長カノン砲が検討されたが、歩兵の装備する対戦車砲との共通化から一式47㎜戦車砲が選ばれた。その貫徹性能は射距離

硫黄島の戦いで放棄された新砲塔チハ（九七式中戦車改）。一式47mm戦車砲は射距離1,000mでM4中戦車の車体側面・後面装甲（約38mm厚）やM3軽戦車の正面装甲（約51mm厚）を貫徹することができた。

１０００ｍで50～52㎜（垂直の装甲板に対して）というものであった。

新たな武装の搭載に当たっては、大型化された新型砲塔が製作された。同砲を搭載した試験は昭和15年半ばより開始され、昭和16年には実用試験が行われた。新型砲塔の搭載で重量は５００kgほど増えたが、基本性能に影響はなかった。

新型砲塔を搭載した新砲塔チハ、いわゆる九七式中戦車改の生産は昭和16年10月に開始され、昭和17年（１９４２年）５月のフィリピン・コレヒドール攻略戦に投入された。本車は昭和16年中に約70両が完成し、その後、原型の九七式中戦車と並行して生産された。

当初、砲塔以外は九七式中戦車と同じだったが、昭和17年後半からはベース車体の設計も変更され、車体後部エンジンデッキの形状が変化し、その他装備品の配置も変更されるようになった。

九七式中戦車は九七式改を含み、昭和19年（１９４４年）までに２１２３両が生産された。このうちの４１７両が九七式改であったと言われる。太平洋戦争後期で九七式中戦車が多数運用されたのは、サイパン島とフィリピンの戦いであった。しかし、その頃のアメリカ軍の主力はＭ４中戦車であり、原型の九七式はもちろん、九七式改でも対抗することは困難だった。それでも九七式は、硫黄島、沖縄と米軍に立ち向かい、最後まで奮戦し続けたのである。

■九七式中戦車改（新砲塔チハ）

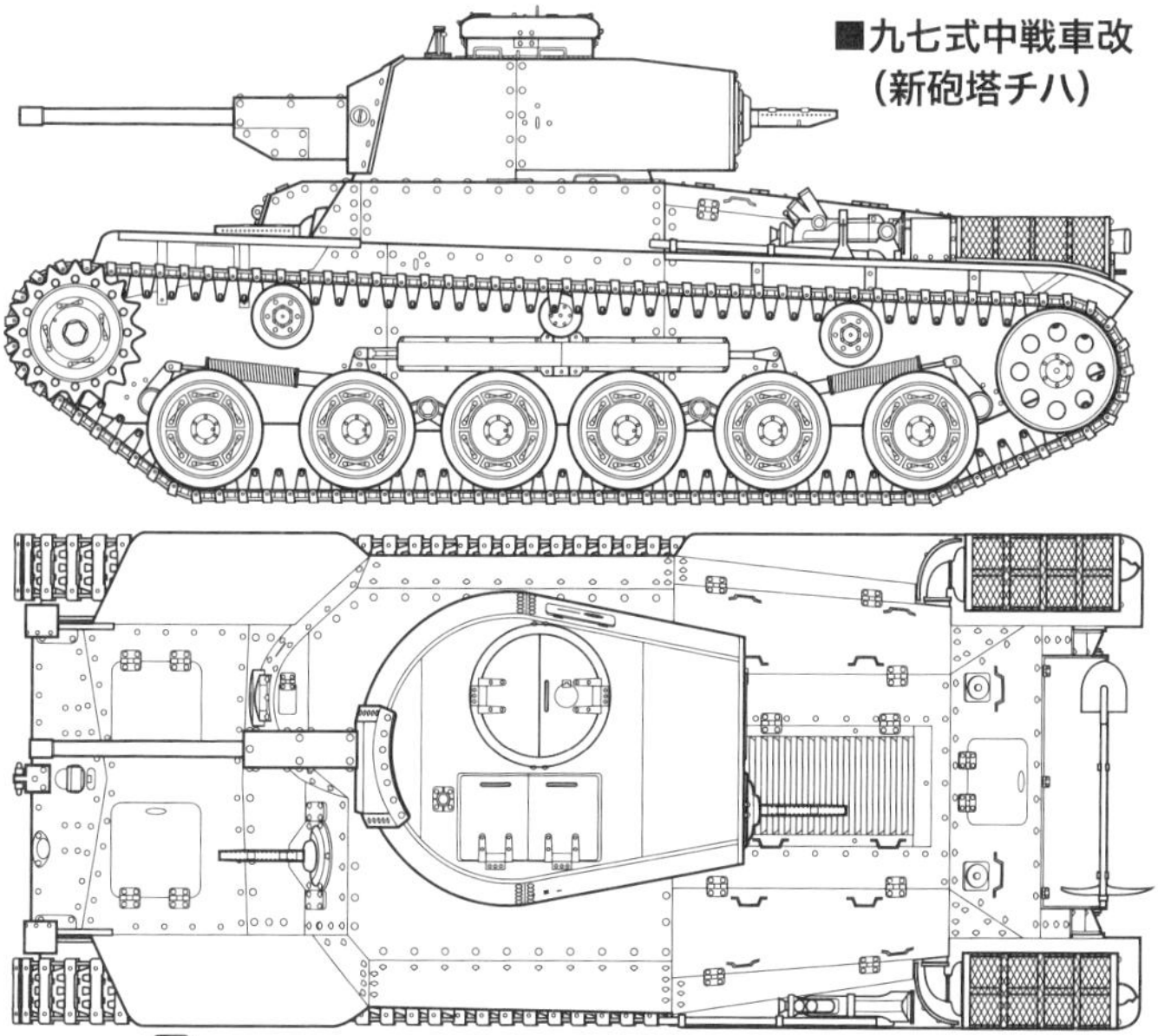

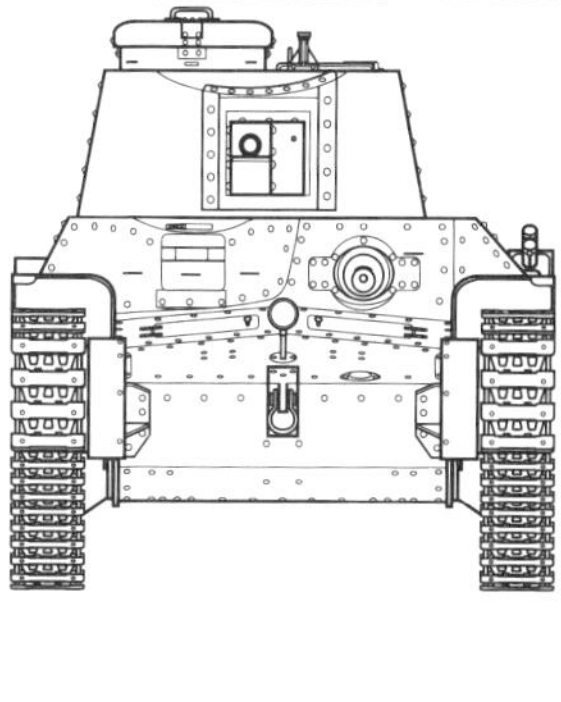

■九七式中戦車改（新砲塔チハ）

重量	15.8トン	全長	5.52m
全幅	2.33m	全高	2.38m
エンジン	三菱SA12200VD 空冷ディーゼル1基		
エンジン出力	170hp	最高速度	38km/h
行動距離	210km		
兵装	48口径47mm戦車砲1門、 7.7mm機関銃2挺		
装甲厚	10～25mm	乗員	4名

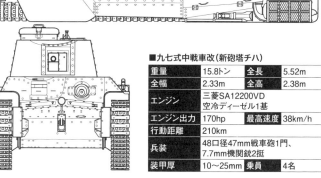

大日本帝國

一式中戦車チヘ

■新砲塔チハと同じ武装を備える新型中戦車
■チハよりも装甲防御力とエンジンを強化
■開発は遅れに遅れ、実戦を経験せず終戦

一式中戦車の開発開始と中止・再開

47㎜砲を搭載した新砲塔チハ（九七式中戦車改）の生産が開始されたが、これは一刻も早く実用化を図るための、いわば便法であった。それと並行して、初めから新型砲を搭載したより理想的な戦車とすべく、もう一つの車両が開発された。その設計は九七式中戦車の基本構造を引き継ぎつつも、車体設計を改め、装甲防御力や機動性能を高めた新型戦車とするものだった。

開発は昭和15年（1940年）に開始され、開発名称はチヘとされたが、既存の車両の生産が優先され、その開発作業は後回しとなり遅れた。木製モックアップが完成したのは昭和16年（1941年）8月、試作車が完成したのは昭和17年（1942年）9月、なんと開発が完了したのは昭和18年（1943年）6月のことであった。しかし、その頃にはすでに九七式中戦車改が量産されており、武装が同じではさして量産が必要とも考えられなかった。このため、同年中に作られたのはわずかな数の増加試作車だけだった。

当時、米軍の反攻にさらされた前線部隊では、装甲の強化された新型戦車を求める声が高まっており、昭和19年（1944年）2月に一式中戦車の試験が再開され、ようやく同年4月に生産が開始された。しかし、後述する三式中戦車への生産切り替えで、結局完成したのは155両にとどまった（他に増加試作車15両）。

昭和20年（1945年）、戦車第五連隊に所属する一式中戦車チヘ（中央の車両）。同連隊は戦車第一師団の麾下にあり、関東地方へ上陸する米軍に備えていたが、戦闘を交えることなく終戦を迎えた。

一式中戦車の構造と性能

一式中戦車の車体は、既述のように九七式中戦車の基本構造が流用されており、よく似たデザインにまとめられている。ただし、装甲板の組み立てには溶接が多用されるようになっていた。装甲も強化されており、車体前面は50㎜とされた。

砲塔の設計は、こちらは九七式改のものが流用されていた。砲塔前面装甲は50㎜に強化されていたが、これは25㎜の基本装甲に25㎜の装甲板が張り増されたものだ。武装も九七式中戦車改と同じ47㎜砲である。

エンジンは出力240馬力の統制型一〇〇式空冷ディーゼルエンジンに強化されており、このため九七式中戦車と比べてエンジンルームが延長されている。走行装置のデザインは九七式中戦車と変わらないが、車体が延長された関係で転輪の間隔が広がっている。重量が増加したにも関わらず出力が増大したことで、最大速度は44km／hを発揮できた。

乗員は九七式の四名から五名になり、砲塔内乗員は、車長、砲手、装填手の三名となったとされるが、実際には装填手が乗らない四名での乗車が多かったようだ。

■一式中戦車チヘ

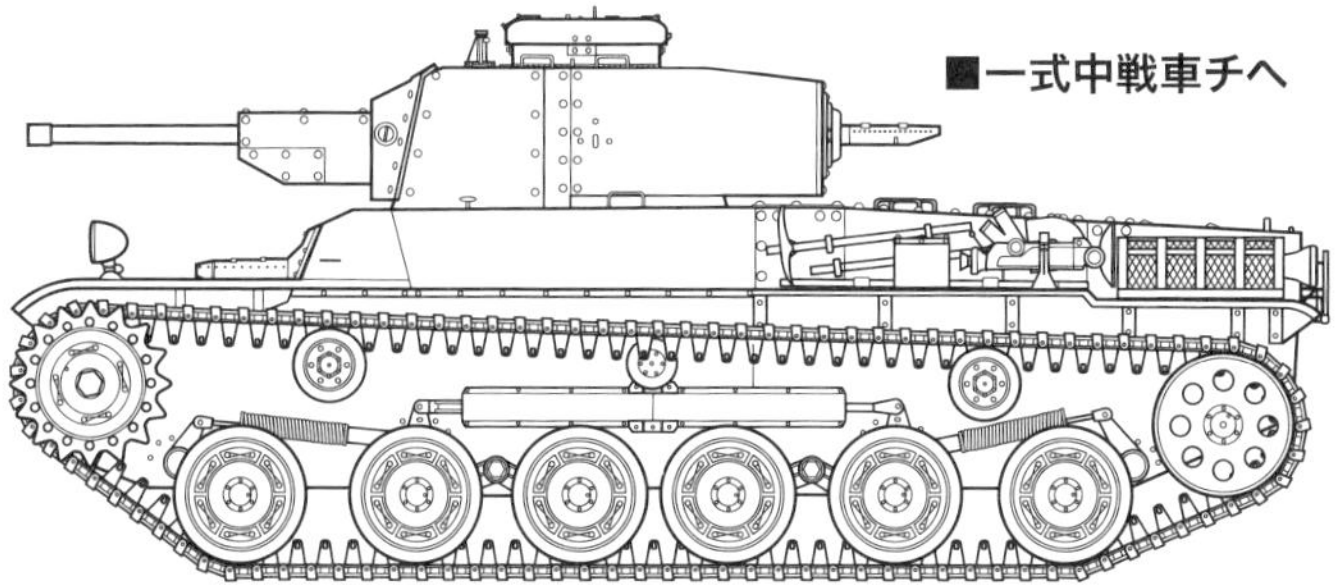

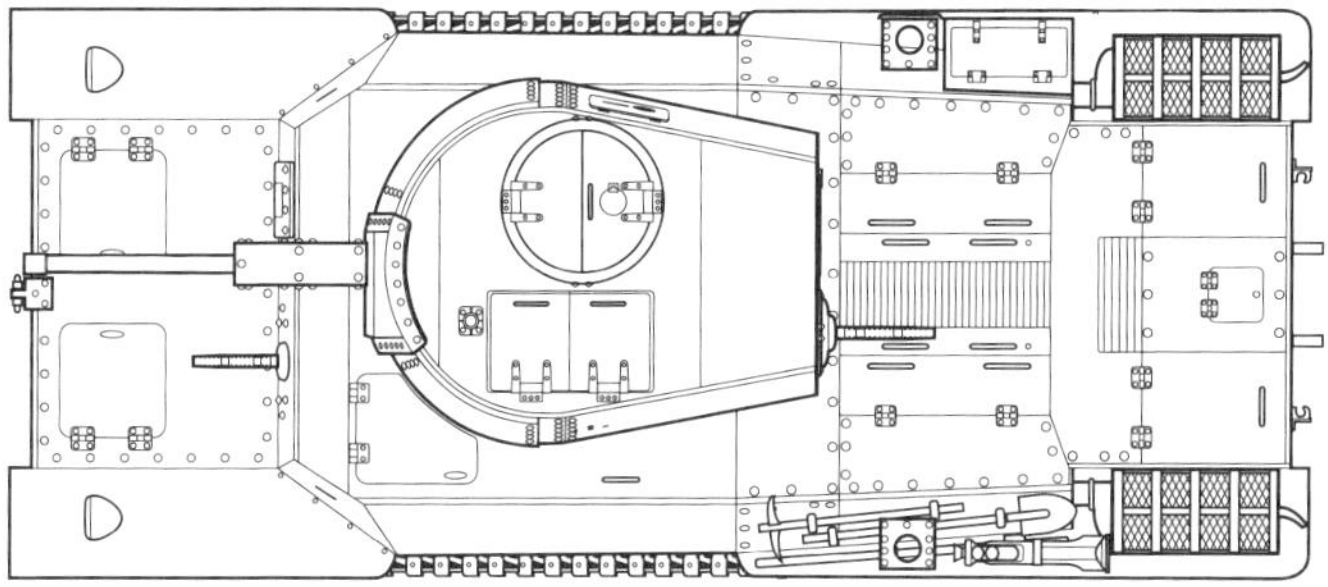

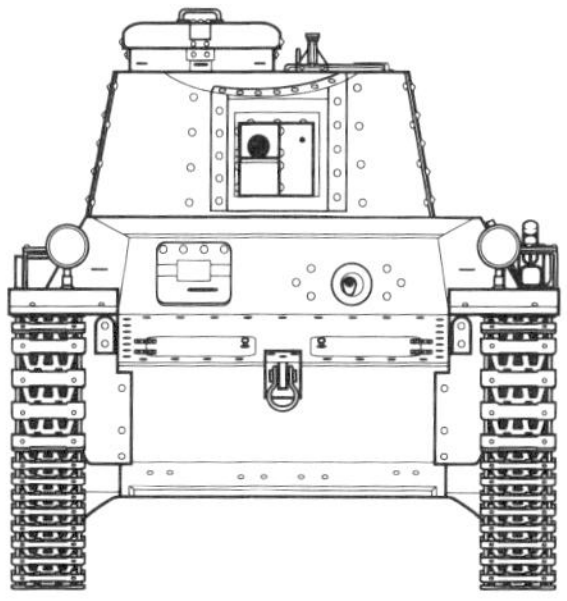

■一式中戦車チヘ

重量	17.2トン	全長	5.73m
全幅	2.33m	全高	2.38m
エンジン	統制型一〇〇式 空冷ディーゼル1基		
エンジン出力	240hp	最高速度	44km/h
行動距離	210km		
兵装	48口径47mm砲1門、 7.7mm機関銃2挺		
装甲厚	8〜50mm	乗員	5名

一式中戦車は、もはや外地に戦車を送れる情況ではなくなっていたこともあり、全車が本土の戦車第一師団、戦車第四師団等に配備された。フィリピンの戦車第二師団に送られたとも言われるが、その事実はないようだ。このため、アメリカ軍と砲火を交えることなく終戦を迎えた。

大日本帝國

三式中戦車チヌ

■四式・五式中戦車までのつなぎとして開発
■一式中戦車車体に7・5㎝砲と新砲塔を搭載
■本土決戦用に温存され、実戦を経験せず

高い対戦車能力を持つ中戦車の開発

九七式中戦車チハが強力なアメリカ軍戦車に苦闘する中で、日本陸軍も手をこまねいていたわけではなかった。陸軍は昭和17年（１９４２年）後半に、将来の戦車として四式、五式中戦車の開発に着手していた。しかしこれには時間が必要であり、危急を告げる戦場に間に合わない。そのため、これとは別に、緊急的に75㎜砲を搭載した中戦車が開発されることになった。これが九七式中戦車の最終発展型と言える三式中戦車チヌであった。

開発は昭和18年（１９４３年）に開始されたが、開発を急ぐため、車体は開発が完了していた一式中戦車のものをそのまま流用することになった。武装は新規に開発している時間がないため既存のものを使用することになり、各種検討の結果、最終的にフランス・シュナイダー社製野砲から発展した九〇式野砲が選ばれ、三式7・5㎝戦車砲として採用された。

その貫徹性能は１００ｍで90㎜、１０００ｍで65㎜と、これまでの47㎜砲より6割もアップしており、近距離ならM4シャーマン中戦車の正面装甲を十分撃ち抜くことができた。照準器は戦車用に本格的な直接照準器が用意されたが、水平鎖栓と拉縄《りゅうじょう》式の発射機構はそのままだったため、運用に不便だったのは致し方ないところだった。

本砲はこれまで日本戦車が搭載してきたどの砲よりもはるかに長大なため、これを収容するために大きな箱型砲塔が新たに設計された。そして車体側もこの大型砲塔を搭載するため、砲塔リング径がほぼ車体幅一杯に拡大された。操縦手用ハッチは砲塔と干渉することから、当初は溶接して塞がれている。なお、重量が増大したにも関わらずエンジンは一式中戦車と同一で、足回りも若干強化されてはいるが、基本的に相違はなかった。

太平洋戦争末期に生産され温存される

三式中戦車は試験や審査もそこそこにフルスピードで実用化が図られた。生産は昭和18年のうちに始められたと言われるが、本格的生産は昭和19年（１９４４年）に入ってからのことで、終戦までに１５０両程度（２００両にも達するのではないかとも）が完成したとされる。これらの車両は本土決戦用兵器として温存され、日本国内の部隊に配属された。

実際、もはや海を渡って戦車を輸送する船舶もなく、硫黄島、沖縄が戦場になった今、海外に送るべき戦場もなかったのだ。このため本車両は、主として決戦地区であった九州の部隊に送られた。福岡の独立戦車第四旅団、宮崎の独立戦車第五旅団、鹿児島の独立戦車第六旅団である。そして、決戦師団として編成された千葉の戦車第四師団等に配属された。

三式中戦車チヌの主砲・三式七糎《センチ》半戦車砲II型は、装甲貫徹力こそ高かったものの、発射装置が九〇式野砲と同じ拉縄式だった。通常の引金式のように砲手が直接照準器の覗きながら引金を引くことはできず、砲手の合図で撃発手が拉縄を引くため、比較的運用性が低かった。

■三式中戦車チヌ

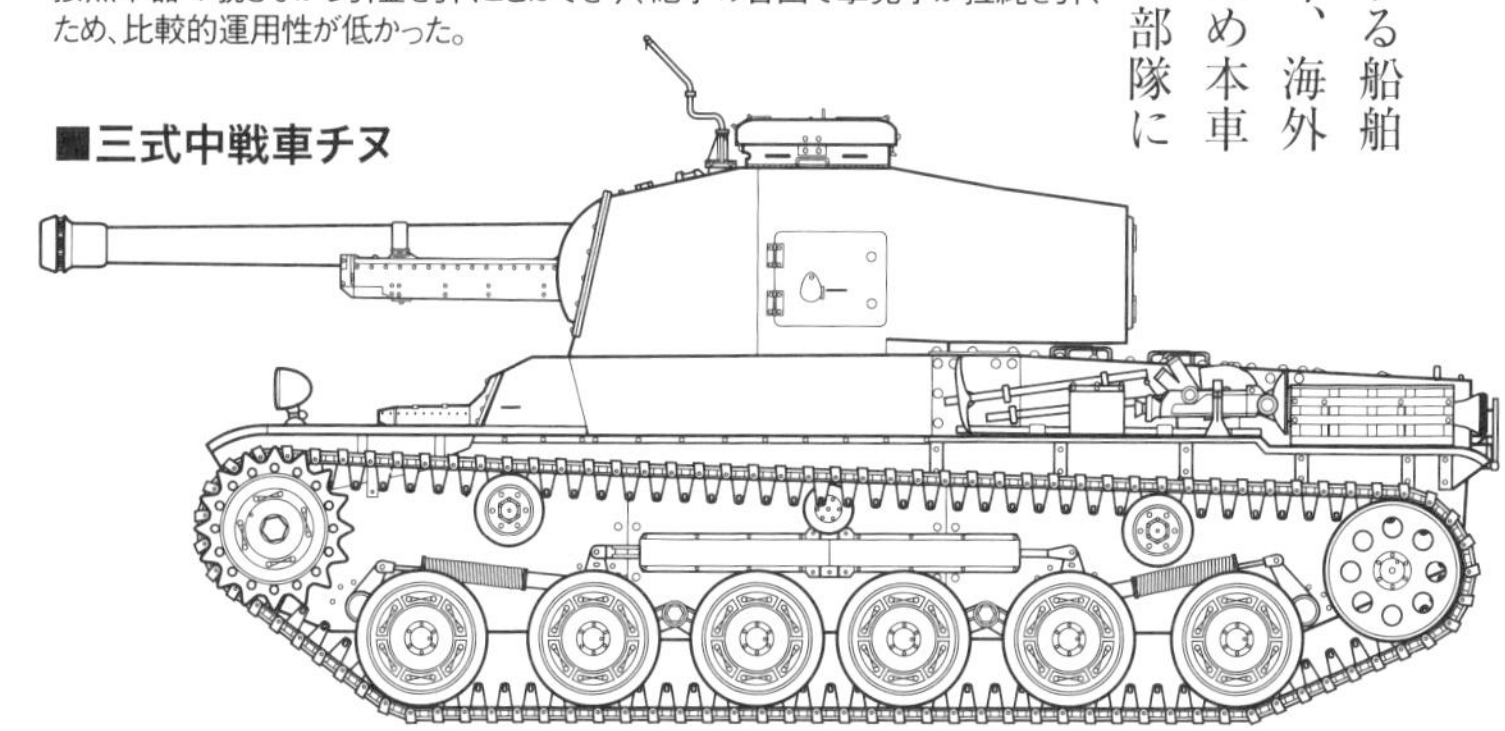

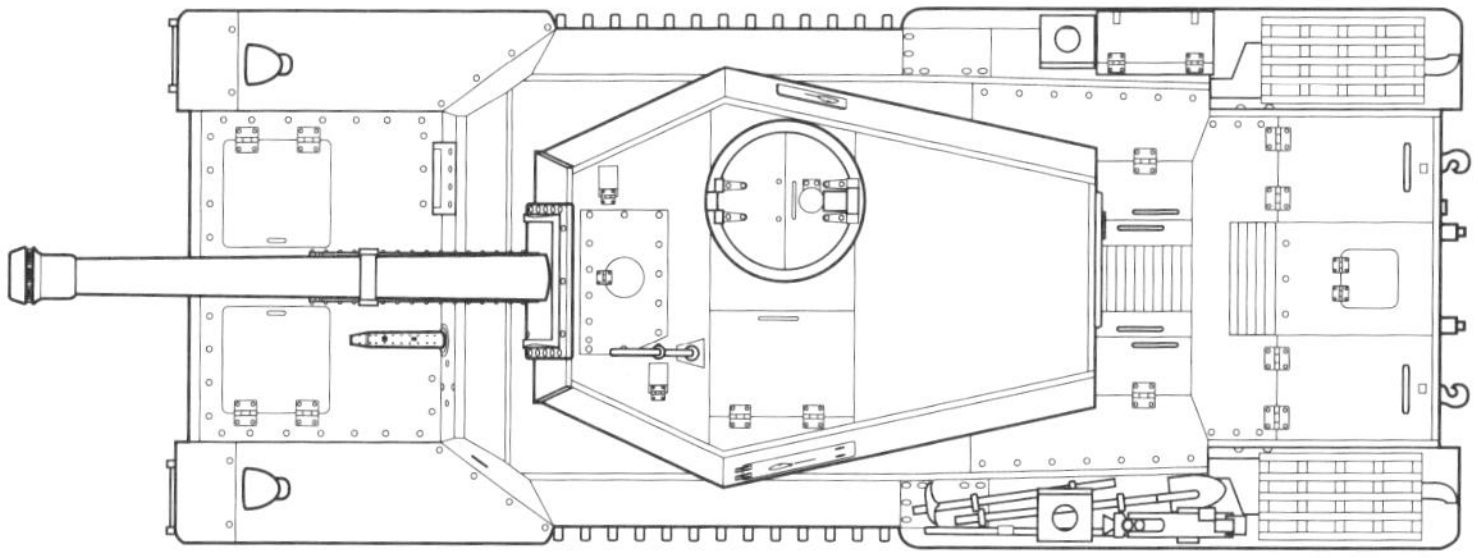

■三式中戦車チヌ

重量	18.8トン	全長	5.73m（車体長）
全幅	2.33m	全高	2.61m
エンジン	統制型一〇〇式 空冷ディーゼル1基		
エンジン出力	240hp	最高速度	38.8km/h
行動距離	210km		
兵装	38.4口径7.5cm砲1門、7.7mm機関銃1挺		
装甲厚	8〜50mm	乗員	5名（6名説あり）

大日本帝國

三式砲戦車ホニIII

■チハ車体に7・5㎝砲を備えた対戦車自走砲
■装甲で覆われた密閉式の固定戦闘室を持つ
■三式中戦車と共に本土決戦部隊に配備される

密閉式固定戦闘室を持つ対戦車自走砲

昭和16年（1941年）、九七式戦車に九〇式野砲を搭載する自走砲として、一式砲戦車ホニIが開発された。同車両は元々は火力支援用の砲兵車両であったが、対戦車自走砲としても運用可能であった。しかし、その設計は戦車の車体の上に野砲を搭載しただけと言え、戦闘室は開放式で防御力はなきに等しかった。これは歩兵支援用の自走砲としてはいいかも知れないが、対戦車用には不都合だった。このため昭和18年（1943年）に開発が開始されたのが、三式砲戦車ホニIIIであった（開発開始は昭和19年とも言われる）。

本車は一式砲戦車と同様、九七式中戦車の車体を使用していたが、最大の相違点は密閉式戦闘室を有していた点にある。戦闘室は車体上、砲塔があった部分に設けられ、周囲を溶接で組み立てた平面板で囲った。戦闘室の平面形は七角形で、左右両端は車体上面から少しはみ出している。一見して砲塔のようにも見えるが、旋回しない固定戦闘室である。装甲は防盾25㎜、側面12㎜程度と、それほど厚くはない。

主砲は三式中戦車と同じ、三式7・5㎝戦車砲であった。一式砲戦車の九〇式野砲と基本的には同じだが、戦車用の本格的な直接照準器が装備されたのが進歩した部分か。なお、一式砲戦車で砲口のマズルブレーキは装備されていなかったが、こちらは装備されている。装甲貫徹力は三式中戦車で述べた通りで、対戦車自走砲として十分役立つ内容であろう。元は旧式化した九七式なのだから。

なお、ベース車体は基本的に九七式中戦車そのままだが、車体前方機関銃は廃止され、代わって視察口が設けられている。前面装甲は一式砲戦車と同様なら50㎜ということになるが、資料によって相違がある。エンジンは九七式中戦車と同一で、足回りも相違はない。機動力のデータはないが、重量が17トンに増加したため、相応に低下はしているだろう。

三式砲戦車ホニIIIの生産と配備

生産は昭和19年（1944年）に開始されたが、物資も不足しておりその生産ペースは上がらなかった。少数が完成したのみと言われるが、一説には90両ともされる。これらの車両はもちろん海外に送られることなく、本土決戦用兵器として温存され、日本国内の部隊に配属された。

本土決戦用に三式砲戦車と四式15cm自走砲ホロが配備される独立自走砲大隊10個が編成された。その編成途上で終戦となったため、実際どの程度が部隊に配備されたかはっきりしない。終戦後に撮影された写真では、少なくとも戦車第四師団に三式中戦車チヌとともに、配属されていたらしいことが確認されている。

終戦時に集積された戦車第四師団に所属すると見られる車両群。多くは三式中戦車チヌだが、写真右の柱の手前の1両と奥の1両が三式砲戦車ホニIIIである。

■三式砲戦車ホニIII

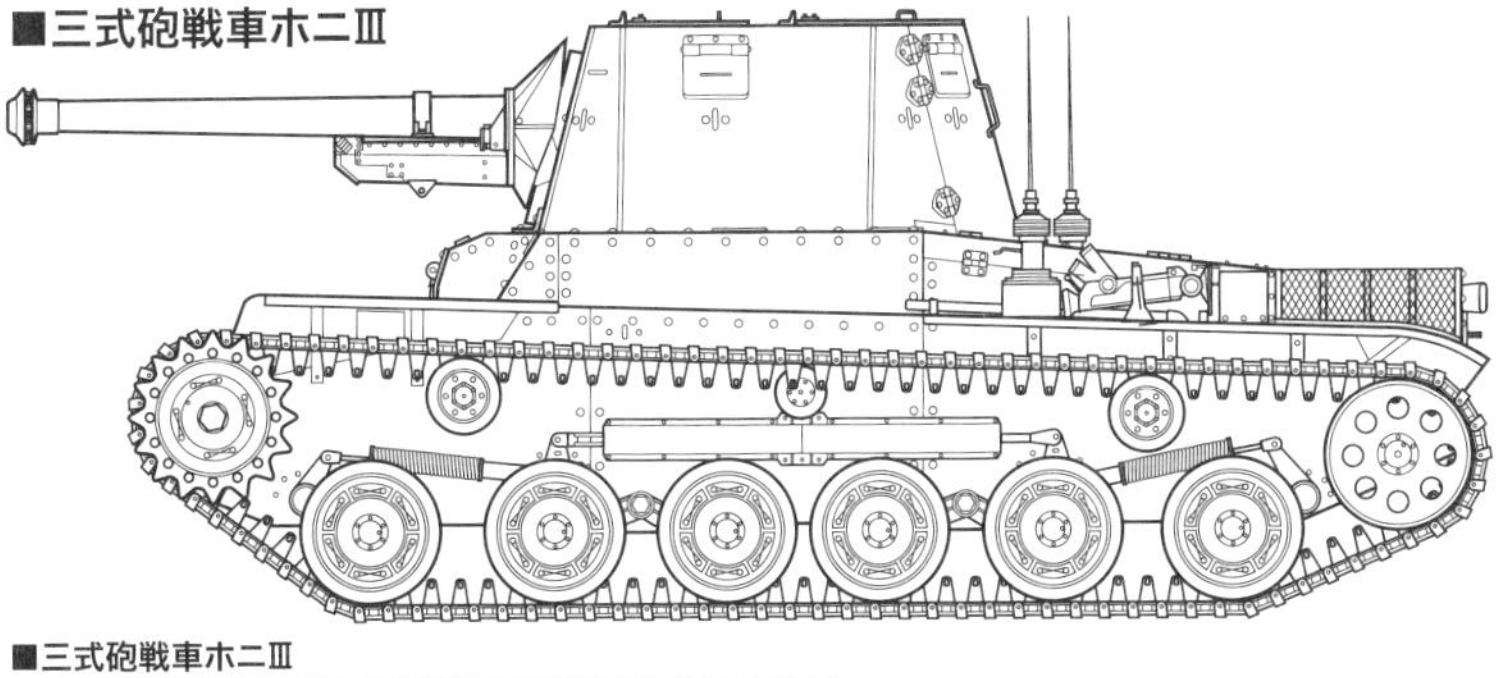

■三式砲戦車ホニIII

重量	17.0トン	全長	5.516m（車体長）
全幅	2.33m	全高	2.367m
エンジン	三菱SA12200VD 空冷ディーゼル1基		
エンジン出力	170hp	最高速度	ー
行動距離	ー		
兵装	38.4口径7.5cm砲1門		
装甲厚	8〜41mm	乗員	5名

大日本帝國

四式中戦車チト／五式中戦車チリ

■主砲を7・5cm砲とした強力な日本軍中戦車
■新型変速機や自動装填装置など新機軸を採用
■四式・五式とも量産車の完成に至らず終戦

四式中戦車の開発

四式中戦車の開発は、一式中戦車の開発の目途がついた昭和17年（１９４２年）9月に開始されている。しかし、当時戦況はまだまだ緒戦の勝利の余韻で日本にそれほど不利でなかったことから、開発ペースはなかなか上がらなかった。当初構想された四式中戦車は、基本的にはこれまでの中戦車の設計を踏襲して、全体的にスケールアップした車体に、新開発の５・７cm戦車砲を搭載することになっていた。

しかし、原型砲の完成による各種試験の結果、５・７cm砲では装甲貫徹力が不充分であることが判明した。このため昭和18年（１９４３年）になって、改めて75mm級の戦車砲を搭載するよう計画が変更された。採用されたのは、スウェーデン・ボフォース社製の75mm対空砲を元に開発された四式７・５cm高射砲を車載化したものであった。なお、この砲は元々、後述の五式中戦車のために開発されていたものである。

砲塔は大型の鋳造製とされたが、製造上の問題から量産型で

■四式中戦車チト

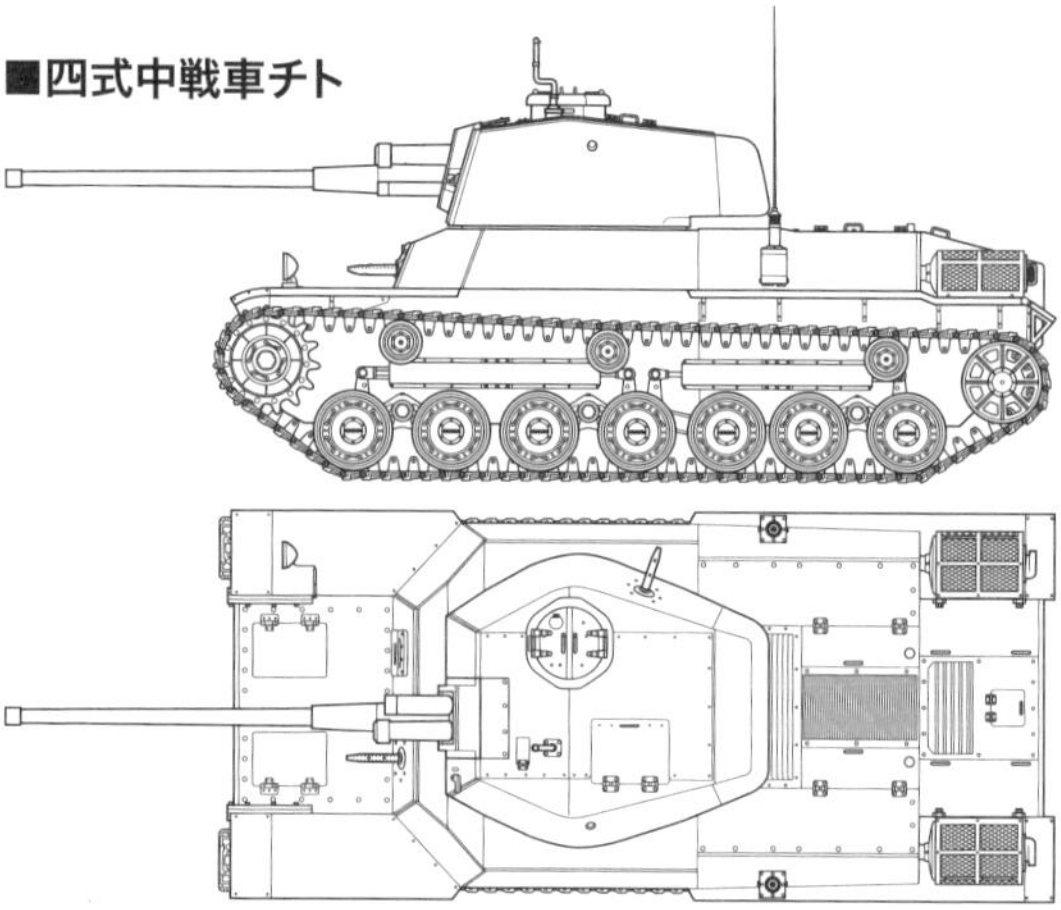

戦後、米軍に接収された四式中戦車チトの試作車。主砲は7.5cm砲ではなく、試製五糎《センチ》七戦車砲を搭載している。

■四式中戦車チト

重量	30.0トン	全長	6.34m（車体長）
全幅	2.86m	全高	2.67m
エンジン	三菱AL四式 空冷ディーゼル1基		
エンジン出力	412hp	最高速度	45km/h
行動距離	250km		
兵装	53口径7.5cm戦車砲1門、7.7mm機関銃2挺		
装甲厚	12～75mm	乗員	5名

は通常の鋼板を溶接したものに改められた。エンジンは新型で出力400馬力にパワーアップされ、変速機には日本戦車で初めてシンクロ・メッシュ式を採用、油圧サーボが取り入れられていた。足回りはこれまでと同形式だが、転輪が増え、履帯幅も広げられていた。

本車は昭和19年（1944年）5月に試作車が完成したが、この時はまだ5・7cm砲が搭載されていた。その後、この車両には取り敢えず、三式中戦車の主砲になった九〇式野砲が搭載されて試験が行われたという。本来の五式7・5cm戦車砲が装備されたのは昭和20年（1945年）2月で、量産型の生産にも着手されたが、完成することはなかった。

五式中戦車の開発

五式中戦車は当初の計画では敵陣地突破用の戦車だったようだが、戦争の進展にしたがって対戦車戦闘を主任務とする決戦兵器に生まれ変わった。その開発は昭和17年に始まったが、昭和18年以降は資材不足等で製作ペースが上がらなかったと言われる。

五式中戦車は、やはりこれまでの中戦車の設計を踏襲して全体的にスケールアップしたもので、主砲は初めから7・5cm砲の搭載が予定されていた。特筆すべきは、半自動装填機構の装備が構想されたことで、このため砲塔は前後に長い大型の箱型をしていた。また、副武装として、車体前部左側に一式37mm戦車砲を装備していた。

五式中戦車は、四式中戦車に次いで昭和20年3月にほぼ完成したが、砲は搭載されておらず、同車には結局終戦まで砲は搭載されなかった。もちろん量産車もないが、そもそも四式中戦車を優先して、五式中戦車の量産は見送られてしまったのである。

■五式中戦車チリ

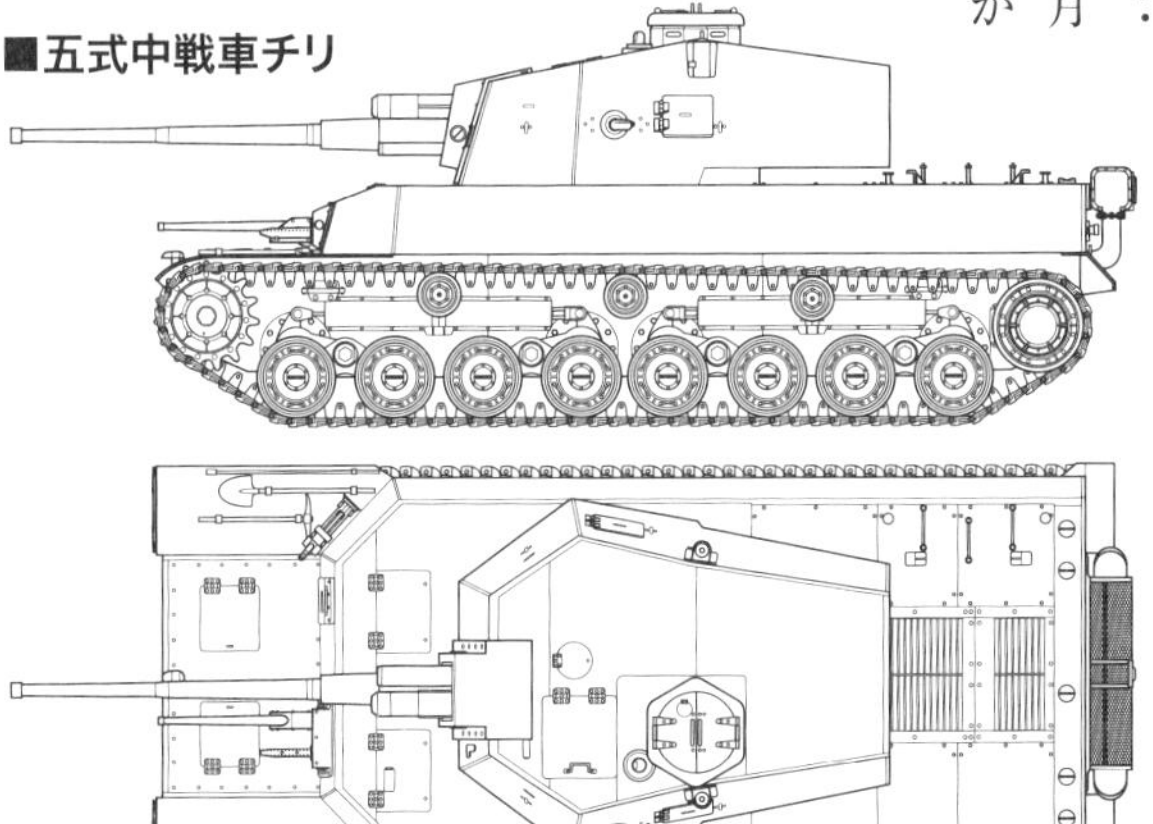

■五式中戦車チリ

重量	36.0トン	全長	8.467m
全幅	3.07m	全高	3.049m
エンジン	川崎九八式八〇〇馬力 液冷ガソリン1基		
エンジン出力	550hp	最高速度	42km/h
行動距離	180km		
兵装	53口径7.5cm戦車砲1門、46口径37mm戦車砲1門、7.7mm機関銃2挺		
装甲厚	12〜75mm	乗員	6名

同じく米軍に接収された五式中戦車チリ。主砲は搭載されておらず、砲塔は後方を向いている。大重量を支えるため、転輪は片側8個に増やされた（四式中戦車は7個）。

大日本帝國

特二式内火艇カミ

■太平洋の島嶼で使用する海軍の水陸両用戦車
■車体前後に着脱可能なフロートを付けて浮航
■サイパン島、フィリピンにて実戦投入される

日本海軍の水陸両用戦車

戦車は通常の車両では通行できない、森も野原も荒れ地をも走破することができる。しかし、そんな戦車でも通ることができなかったのが、河川や湖沼のような水障害であった。

戦車にもそのような地形を走破しうる能力を持たせる研究、すなわち水陸両用戦車の開発は、戦車が出現した直後から各国で模索されてきた。日本でも同じで、八九式軽戦車の開発とほとんど時を同じくして、水陸両用戦車の研究が開始されている。

こうした研究は当然ながら陸軍主導で行われたが、思わぬところから開発が行われることになった。それは日本海軍である。太平洋戦争が近づく中、海軍は太平洋の島嶼《とうしょ》部で運用できる戦車を必要としていた。当初の構想ではこの戦車は、潜水艦で輸送可能な戦車を、上陸用舟艇の大発（大発動艇）に搭載して送り込む予定であった。しかし、これでは南洋諸島のリーフを越えることができない。このため自力でリーフを乗り越えられる、水陸両用戦車の形態が取られることになったのである。

戦車の開発であるから、さすがに陸軍に協力を仰ぎ、陸軍技術本部に設計が依頼された。開発期間の短縮のため、九五式軽戦車の設計、コンポーネントが流用されたが、実際はかなりの相違がある。本車は開発に尽力した上西技師の名前をとってカミ車と呼ばれた。

車体前後にフロートを付ける特異な構造

カミ車の車体は浮力を持たせるため、内部容積の大きな箱型をしており、袖部は履帯上までの幅を持つ。装甲厚は前面が12㎜。その車体上には砲塔が載せられているが、これは九五式軽戦車の後継である二式軽戦車から流用されたもので、車体に比してずいぶん小さく見える。武装は同車と同じ37㎜砲だった。エンジンは九五式軽戦車と同じもの、走行装置も類似したもので、水上での推進力は後部のスクリューで得た。なお、エンジンは潜水艦での運搬時には取

り外された。

車体前後には、船型をした着脱式のフロートが取り付けられる。前部フロートは、生産前期型では一体であったが、後期型では左右二分割となった。なお、フロートは外海からリーフ到着までに使用するものであり、その後は切り離されて身軽になって行動できた。フロート無しでも浮航は可能であり、波の無いリーフ内では問題なく運用できた。

乗員は六名だが、これはフロートの取り外し等に必要だからで、戦車としての運用は三名で可能だった。生産は昭和17年（1942年）に開始され、昭和18年（1943年）には部隊配備が行われた。最初に実戦に参加したのはサイパン島で、その後、フィリピンで多数が使用されたが、輸送途上に海没した車両もまた多かった。


生産数は184両で、終戦時にも横須賀や館山等に多数が配備されていた。

■特二式内火艇カミ

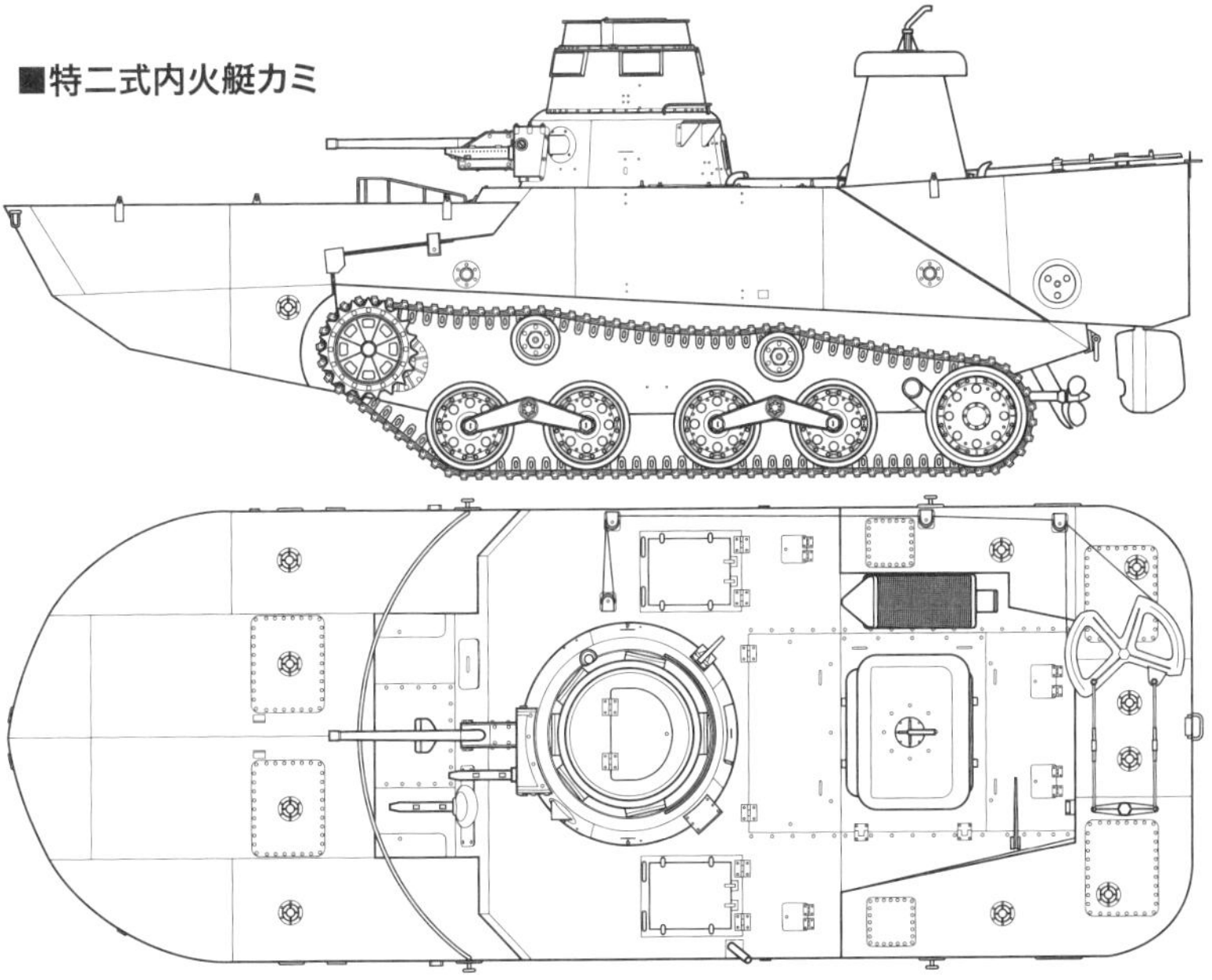

■特二式内火艇カミ

重量	9.15トン（フロートなし）／12.5トン（フロート付き）		
全長	4.80m（フロートなし）／7.50m（フロート付き）		
全幅	2.80m	全高	2.30m
エンジン	三菱A6120VDe 空冷ディーゼル1基		
エンジン出力	115hp		
最高速度	37km/h（浮航9.5km/h）		
行動距離	320km（浮航140km）		
兵装	46口径37mm戦車砲1門、7.7mm機関銃2挺		
装甲厚	6〜12mm	乗員	6名

二等輸送艦にて輸送される途上の特二式内火艇カミ。浮航する際は前後にフロートを装着する。砲塔の後ろにある円筒形のものはエンジンの換気筒で、フロートと同様、上陸後に取り外すことができた。

現存するWWⅡ日本軍の戦車

昭和20年（1945年）の敗戦の結果、日本陸海軍は解体された。日本国内に残った戦車のうち、目ぼしいものはアメリカに持ち去られ、残ったものもほとんどは、戦後復興のためスクラップとなった。ごく一部がブルドーザーや牽引車等に転用されたが、これらも時の経過とともに壊れ、スクラップとされてしまった。戦後の極端な厭戦思想により、日本国内にはほとんど日本戦車は残っていない。

実に幸運にも残されているのが、アメリカ軍から返還された八九式中戦車および三式中戦車で、現在、自衛隊の土浦武器学校で展示されている。このうち、特に八九式中戦車は、稼働状態にまでレストアされている。その他、国内に良好な状態で残っているのは、靖國神社遊就館の九七式中戦車で、これは南洋より持ち帰られた車両がレストアされたものである。

現在、御殿場で戦車博物館の開館が構想されているが、同グループではイギリスより九五式軽戦車の取得に成功した。まだ日本には到着していないが、将来の公開が期待されよう。その他、日本国外ではイギリスのボービントン戦車博物館、アメリカのアバディーン戦車博物館、ロシアの勝利公園、クビンカ戦車博物館等でいくつかの日本戦車を見ることができる。

靖國神社遊就館所蔵の九七式中戦車チハ。サイパン島で玉砕した戦車第九連隊の所属車両で、同隊の元戦車兵・下田四郎氏らの尽力により日本に帰還、レストアされ展示されている。
（写真／ミリタリー・クラシックス編集部）

ドイツ軍の戦車

第二次大戦のポーランド侵攻、フランスを屈服させた西方戦役において、ドイツ軍は戦車を前面に押し立てた“電撃戦”を実施、世界を震撼させた。さらに、北アフリカ戦線や独ソ戦などで連合軍と戦車による激戦を展開、ドイツ戦車は陸戦の主役として大いに活躍した。また、大戦中のドイツ軍は実に多種多様な戦車・装甲戦闘車両を開発・運用してもいる。

ドイツ帝国

A7V

■第一次大戦期・ドイツ軍初の実用戦車
■巨大な箱型車体が足回りをすっぽり覆う
■第一次大戦末に少数の車両が実戦を経験

急遽開発されたドイツ軍初の実用戦車

現在、ドイツは戦車王国として知られるが、世界最初の戦車を開発したのイギリス、フランスであった。

ドイツは当時、イギリス、フランスと並ぶ工業国であり、充分戦車を開発する能力を有していた。実際、ドイツでも戦車に類する兵器のコンセプトが生まれ、試作車両も製作されていたが、実用化には至らなかった。こうした中、実戦場でデビューしたイギリス軍の菱形戦車を目にしたドイツ軍は、急ぎ独自の戦車の開発を開始した。

Geländespanzerwagen（全地形装甲車両）と呼ばれる車両の最初の開発契約は、1916年11月13日に結ばれ、12月22日には新型戦車の開発予算が認められた。開発のベースとなったのは、イギリスやフランスも参考にしたホルト・トラクターであった。最初のプロトタイプは1917年4月にマインツで走行試験を受け、5月14日には木製モックアップがドイツ参謀本部の代表団の視察を受けた。その結果、設計案は承認され、Sturmpanzerwagen（突撃装甲車両）A7Vとして生産が決定された。なお、A7Vという名前は、戦時省運輸担当第7課（Abteilung 7 Verkehrswesen des Allgemeinenbzew. Truppen-Departments des Kriegsministerium）の頭文字を取ったものであった。最初の完成車が納入されたのは1917年9月で、武装も装備した完全装備車体が納入されたのは10月1日のことであった。

A7Vの構造と実戦投入

A7Vの車体は巨大な箱型をしており、箱にすっぽり覆われる形で下部に走行装置が取り付けられていた。装甲は比較的厚く、前面で30㎜、側面と後面で20㎜、上面10㎜であった。武装は前部の砲架に5・7㎝砲、各所に機関銃を装備していた。エンジンは、ダイムラー165 204液冷ガソリンエンジン（出力100馬力）2基が装備され、各々別々に左右の起動輪を駆動するようになっていた。走行装置は、小型の小転輪がムカデのように並んでいるが、コイルスプリングを使用したサスペンションが装備されていた点が優れていた。

1917年12月1日、A7Vは100両が発注され、1918年春に予定されていた大攻勢に間に合わせることが要求された。しかし、ダイムラー社の生産能力は低く、休戦までに完成したA7Vは、20両に過ぎなかった（さらに2両の損傷車両の装甲車体が、他の車台に再装着されたという）。その他、輸送型のA7U（Überlandwagen）が、75両製作された（A7V、Uの生産数には諸説ある）。

最初のA7V部隊、第1大隊は1918年1月に編成を完了した。A7Vの最初の戦いとなったのは、1918年3月21日のサン・カンタンの戦いであった。4月24日には、世界最初の戦車対戦車の戦いとなったヴィレ＝ブルトヌーの戦いが発生したが、いずれにせよ投入されたA7Vは少数であり、戦局への寄与は大きくなかった。

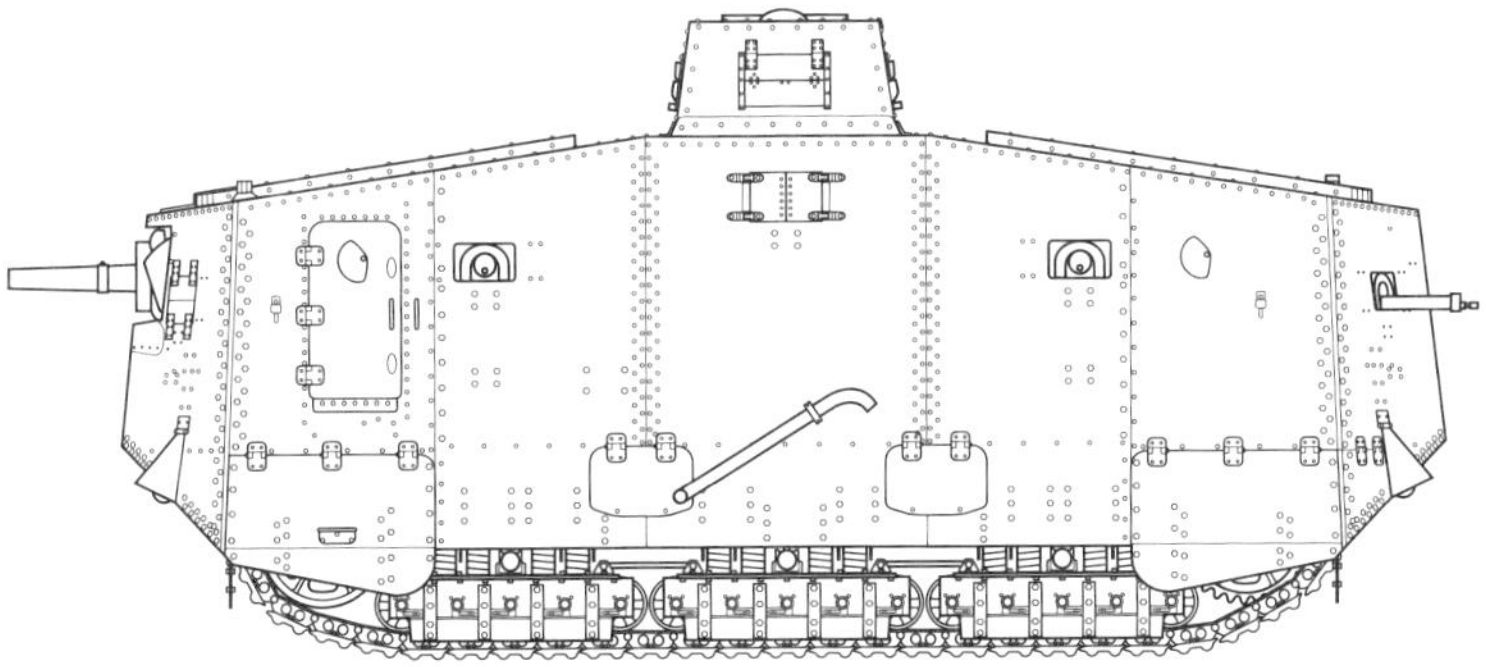

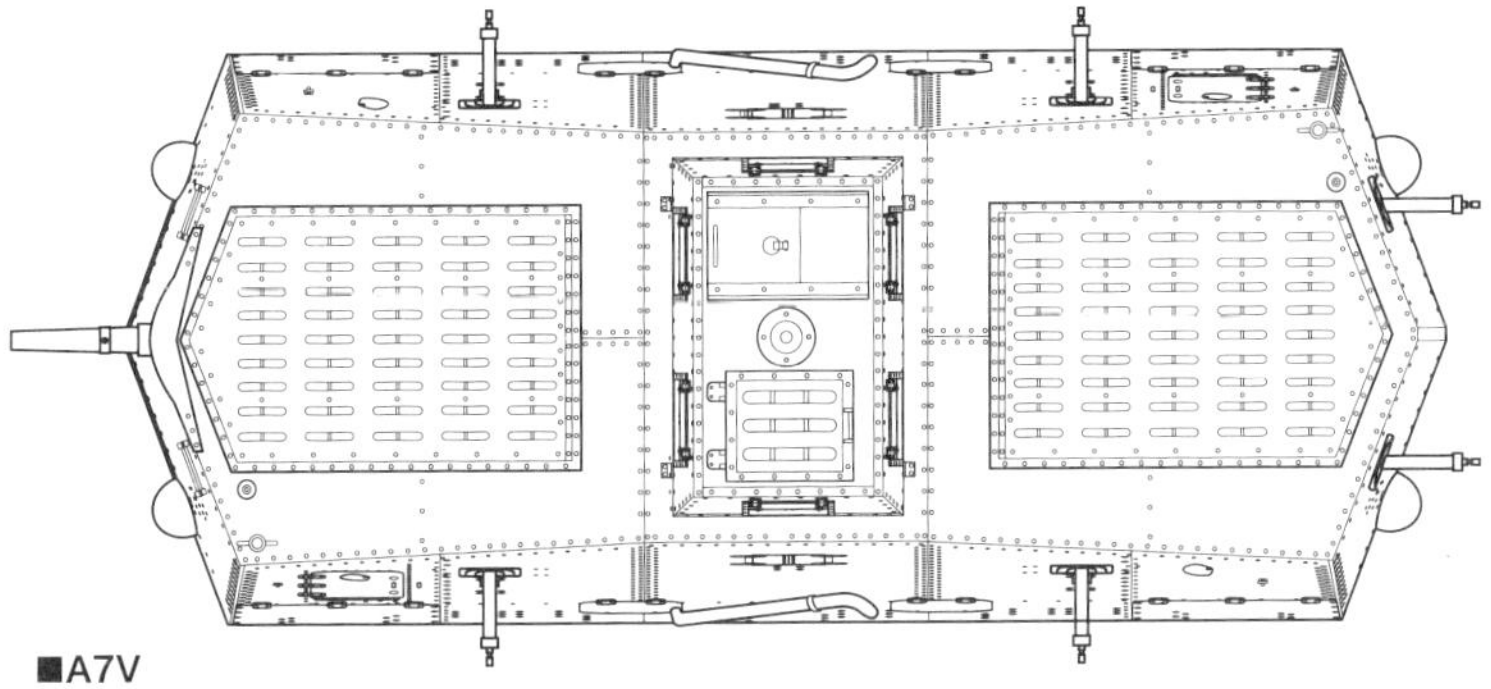

■A7V

重量	32.51トン	全長	8.00m
全幅	3.1m	全高	3.3m
エンジン	ダイムラー165 204液冷ガソリン2基		
エンジン出力	100hp×2	最高速度	15km/h（整地）
行動距離	30〜80km		
兵装	26口径5.7cm砲1門、7.92mm機関銃6挺		
装甲厚	10〜30mm	乗員	18名

主砲はロシア軍から鹵獲したベルギー製の5.7cm海軍砲を採用、砲廓式（ケースメイト式）に搭載した。写真は“ヴォータン”号。A7Vには軍艦のように、各車両に愛称が付けられていた。

ドイツ

I号戦車

- 戦間期に「農業用トラクター」として開発
- 機関銃2挺の弱武装・車体は軽量で溶接構造
- 戦車兵力整備のため2400両以上を生産

ヴェルサイユ条約下の戦車開発

第一次世界大戦に敗北したドイツは、ヴェルサイユ条約によって戦車開発を禁じられた。しかし、開発拠点のスウェーデンへの移転やソ連との協力によって密かに戦車の開発を続け、「重トラクター」「軽トラクター」といった名称で車両が開発された。１９３０年代初め、ドイツ軍は将来の戦力構想として、後のⅢ号、Ⅳ号戦車の整備につながる戦車開発の方向をまとめた。

しかし、早急に数をそろえる必要があり、かつドイツの工業力等を考慮した結果、当面の目標として、戦力としては問題があるものの、軽便で容易に生産できる軽戦車を配備することが求められた。１９３２年、機関銃2挺を銃塔に装備した重量5トンの軽戦車の仕様がまとまり、各社の競作となったが、すでにクルップ社では陸軍兵器局の「小型トラクター（Kleintractor）」開発計画に基づく車両を開発していた。

小型トラクターのプロトタイプは１９３２年7月に完成した。10月、陸軍はこれを元に機関銃を搭載した軽戦車を開発することを求め、試作車は１９３３年7月に完成、同月には１５０両の量産が命じられた。この小型二人乗り戦車は秘密保持のため、農業用トラクター（Landwirtschaftlicher Schlepper：略称La.S.）と呼ばれ、後にI号戦車と呼ばれるようになった。

歩兵を行動を共にするI号戦車。タイプはA型で、車体後部の誘導輪が接地しているのが見て取れる。

英製豆戦車に影響を受けた車両設計

I号戦車は操縦手と車長が乗るだけの、二人乗りのかわ

■I号戦車B型

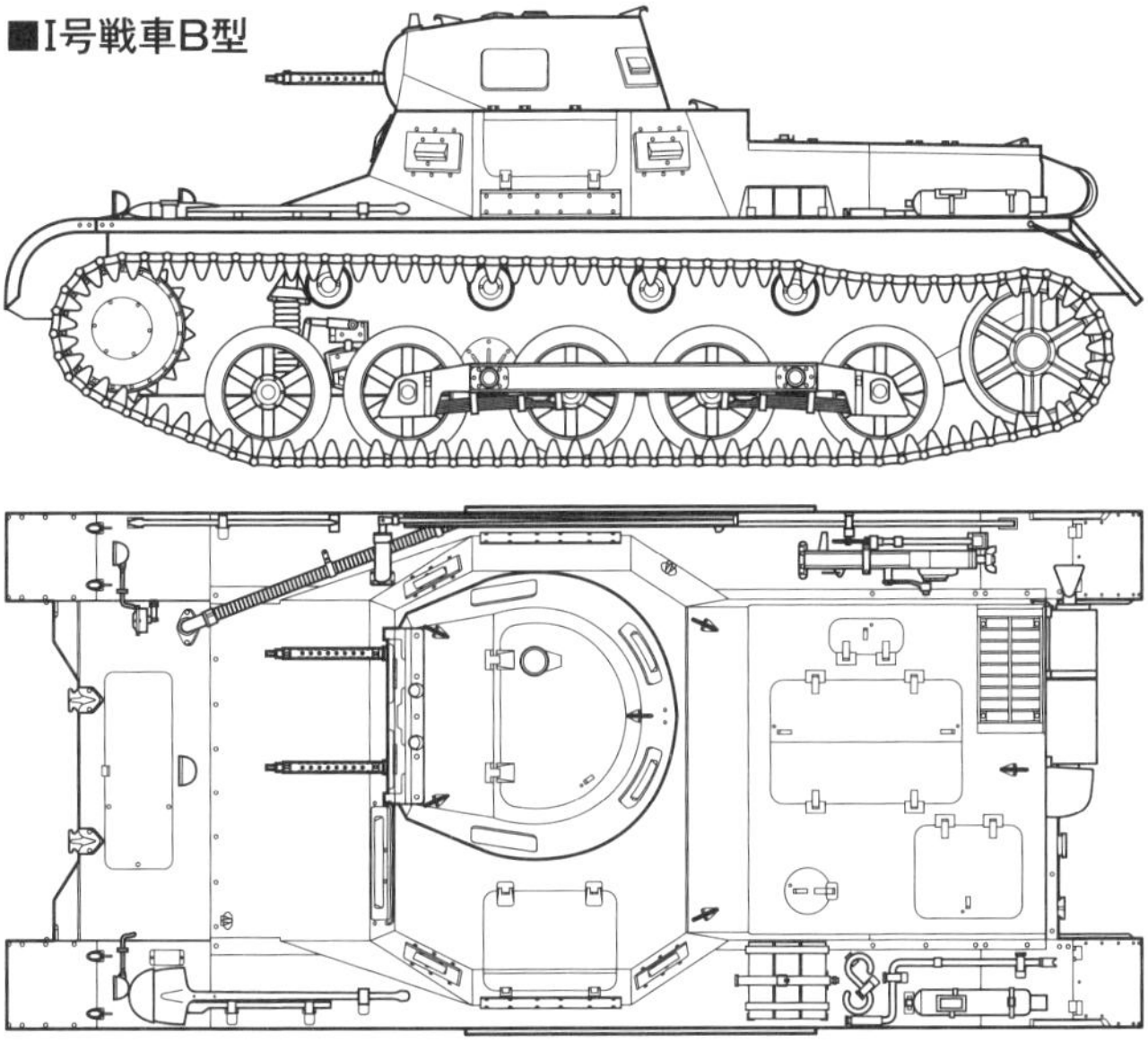

■I号戦車B型

重量	6.0トン	全長	4.42m
全幅	2.06m	全高	1.72m
エンジン	マイバッハNL38TR 液冷ガソリン1基		
エンジン出力	100hp	最高速度	40km/h
行動距離	140km		
兵装	7.92mm機関銃2挺		
装甲厚	6～13mm	乗員	2名

いい戦車だ。戦車としては標準的な構造で、前部に操縦室そして戦闘室（ただし、両者はほとんど一体となっている）、後部にエンジンがあり、戦闘室上に右側にオフセットされて一人用の砲塔が装備されている。武装はMG13 7・92㎜機関銃2挺（当初は2㎝砲の搭載も検討された）で、装甲厚は最大13㎜だった。以後のドイツ戦車に共通するが、装甲板が溶接で組み立てられていたのが当時としては先進的だった。

　走行装置はイギリスのカーデン・ロイド豆戦車に影響を受けたもので、車体にピボットで固定されたロッカーアームに、転輪をリーフスプリングを介して取り付け、これをさらに細長いガーダービームで挟み込んだものであった。なお、後部の誘導輪は最後の転輪と一緒に懸架され接地していた。また、最前部の転輪はコイルスプリングで独立懸架された。

　エンジンは、A型では出力57馬力の空冷ガソリンエンジンが搭載されていたが、出力不足のため、B型では出力100馬力の液冷ガソリンエンジンに変更された。これに伴って車体が延長されており、転輪も1個増やされて、誘導輪は接地しないようになった。

　本車は本来は訓練用として開発された車両であったが、ドイツ軍は戦車兵力を短期間で整備するため、大量に生産・配備した。最初のA型は、当初150両が発注されたがすぐに200両が追加され、最終的に1936年10月までに1175両（プラス15両が中国に引き渡された）が生産された。そしてB型は、1935年8月から1937年5月までに399両が生産された。

Ⅱ号戦車

■Ⅰ号戦車と同時期開発の、より本格的な軽戦車
■主武装は2㎝機関砲と7・92㎜機関銃各1門／挺
■戦車不足のため増産され、大戦中にF型も生産

Ⅰ号戦車を上回る性能の本格的軽戦車

Ⅰ号戦車は開発が完了し、生産も進められていたものの、同車はあまりにも非力過ぎて実戦装備とはなり得なかった。それに訓練用戦車としても小型で初歩的過ぎて、今後開発される中型戦車の訓練にも適切な機材とは言えなかった。このため、オスヴァルト・ルッツ少将とそのスタッフは、より強力な火力を持つ軽戦車を開発する必要があると判断した。こうして開発されることになったのが、本格的な軽戦車、Ⅱ号戦車であった。

その開発は１９３４年1月に開始されたが、一時停滞し、7月になって競作の形で再開された。なお、開発当時は秘匿名称としてⅠ号戦車同様にLa.S.１００と呼ばれていた。

各社の試作車両は１９３５年夏に完成し、試験の結果、最終的にＭＡＮ社案が採用された。最初の生産車両は10月には完成したが、これはまだ増加試作型というべきで、特に走行装置のデザインが異なっていた。その後、さらにいくつかのタイプが製作され、改良の後、１９３６年9月にようやく量産型のＡ型が発注された。

Ⅱ号戦車の構造と各型式

Ⅱ号戦車の構造は基本的に前作のⅠ号戦車と同じで、車

Ⅱ号戦車は当初、a1、a2、a3、b型が仕様を変えながら先行量産され、足回りを一新したc型が設計された。c型の略同型であるA型〜C型が本格的量産型である。写真はC型。

Ⅲ号、Ⅳ号戦車の不足により、再生産されたⅡ号戦車F型。北アフリカ戦線にて。

体前部から操縦室、それとほぼ一体になった戦闘室／銃塔、そしてエンジン室となっている。装甲厚は最大14・5㎜であったが不足気味で、後に増加装甲の取り付けが行われている。主砲には対空機関砲として開発された2㎝ Ｆｌａｋ30を車載用としたＫｗＫ30と、汎用機関銃のＭＧ34 7・92㎜機関銃を同軸に装備していた。

足回りは、試作型ではⅠ号戦車に似たものだったが、最後の増加試作型となったｃ型で、片側5個の中直径転輪を片持ち式のリーフスプリングでそれぞれ独立懸架する方式に変更され、これが量産型に踏襲された。エンジンは液冷ガソリンエンジンで、当初の試作型では出力不足であったため、若干強化されている。

Ⅱ号戦車はＡ型に続いて、Ⅲ号戦車の生産の遅れを補うため、Ｂ型とＣ型が生産された。Ｃ型の生産は当初1939年3月に終わる予定だったが、結局1940年4月に終了した。ここまでの生産数は、増加試作型を含めて1208両である。なお、続くＤ型、Ｅ型はⅡ号戦車とされるが、高速性能を追求して全く別に設計された車両である。

本来の系列として、次に生産されたのがＦ型であった。Ⅱ号戦車は元来ストップギャップであり、Ａ～Ｃ型でその生産は打ち切られるはずであった。しかし、戦車不足に悩むドイツ軍はⅡ号戦車を増産することにした。1941年3月から再生産されたのがＦ型で、装甲強化等が図られたものの基本性能は同じだった。しかし、特に独ソ戦以降、軽戦車としてその能力は限界に達し、1942年12月、524両で生産が打ち切られた。

■Ⅱ号戦車C型

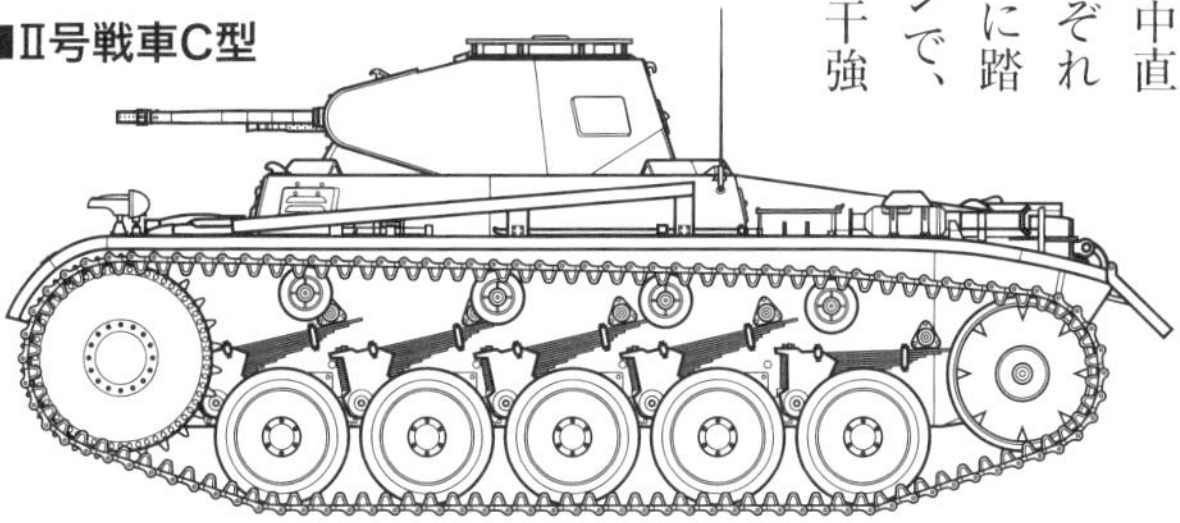

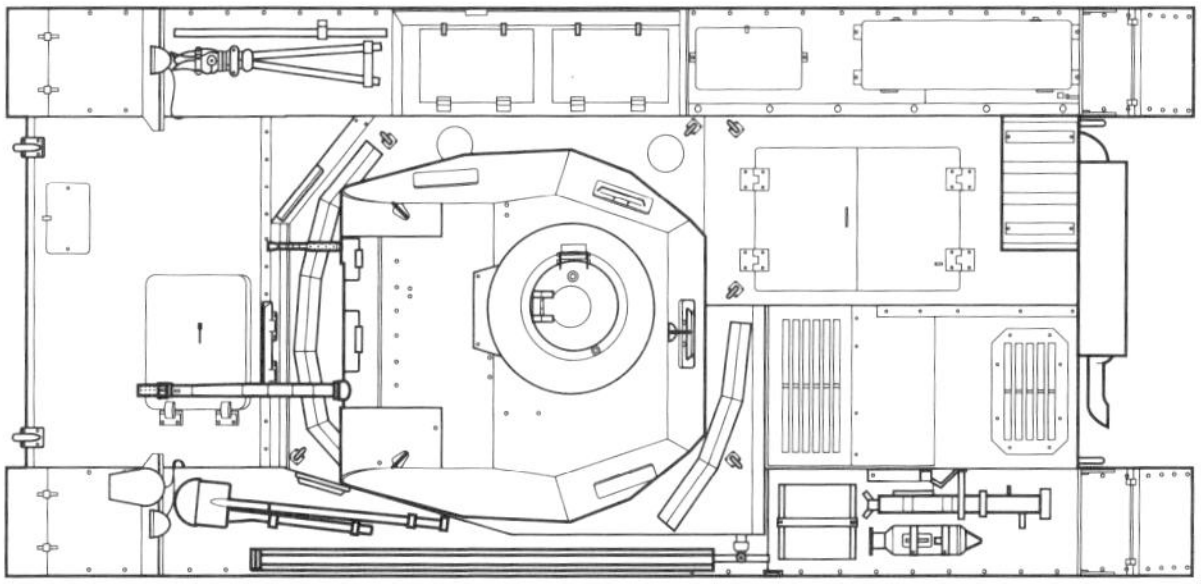

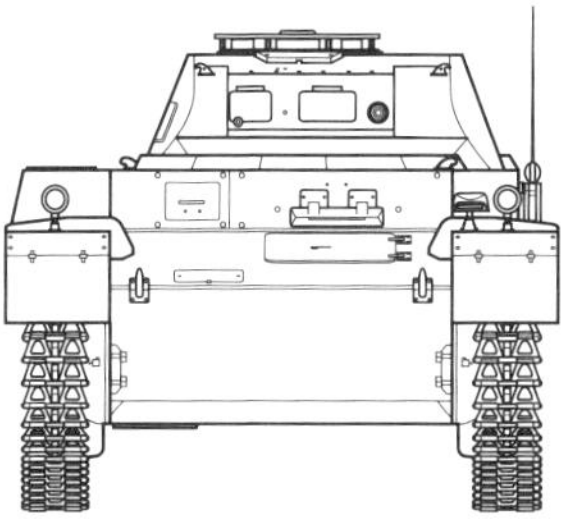

■Ⅱ号戦車

重量	8.9トン	全長	4.81m
全幅	2.22m	全高	1.99m
エンジン	マイバッハHL62TRM 液冷ガソリン1基		
エンジン出力	140hp	最高速度	39.5km/h
行動距離	190km（整地）／126km（不整地）		
兵装	55口径2cm戦車砲1門、7.92mm機関銃1挺		
装甲厚	5～15mm	乗員	3名

※Ⅱ号戦車c型～C型を示す。

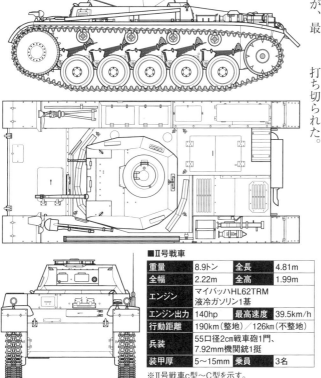

ドイツ

35(t)戦車／38(t)戦車

- チェコ製戦車をドイツ軍が接収して使用
- Ⅱ号戦車より優秀で各戦線で運用された
- 38(t)はドイツへの併合後も生産を継続

ドイツによるチェコ併合とチェコ製戦車の接収

35(ｔ)戦車は、ドイツ製ではなくチェコスロヴァキアで開発された戦車で、チェコ併合(１９３９年3月)の結果、ドイツ軍の装備に組み込まれたものであった。チェコはかつてのオーストリア＝ハンガリー帝国の工業地帯であり、武器産業も盛んだった。このため、戦前のチェコスロヴァキアでは列強に負けない優秀な国産戦車の開発が行われていたのである。

１９３０年代に旧式化したルノーFT-17に代わる新型戦車の開発を進めたが、その結果、１９３３年にTančík vz.33タンケッテ、１９３４年にはLTvz.34軽戦車が採用された。しかし、国際情勢の緊迫を受けてチェコスロヴァキア軍は、さらに新型戦車を取得することにした。１９３５年10月30日、シュコダ社の開発したS-Ⅱ-aが採用され、LTvz.35として制式化され、２９８両が生産された。

本車は軽戦車に分類されているが、主砲には37㎜砲を装備し、最大装甲厚は25㎜で、機動力にも優れていた。ドイツ軍のⅡ号戦車より強力で、初期のⅢ号戦車にも匹敵する優秀な戦車であった(ただし、後述の38(ｔ)戦車も含めて四人乗りである点と、組み立てがリベット接合である点は劣っていた)。接収したドイツ軍は本車を35(ｔ)戦車(ｔはドイツ語でチェコを示すtschechischの頭文字)として

チェコスロヴァキア軍に配備されたLTvz.35。本車は三人乗りの戦車だったが、ドイツ軍は35(t)として編入するに当たり、装填手を追加して四人乗りとした。

チェコのBMM社の工場で完成したばかりの38(t)戦車E/F型。同型は25mmの車体前面装甲に25mmの増加装甲板をリベット留めしている。

自軍の装備とした。35（t）は第1軽戦車師団（後に第6装甲師団）に配備され、ポーランド戦、フランス戦、そして「バルバロッサ」作戦に至るまで使用された。

チェコ併合後に配備された38(t)戦車

LTvz.35は優れた性能ではあったが、信頼性等に若干の不満があった。このためチェコスロヴァキア軍は、これに代わる新型戦車を開発した。これが1938年に採用されたLTvz.38である。150両が発注されたものの、チェコスロヴァキア軍に配備される前にチェコはドイツに併合されてしまった。

本車はやはり軽戦車であるが、主砲には37mm砲（同口径ながら35（t）戦車のものより強力）を装備し、最大装甲厚は25mm（A／B型）だった。足回りは大直径転輪四つをリーフスプリングで懸架したサスペンションを備え、機動力にも優れていた。ドイツ軍は35（t）戦車同様、本車を38（t）戦車として自軍の装備とした。

本車はそれだけでなく、ドイツ併合下で生産が続けられた。その結果、原型のA型から最後のG型に至るまで長年にわたって生産が続けられ、スウェーデン向け車両を接収したS型を含めて1411両が完成している。その配備先は多岐にわたり、ほとんどすべての戦線で使用された。

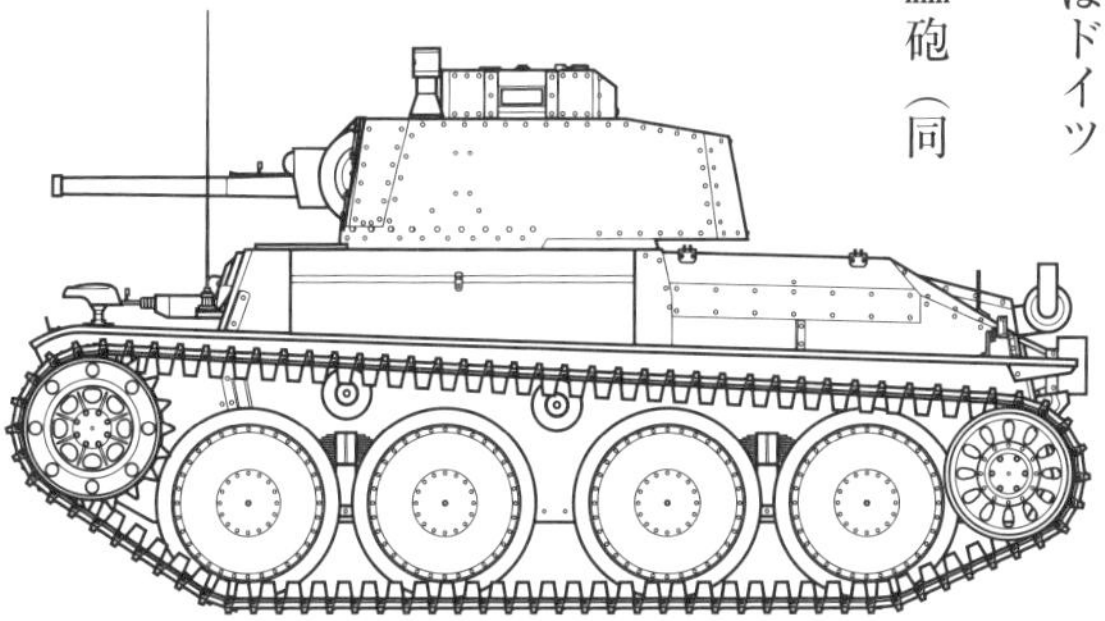

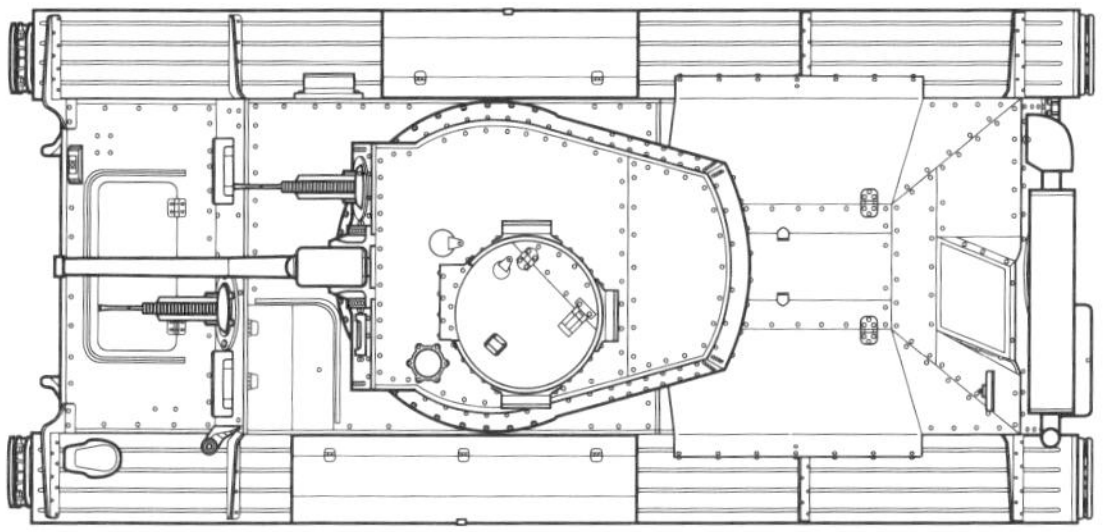

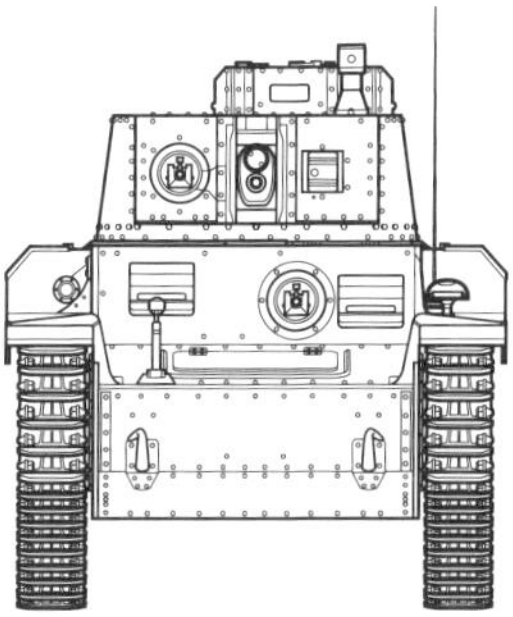

■38(t)戦車E/F型

■35(t)戦車

重量	10.5トン	全長	4.90m
全幅	2.06m	全高	2.37m
エンジン	シュコダT11/0 液冷ガソリン1基		
エンジン出力	120hp	最高速度	34km/h
行動距離	120kmまたは190km		
兵装	55口径37mm戦車砲1門、7.92mm機関銃2挺		
装甲厚	8〜25mm	乗員	4名

■38(t)戦車E/F型

重量	10.4トン	全長	4.56m
全幅	2.15m	全高	2.26m
エンジン	プラガEPA 液冷ガソリン1基		
エンジン出力	125hp	最高速度	42km/h
行動距離	210km		
兵装	47.8口径3.7cm戦車砲1門、7.92mm機関銃2挺		
装甲厚	8〜50mm	乗員	4名

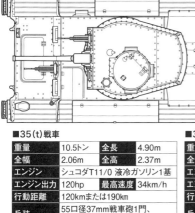

ドイツ

Ⅲ号戦車

■走攻守に優れ、通信能力の高い五人乗り戦車
■各型式が開発され、主砲や装甲を漸次強化
■大戦中期までドイツ装甲部隊の主力を担う

ドイツ装甲部隊の主力として開発

1931年、ドイツ陸軍のルッツ少将は陸軍の機動兵力の運用について、当時頭角を表しつつあったグデーリアン中佐にその調査、研究を命じた。グデーリアンは機甲師団に必要な戦車の能力として、二種類の戦車の仕様を考えた。そのうちの一つが敵の防衛線を突破して素早く内部に侵攻する15トン級のいわゆる「主力戦車」であった。

これは現時点で実用可能な火力、防御力、機動力をバランス良く備え、各種任務を効率よくこなすために、乗員は操縦手、無線手、砲手、装填手、車長の五人とされた。特に乗員間の意志疎通のためのインターコムと戦車間通信のための無線を必須装備としていた。この構想は陸軍兵器局にも認められ、1934年1月11日に新型戦車の開発が決定された。

新型戦車は戦車開発の事実を秘匿するために、Zugführerwagen＝ZW（小隊長車）という秘匿名称の下に開発された。開発は各社の競作で行われ、各社の試作車両は1935年半ばから1936年にかけて完成した。試験の結果、採用されたのは、ダイムラー・ベンツ社の試作車であった。一方、砲塔も競作となったが、こちらはクルップ社のものが採用された。

1937年に最初の生産型のA型が完成したが、実際にはこれはまだ完成形とは言い難いものだった。問題は特に走行装置の設計にあり、A型は後の量産型と異なり、大型転輪とコイルスプリング式懸架装置を採用していた。これはB型で小型転輪とリーフスプリング式に変更され、C型とD型はその改良型となった。結局、完成したと言えるのは1938年末から生産が開始されたE型からで、中直径転輪をトーションバーで懸架したものとなった。

Ⅲ号戦車の設計と武装・装甲

Ⅲ号戦車の全体デザインは、大戦前半のドイツ戦車の標準形と言うべきもので、平面で構成された箱型車体をしており、車内は、車体前部から操縦室、戦闘室、エンジン室

となり、戦闘室上に武装を装備した全周旋回砲塔が搭載されている。砲塔は傾斜面で構成された前後に若干長い六角形の形状をしており、後面だけ丸みを帯びている。砲塔上には車長用のキューポラが設けられた。乗員は五人である。

装甲厚は当初、各面ともに14・5㎜と不十分だったが、E型以降は倍増の30㎜に強化され、H型では前面に30㎜の増加装甲板が取り付けられた。J型からは基本装甲が50㎜厚になり、さらにL型からは前面に20㎜の増加装甲板が取り付けられるようになった。

トーションバー式サスペンションを導入したⅢ号戦車E型。主砲は3.7cm砲、基本装甲を30mmに増厚している。

砲塔も同様、E型から30㎜厚に強化された。当初、主砲防盾は内装式だったが、G型以降は外装式となり、厚さも37㎜に強化された。J型からは50㎜厚に強化され、L型からは20㎜の増加装甲板が取り付けられている。ただし、この増加装甲板は取り付けていない車両も多い。

■Ⅲ号戦車E型

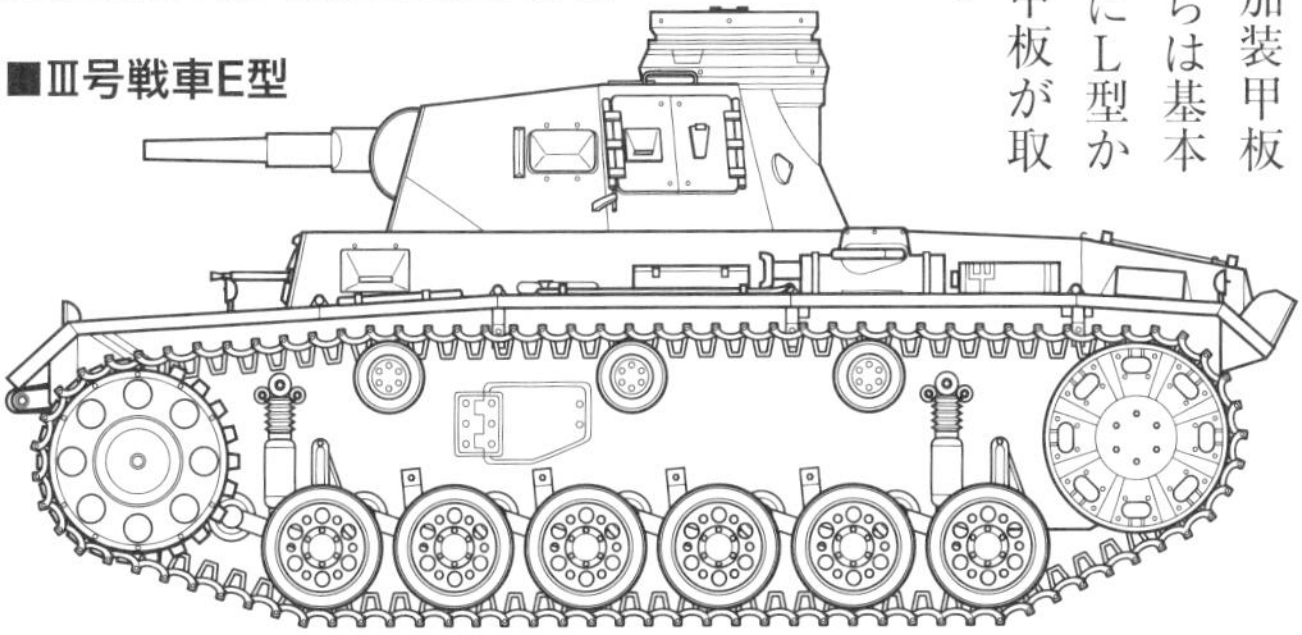

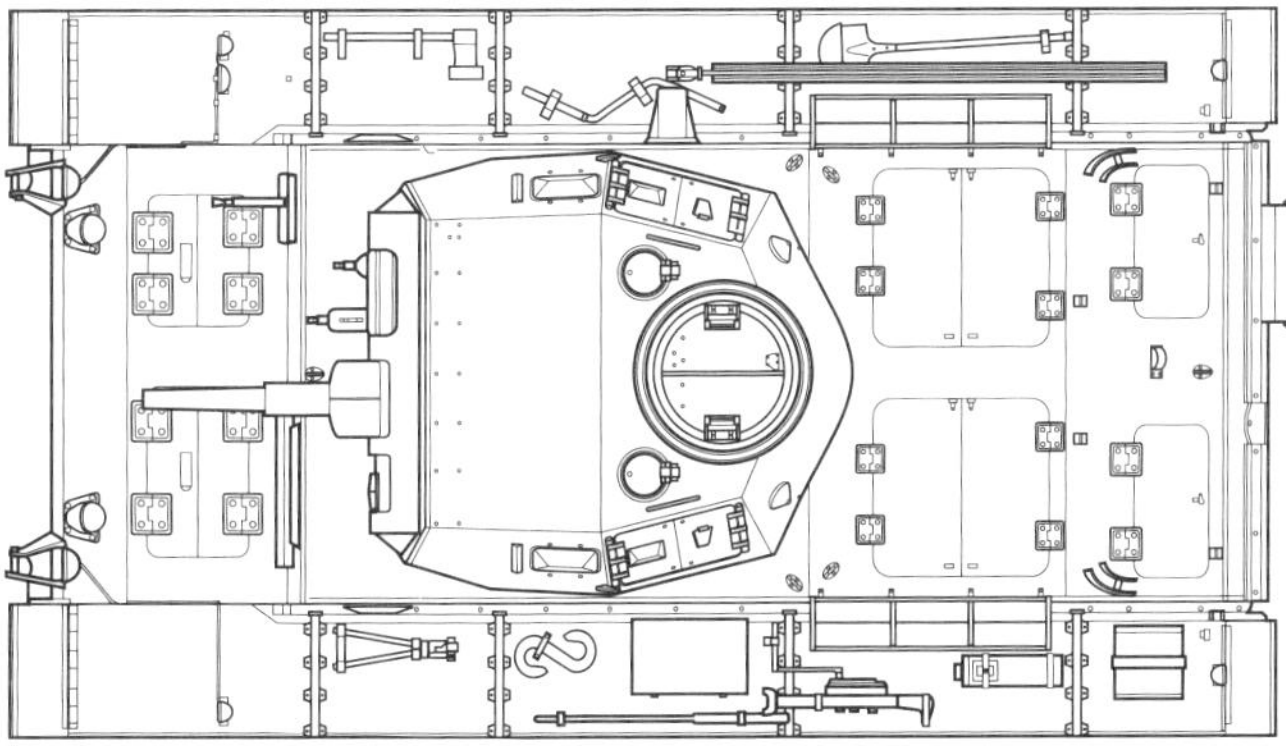

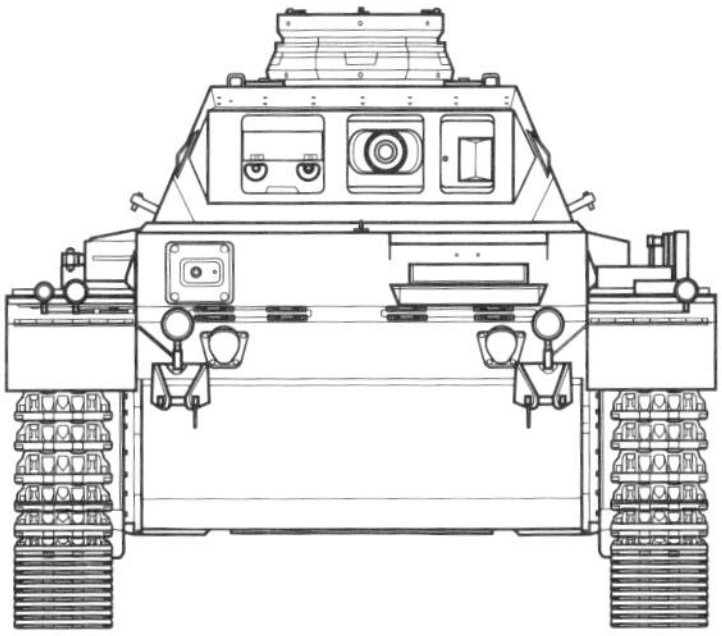

■Ⅲ号戦車E型

重量	19.5トン	全長	5.38m
全幅	2.91m	全高	2.44m
エンジン	マイバッハHL120TR 液冷ガソリン1基		
エンジン出力	300hp	最高速度	40km/h
行動距離	165km		
兵装	46.5口径3.7cm戦車砲1門、 7.92mm機関銃3挺		
装甲厚	10～30mm	乗員	5名

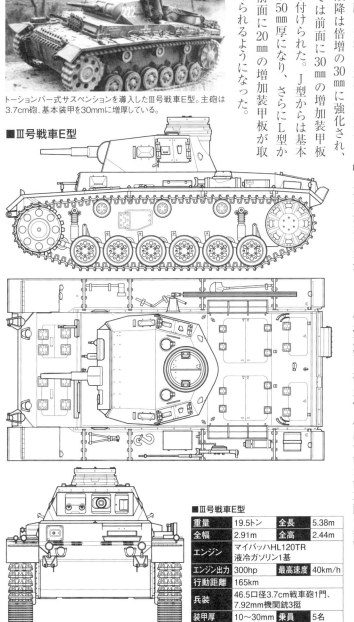

武装は当初は３・７cm砲で、これは歩兵部隊が使用していた対戦車砲と基本的に同一のものであった。グデーリアンは５cm砲の搭載を望んでいたが、実際には当時まだ３・７cm砲しか存在せず、ターレットリング径を大きくして将来の搭載を可能にして妥協するしかなかった。

Ｆ型の一部から搭載されるようになった５cm砲は、Ⅲ号戦車への搭載のために開発されたもので、砲身長は42口径だった。しかし、ソ連戦車が相手では威力不足で、これはL型からより長砲身で威力の増した60口径砲に強化された。

エンジンはE型よりマイバッハＨＬ１２０ＴＲガソリンエンジン（出力３００馬力）が装備された。走行装置は近代的なトーションバーであり、40km／hの最高速度を発揮できた。これは当時としては快速と言え、重量が増加した後期のタイプでもカタログデータ上は変わらず、良好な機動性を発揮できた。

各型の生産時期と生産数

Ⅲ号戦車は本格的な量産が開始されたE型は１９３８年後期～１９３９年12月に96両、Ｆ型は１９３９年９月～１９４１年５月に４３５両が生産された。Ｇ型は１９４０年３月～１９４１年５月に６００両、Ｈ型は１９４０年10月～１９４１年３月に２８６両が生産された。新設計車体の本格的な改良型がJ型で、１９４１年３月から１９４２年１月に７７９両生産された。60口径５cm砲への換装によって名称が変更されたのがL型で、１９４１年12月から１９４２年10月までに１６２１両が生産された。

しかし、Ⅲ号戦車の性能は、もはや主力戦車としては完全に時代遅れとなりつつあった。小改良型として１９４２年９月からM型が生産されたが、これは１９４３年１月に５１７両で生産が打ち切られてしまった。最後の生産型としてN型があるが、これは７・５cm短砲身砲を搭載して支援戦車としたものである。N型は１９４２年６月から８月に４４７両が生産された後、１９４３年８月までに１６７両が追加生産され、さらに前線から引き揚げられた車体から69両が改修された。総生産数は５７７４両（Ⅲ号突撃砲を除く）である。

Ⅲ号戦車はドイツ軍装甲師団の主力戦車として配属されたが、ポーランド戦当時はまだ数が少なくフランス戦もまだまだで、実際に主力と言える数量となったのは対ソ戦になってからであった。その頃にはすでに性能不足となりつ

主砲を60口径5cm砲としたⅢ号戦車L型。60口径5cm砲への主砲の換装はJ型後期型から実施されたが、後に60口径5cm砲搭載のJ型後期型もL型と呼ばれるようになった。

つあったが、クルスク戦時点までは数量的には主力戦車の座にあり、厳しさを増す戦線各所でドイツ軍を支えたのである。

■Ⅲ号戦車J型(60口径5cm砲搭載)

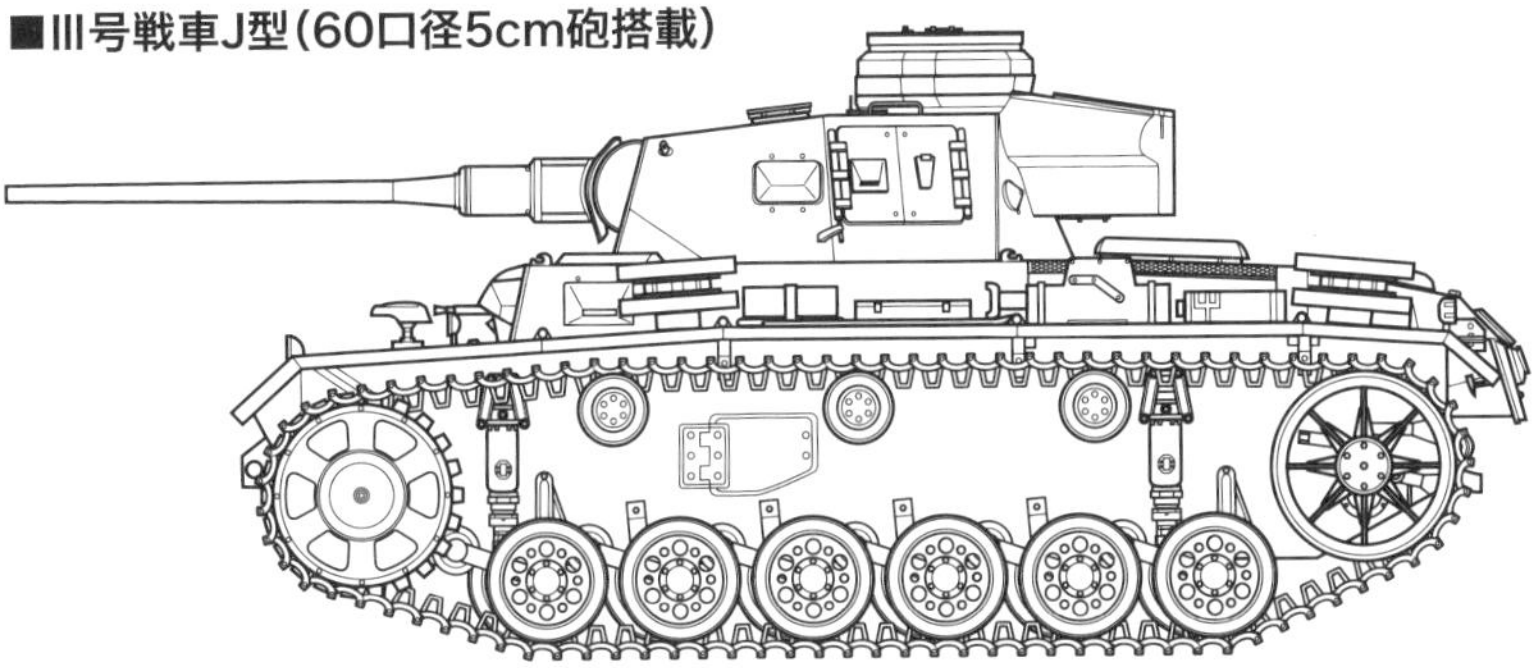

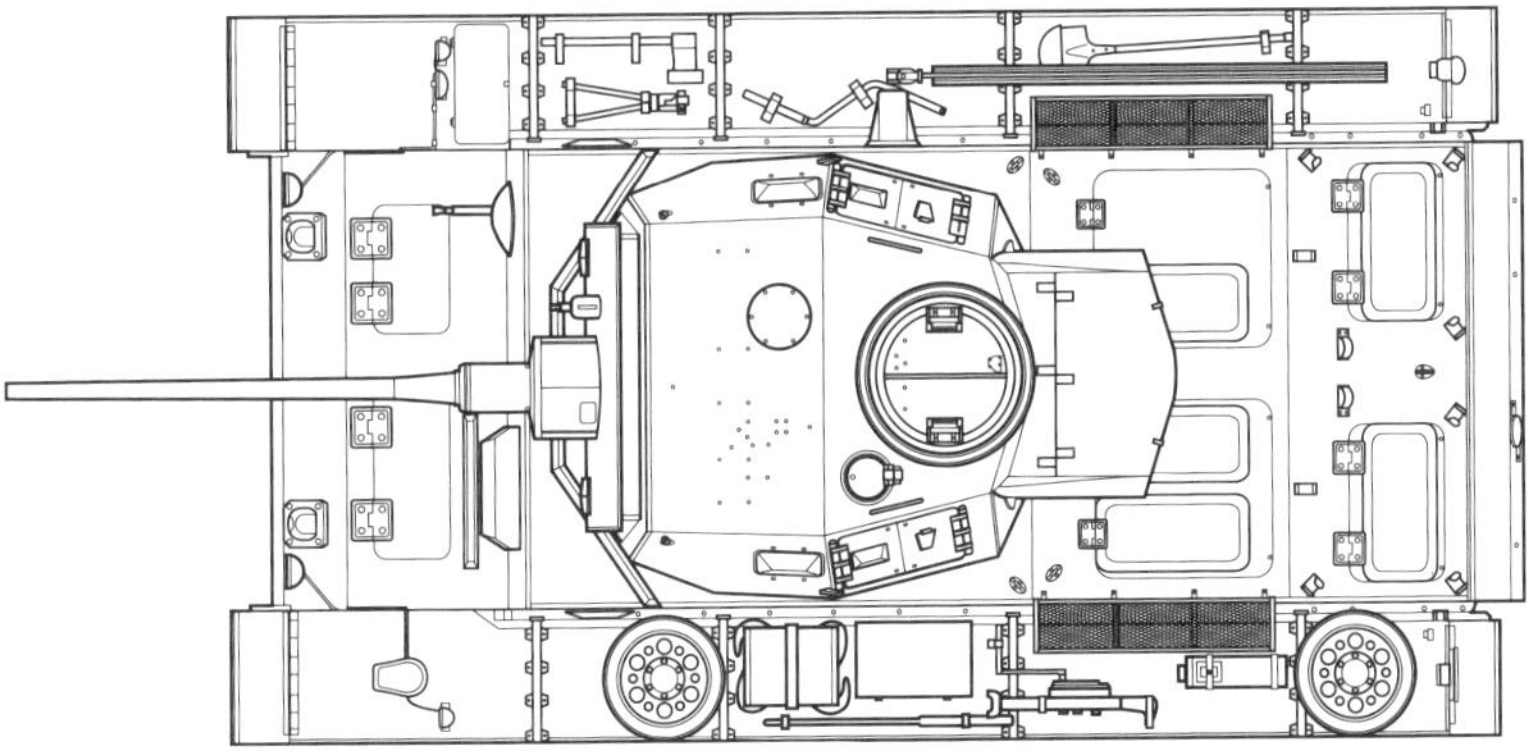

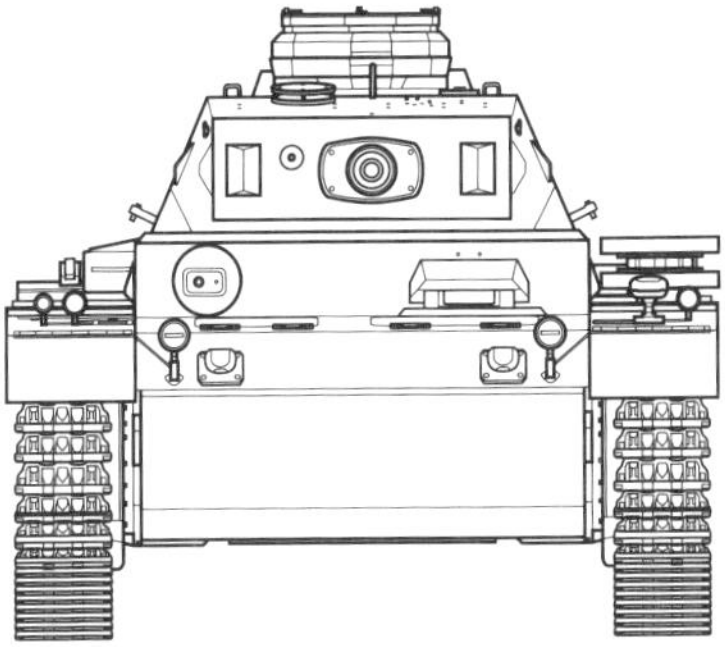

短砲身型のⅣ号戦車と同じ24口径7.5cm砲を搭載し、火力支援用戦車となったⅢ号戦車N型。

■Ⅲ号戦車G型

重量	20.3トン	全長	5.41m
全幅	2.95m	全高	2.44m
エンジン	マイバッハHL120TRM 液冷ガソリン1基		
エンジン出力	300hp	最高速度	40km/h
行動距離	165km		
兵装	42口径5cm戦車砲1門、7.92mm機関銃2挺		
装甲厚	10〜30mm	乗員	5名

■Ⅲ号戦車L型

重量	21.5トン	全長	6.28m
全幅	2.95m	全高	2.50m
エンジン	マイバッハHL120TRM 液冷ガソリン1基		
エンジン出力	300hp	最高速度	40km/h
行動距離	155km		
兵装	60口径5cm戦車砲1門、7.92mm機関銃2挺		
装甲厚	10〜57mm	乗員	5名

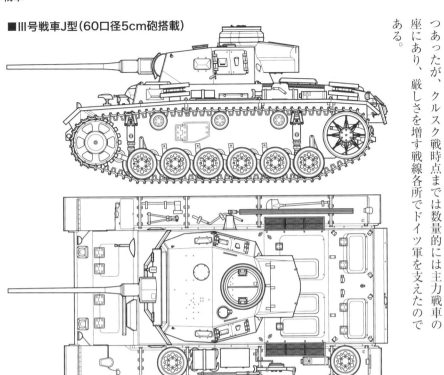

ドイツ

Ⅳ号戦車

- 大口径砲を搭載する支援用戦車として開発
- 信頼性と耐久性が高く、発展余裕もある設計
- 長砲身7・5㎝砲に換装、装甲部隊の主力戦車に

大口径短砲身砲を搭載する支援戦車

Ⅲ号戦車の項に書いたように、グデーリアンは将来のドイツ装甲師団に必要な戦車の能力として、二種類の戦車の仕様を考えた。その一つが主力戦車を援護し、戦車以外の目標に対処する「支援戦車」であった。この構想は陸軍兵器局にも認められ、BWとして開発されることになった。この秘匿名称は、Begleitwagen（同伴車両、随伴車両）の頭文字という説が有力とされるが、従来説のBataillonsführerwagen（大隊長車）も実際使われていて、間違いと言い切れないらしい。

本車は支援戦車という位置付けははっきりしているが、必要な条件は細部まで定まっていなかったようだ。要するに自力で敵軽戦車を充分破壊でき、Ⅲ号戦車の装甲貫徹力では不充分な目標を攻撃するための武装を装備するということで、主砲に選ばれたのが、当時として破格の大口径7・5㎝砲であった。

本車の開発は1930年から始められていたらしいが、研究段階に止まったようだ。形になったのは、軍の開発プランとして、VK2001の名称で試作がスタートしてからだった。これはやはり競作で、各社の試作車両は1934年末から1935年にかけて完成。試験の結果、クルップ社が選ばれ、1936年4月3日よりⅣ号戦車としての開発がスタートした。

増加試作車が製作され、それを元に1937年10月より、最初の生産型A型の生産が開始された。なお、Ⅲ号戦車は増加試作シリーズの製作がかなり長く続けられたが、Ⅳ号戦車に関してはそれは少なく、最初からほぼ完成された姿となった。ただし、最初のA型だけは、車体設計に異なる

北アフリカ戦線で英連邦軍に鹵獲されたⅣ号戦車D型。小転輪2個をリーフスプリングで緩衝するサスペンションは、トーションバー式に比べて信頼性・耐久性に優れた。

部分が多かった。

Ⅳ号戦車A型~E型の生産

Ⅳ号戦車の全体デザインは、基本的に大戦前半のドイツ戦車の標準的なもので、平面で構成された箱型車体、傾斜面で構成された砲塔はⅢ号戦車と共通する。車内配置も同様で、前部から操縦室、戦闘室、エンジン室となり、戦闘室上に武装を装備した全周旋回砲塔が搭載されている。乗員は五名である。

各部の装甲厚は、A型では各面ともに14・5㎜と薄かったが、これはⅢ号戦車も同じで、特に軽視されていたわけではない。その後の発展は装甲増大の歴史で、B型は車体砲塔前面が30㎜に、D型は車体砲塔側面が20㎜になり、後期には車体前面30㎜、側面20㎜の増加装甲板が取り付けられるようになった。E型は車体前面が50㎜になった。

F型では車体設計が変更され、砲塔前面は50㎜、車体砲塔側面は30㎜になった。G型は車体前面の一部に30㎜の増加装甲板が取り付けられるようになり、H型では初めから80㎜厚の装甲板になった。車体砲塔にシュルツェンが取り付けられるのはG型途中からで、J型後期では車体シュルツェンが金網製になった。

主砲は7・5㎝と口径こそ大きいものの、24口径と木の

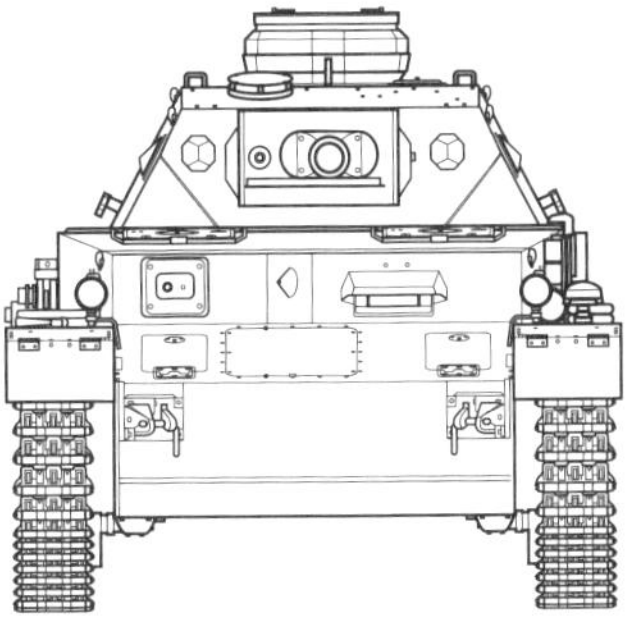

■Ⅳ号戦車E型

重量	21.0トン	全長	5.92m
全幅	2.84m	全高	2.68m
エンジン	マイバッハHL120TRM 液冷ガソリン1基		
エンジン出力	300hp	最高速度	42km/h
行動距離	200km		
兵装	24口径7.5cm戦車砲1門、7.92mm機関銃2挺		
装甲厚	10〜50mm	乗員	5名

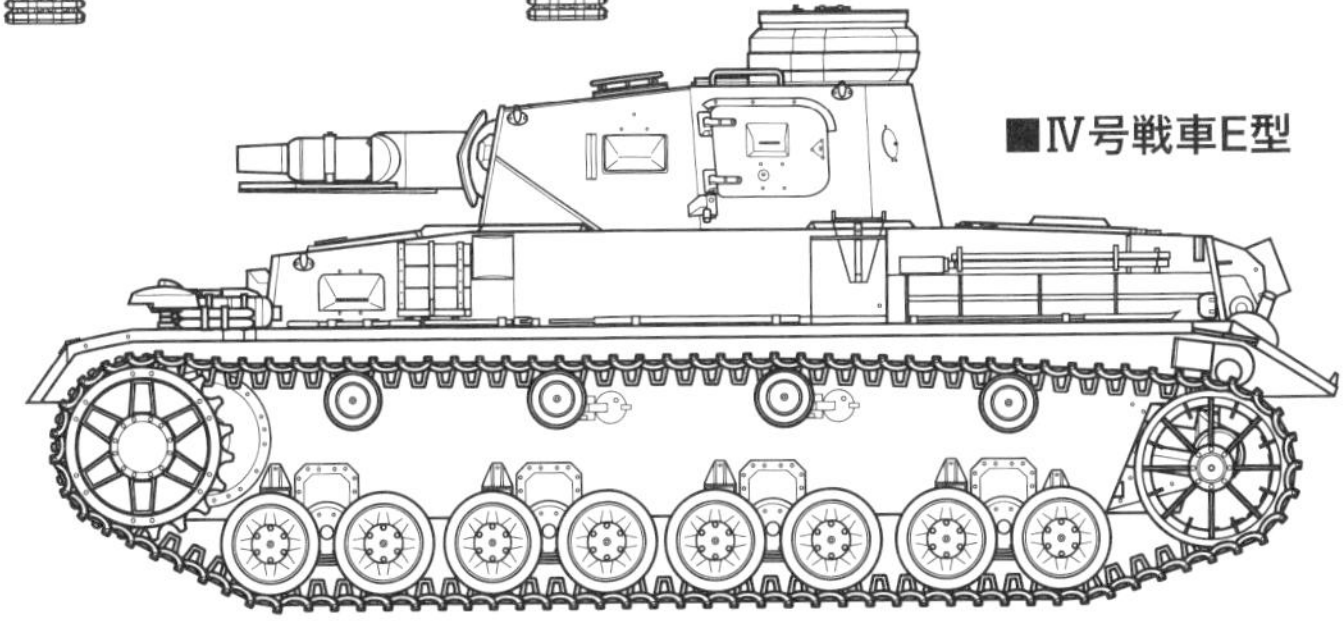

■Ⅳ号戦車E型

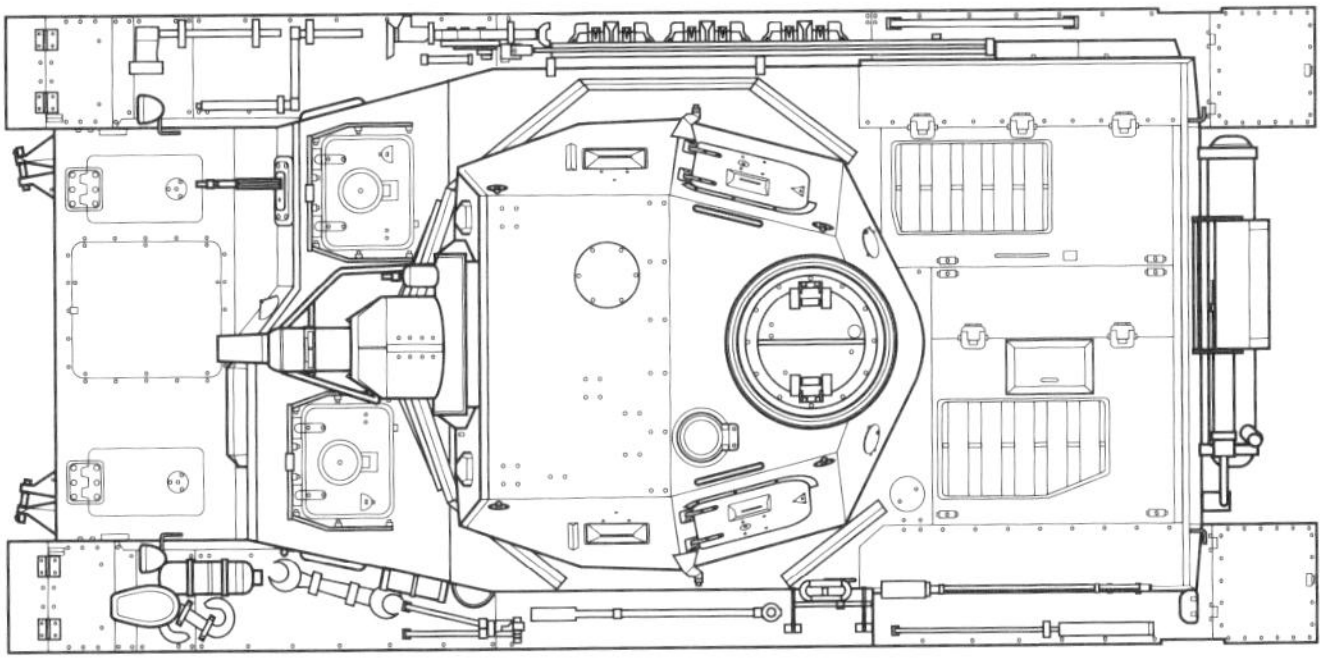

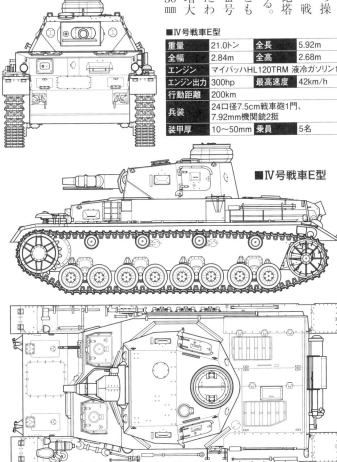

切り株のような砲身の短い榴弾砲であった。対戦車用よりも榴弾射撃によって敵陣地を潰すような、火力支援を主任務とした砲だ。この砲が装甲貫徹力を重視した長砲身の43口径砲になったのはF型の途中からで、その後、G型の途中から48口径砲に強化されていた。

エンジンはB型よりマイバッハHL120TR（TRM）ガソリンエンジン（出力300馬力）が装備された。走行装置は小転輪を2個ペアーにしてリーフスプリングに取り付けた古臭い方式だったが、これはトーションバーに比べて地形追従性は低いものの、単純な構造で信頼性、耐久性は高かった。最高速度は40km／h前後を発揮できたが、大戦後期の重量増加によって若干の性能低下を招いた。

生産はA型が1937年に35両、B型が1938年5月～10月に42両、小改良型のC型が1938～39年に134両である。より実用的な戦車として各種改良が盛り込まれたD型は1939年10月～1941年5月に231両生産された。砲塔設計が変更され防御力が強化されたE型は、1940年10月～1941年4月に200両生産された。

長砲身砲に換装し主力戦車に

基本装甲厚を増して車体が完全に新設計となったのがF型であった。しかし、1941年5月～1942年2月に470両が完成したところで、その生産は打ち切られた。

これは対ソ侵攻といわゆる「T-34ショック」の結果、Ⅳ号戦車の武装強化が急ぎ図られたからである。このため、短砲身の7・5cm砲に代わって、長砲身の7・5cm砲が装備されることになった。

当初、その生産は次のG型から予定されていたが、戦力化が急がれ、F型の途中から生産が移行された。このタイプは当初F2型と呼ばれたが、後にG型に含まれるようになった。G型は1942年3月～1943年6月に1930両が生産された。生産数が飛躍的に増えているが、これは本車が支援戦車から主力戦車に地位が変わったことを物語っている。

Ⅳ号戦車はその後、H型へと生産が引き継がれたが、H型はG型で取り入れられた改良を初めからすべて盛り込んで生産されたⅣ号戦車の事実上の最終発展型であった。H型は1943年5月～1944年2月に2322両が生産された。続く

1943年冬季の東部戦線におけるⅣ号戦車G型。ソ連戦車の重装甲を撃ち抜ける長砲身（43口径ないし48口径）7.5cm砲を備えた。

J型は改良型ではなく、生産性向上のための簡略化型だった。その効果あって、J型は1944年2月～1945年4月に、Ⅳ号戦車各型最大の3150両が生産されたのである。

Ⅳ号戦車はⅢ号戦車を補佐する支援戦車として構想された。このため、Ⅲ号戦車より大口径の7・5㎝榴弾砲を搭載し、Ⅲ号戦車よりわずかながら大柄であり、それが将来の発展余裕につながった。その結果、大戦を通じて漸次火力や防御力の強化が行われ、当初は支援戦車であったものが、最終的にⅢ号戦車に代わって主力戦車となり、大戦を通じて生産され、使用され続ける結果となったのである。

砲塔側面から後面、車体側面にシュルツェンを装着したⅣ号戦車H型。シュルツェンとは対戦車ライフル対策に取り付けられた補助装甲板のこと。

■Ⅳ号戦車G型

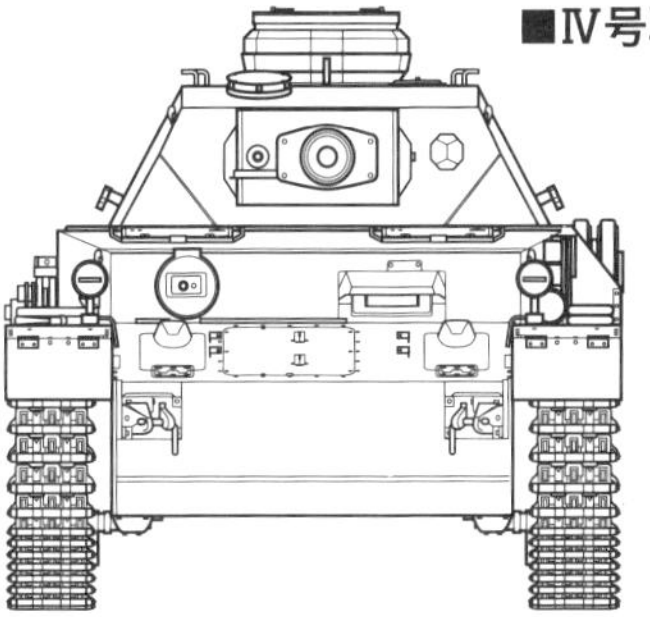

■Ⅳ号戦車G型

重量	23.5トン	全長	6.68m
全幅	2.88m	全高	2.68m
エンジン	マイバッハHL120TRM 液冷ガソリン1基		
エンジン出力	300hp	最高速度	40km/h
行動距離	210km		
兵装	43口径7.5cm戦車砲1門、7.92mm機関銃2挺		
装甲厚	10～50mm	乗員	5名

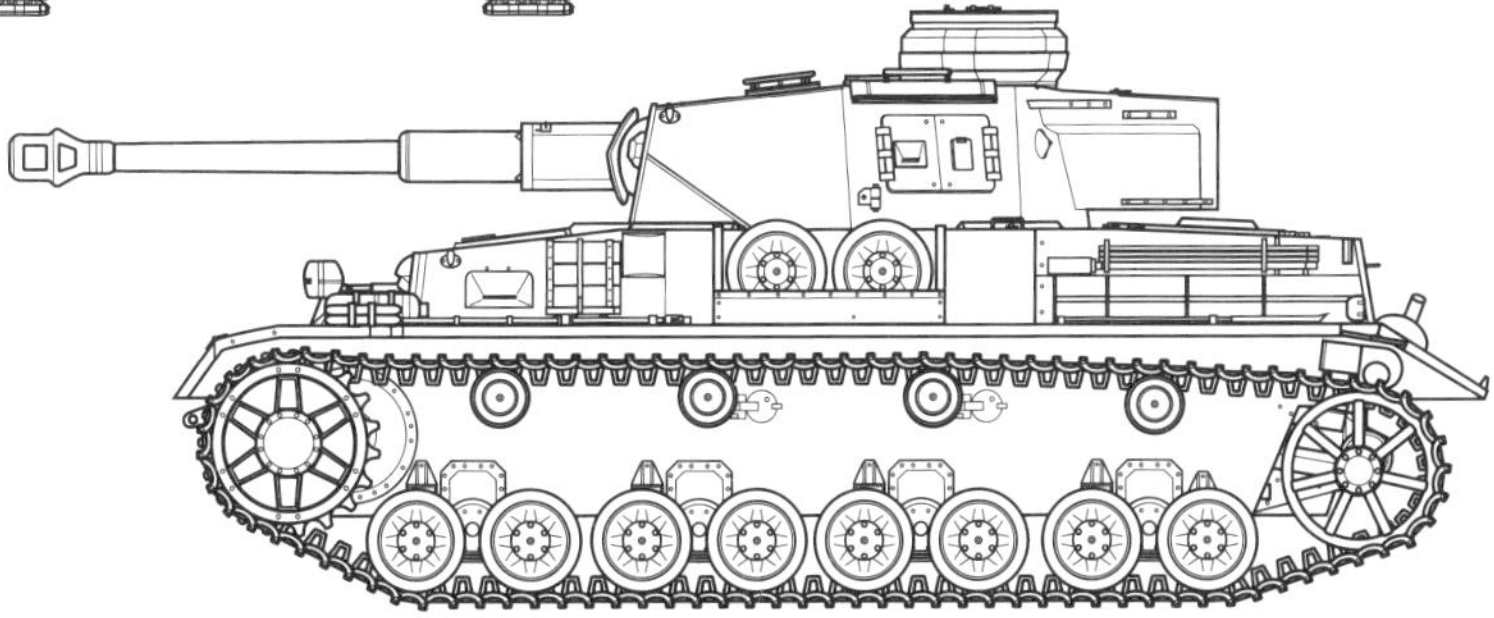

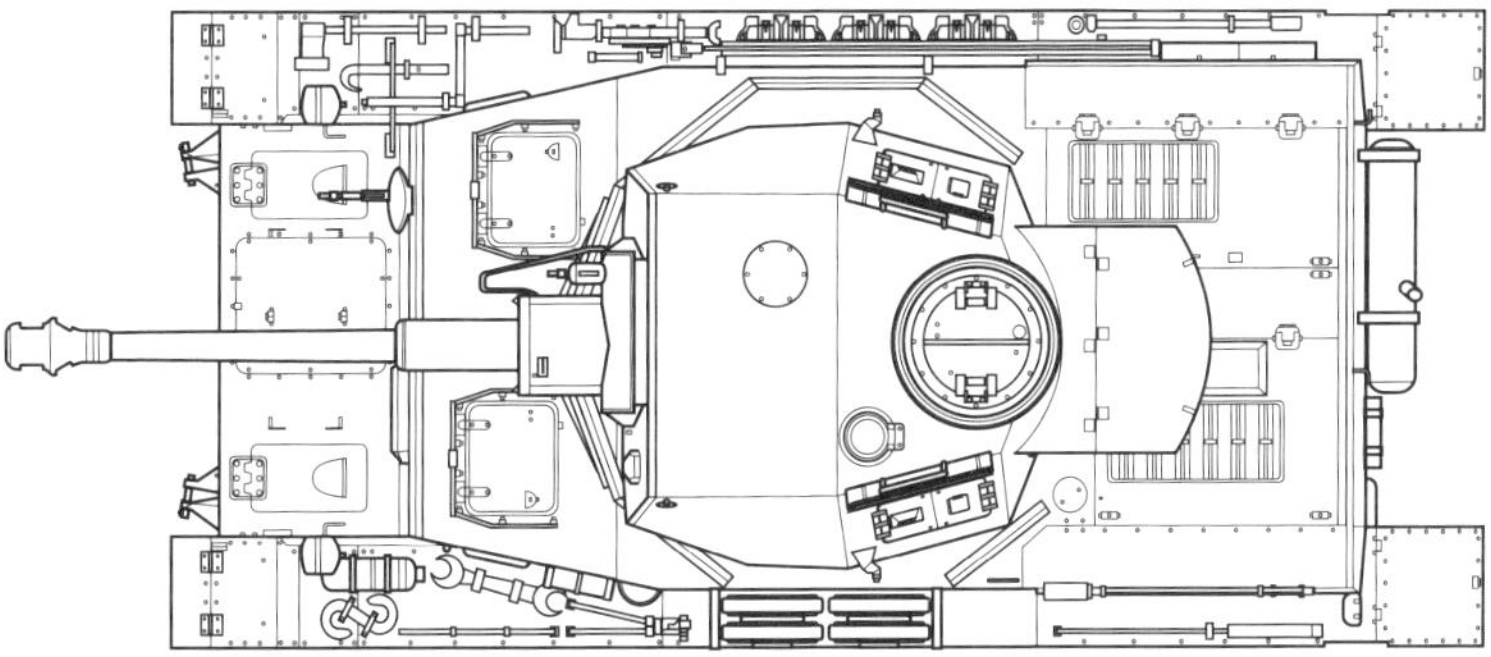

ドイツ

V号戦車パンター

T-34ショックにより急遽開発された中戦車
重戦車並みの攻防能力と機動力を兼ね備える
主力として配備されるも、生産数が伸びず

T-34の影響を受け、急遽開発

ドイツ軍はポーランドやフランスでの〝電撃戦〟でその戦車戦力の優位を示したが、1941年6月の対ソ侵攻では驚愕すべき現実に直面した。いわゆる「T-34ショック」である。特に戦車のエキスパートであったグデーリアンは、T-34をはじめとするソ連戦車の脅威を報告し、対抗できる新型戦車の開発を早急に進めることを要請した。1941年11月20日、この要請に応じて軍需大臣アルベルト・シュペーアを長とする調査団が派遣され、その結果、T-34に対抗できる新型戦車の開発が必要と結論された。

新型戦車は30トン級を表すVK3002と呼ばれ、MAN、ダイムラーベンツ社の競作となった。特徴的なのは、両社案ともにこれまでのドイツ戦車のような、垂直面に切り子細工のような面取りがされた車体、砲塔外形ではなく、T-34流のシンプルな傾斜装甲の組み合わせが採用されていたことだった。

ヒトラーは斬新なダイムラーベンツ案を気に入っていたが、開発の遅れにより最終的にVK3002（MAN）が、V号戦車パンターとして生産されることになった。MAN社では1942年8月中に2両の軟鋼製試作車を製作し、9月終わりに軍に引き渡した。試作車にはまだ多数修正すべき点があったが、とにかく生産が急がれた。

それは東部戦線における来るべき攻勢、「ツィタデレ」作戦に使用するためで、欠陥には目をつぶって11月には量産が開始された。D型と呼ばれる最初のパンターは1942年11月には生産着手され、1943年3月末までに90両、5月初めまでにさらに160両が完成した。

しかし、これらは欠陥改修のため、工場に戻さなければならなかった。ようやく、なんとか使えるパンター200

重戦車並みの攻防能力を持ちながら、高い機動力により軽戦車や中戦車の任務もこなすことができたパンター（写真はD型）。現代のMBT（主力戦車）の先駆けとも言われている。

両がそろえられたのは6月末のことであった。これらの車両は独ソ戦の一大決戦・クルスク戦に投入されたが、そのデビュー戦は、機械故障の続出、訓練の不足、運用上の錯誤で散々なものとなった。

しかし、これはあまりに投入が急がれたからであって、初期故障が克服され改良が盛り込まれたことで、パンターの信頼性は次第に回復していった。その後パンターD型は1943年9月までに合計850両が生産された。

パンターの設計と性能

全体的デザインは、これまでのド

D型のキューポラ（車長用展望塔）や照準器、変速機などを新型のものとした改良型・パンターA型。なお、D型の次がA型、その次がG型となった経緯は不明である。

■V号戦車パンターD型

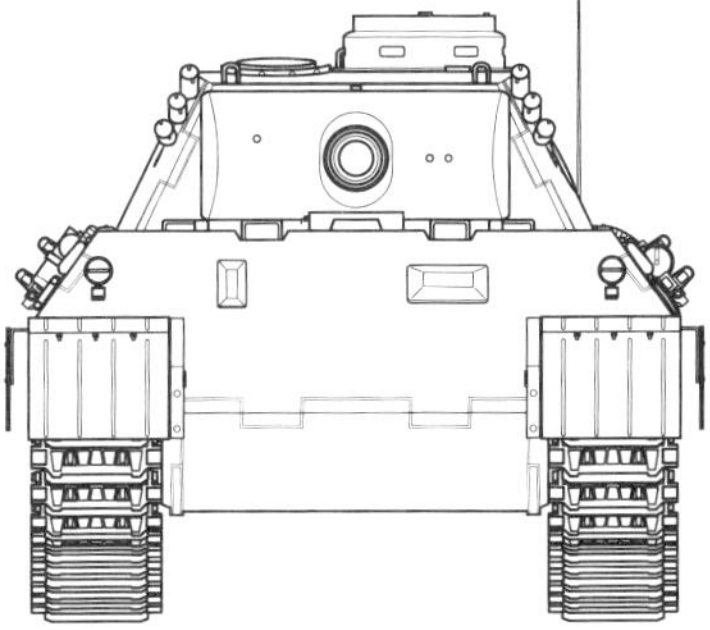

■V号戦車パンターD型

重量	43.0トン	全長	8.86m
全幅	3.43m	全高	2.95m
エンジン	マイバッハHL230P30 液冷ガソリン1基		
エンジン出力	700hp	最高速度	55km/h
行動距離	169km		
兵装	70口径7.5cm戦車砲1門、 7.92mm機関銃2挺		
装甲厚	16〜100mm	乗員	5名

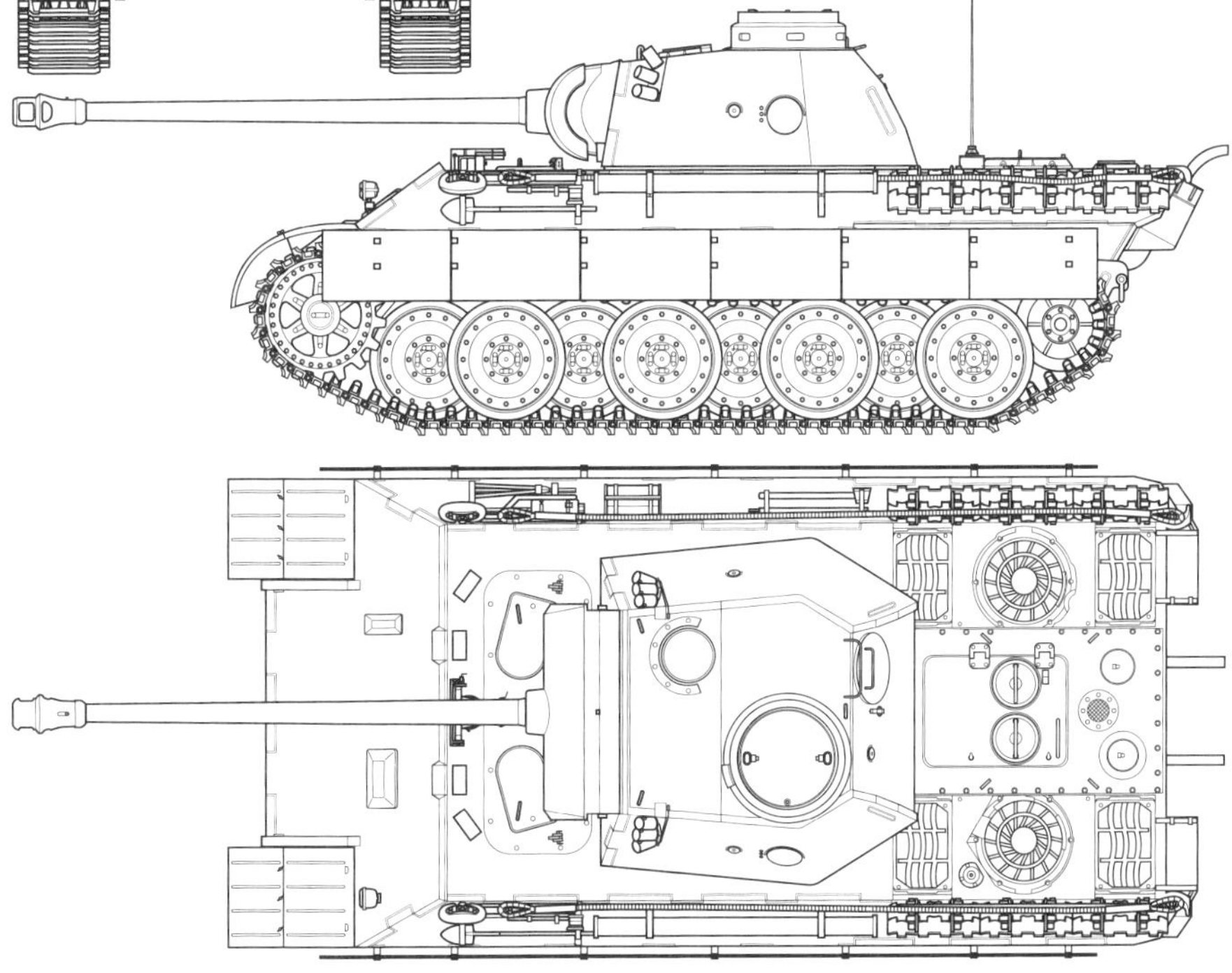

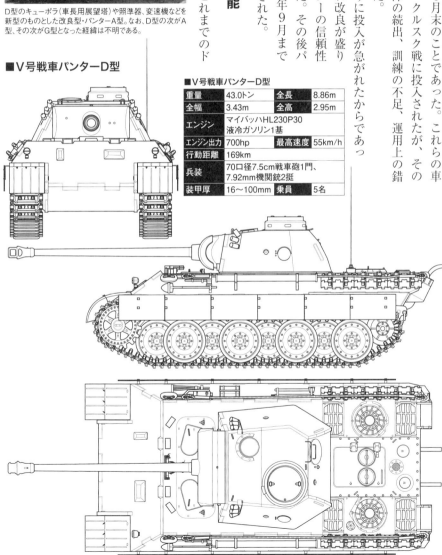

イツ戦車と大きく異なっていた。車体は平面で構成された箱型だが、装甲板の組み合わせはT‐34を参考にして傾斜面で組み上げられていた。車内配置はドイツ戦車の標準のままで、車体前部から操縦室、戦闘室、エンジンルームで、戦闘室上に武装を装備した全周旋回砲塔が搭載されている。乗員は五名であった。

装甲は車体前面80㎜で、傾斜装甲の効果で当時のソ連、英米戦車の主砲ではほとんど貫徹不可能であった。砲塔前面は垂直に近かったが、その代わり厚さは110㎜。防盾は100㎜で湾曲しており、その下方への命中弾が跳ね返って車体の前上面を貫徹することがあったため、後にG型の後期から、下方が垂直に成型されたいわゆるアゴ付きの防盾となった。

その他、各部の装甲厚は、車体前面下部が60㎜、側面が上下とも40㎜、後面40㎜、砲塔側後面が45㎜となっていた。側後面の装甲厚はこれまでよりは強化されていたものの、相対的には弱体だった。特に車体下部側面は傾斜しておらず弱点だったが、シュルツェンを装備することで補われている。なお、G型では車体側面の設計が変更され、角度が浅くなった一方で厚みが45㎜に増していた。

主砲にはⅣ号戦車と同じだが、70口径という超長砲身の7・5㎝砲カノン砲を装備していた。その威力は圧倒的で、ドイツ軍の切り札であった8・8㎝対空砲、ティーガーⅠの主砲ともなった砲とほぼ同じ装甲貫徹性能を有していた。このため、西側戦車はもちろん、ソ連戦車でも後に出現するJS重戦車を除けば優位に戦うことができた。

エンジンは初期の一部を除き、マイバッハHL230P30（出力700馬力）が装備された。走行装置には、大戦後期のドイツ戦車に特徴的な、転輪が重なり合った挟み込み式と呼ばれる方式が採用されていた。これは重量配分を最適化するには良かったが、泥や雪が詰まりやすく、また、転輪の交換がやっかいであった。

エンジン、変速機、そして足回りの適切な設計のおかげで、パンターはドイツ戦車で最高の機動力を発揮することができた。最高速度は46㎞／hとされるが、これはリミッターをかけているからで、実際には55㎞／hを発揮することができた。また、幅広の履帯のおかげで不整地走破能力も良好だった。

パンターⅡとパンター各型

パンターはすぐに、装甲強化型としてパンターⅡが開発されたが、諸般の事実からその生産は中止され、パンターD型の改良型が生産された。これがパンターA型で、実質的にはD型車体に改良型の砲塔を搭載したものであった。A型は1943年8月に生産が開始され、1944年7月までに2200両が生産された。

A型は暫定的な生産型であり、パンターⅡの中止に伴い、その改良点をできるだけ取り込んで生産されたのがG型であった。改良されたのは今度は主に車体であった。G型は、1944年3月から1945年4月までに2943両が生産された。さらに画期的な改良型としてF型が開発されたが、量産前に終戦となっている。

新型〝主力戦車〟として運用されたパンターは、装甲師団の戦車連隊に配備された。しかし、その生産数は不足気味で、最後まですべての戦車連隊を充足することは不可能だった。そのため、Ⅳ号戦車と並行配備が行われ、中にはパンターが配備されない装甲師団すら存在したのである。

チェコスロヴァキア方面で放棄されたパンターG型後期型。主砲防盾は従来のカマボコ型から下部が垂直となったものに変更されており、これにより防盾下部に命中した敵弾が跳弾し、車体前部上面を突き破る現象(ショットトラップ)を防いでいる。

■V号戦車パンターG型

■V号戦車パンターG型

重量	44.8トン	全長	8.86m
全幅	3.43m	全高	2.98m
エンジン	マイバッハHL230P30 液冷ガソリン1基		
エンジン出力	700hp	最高速度	55km/h
行動距離	177km		
兵装	70口径7.5cm戦車砲1門、 7.92mm機関銃2挺		
装甲厚	16〜110mm	乗員	5名

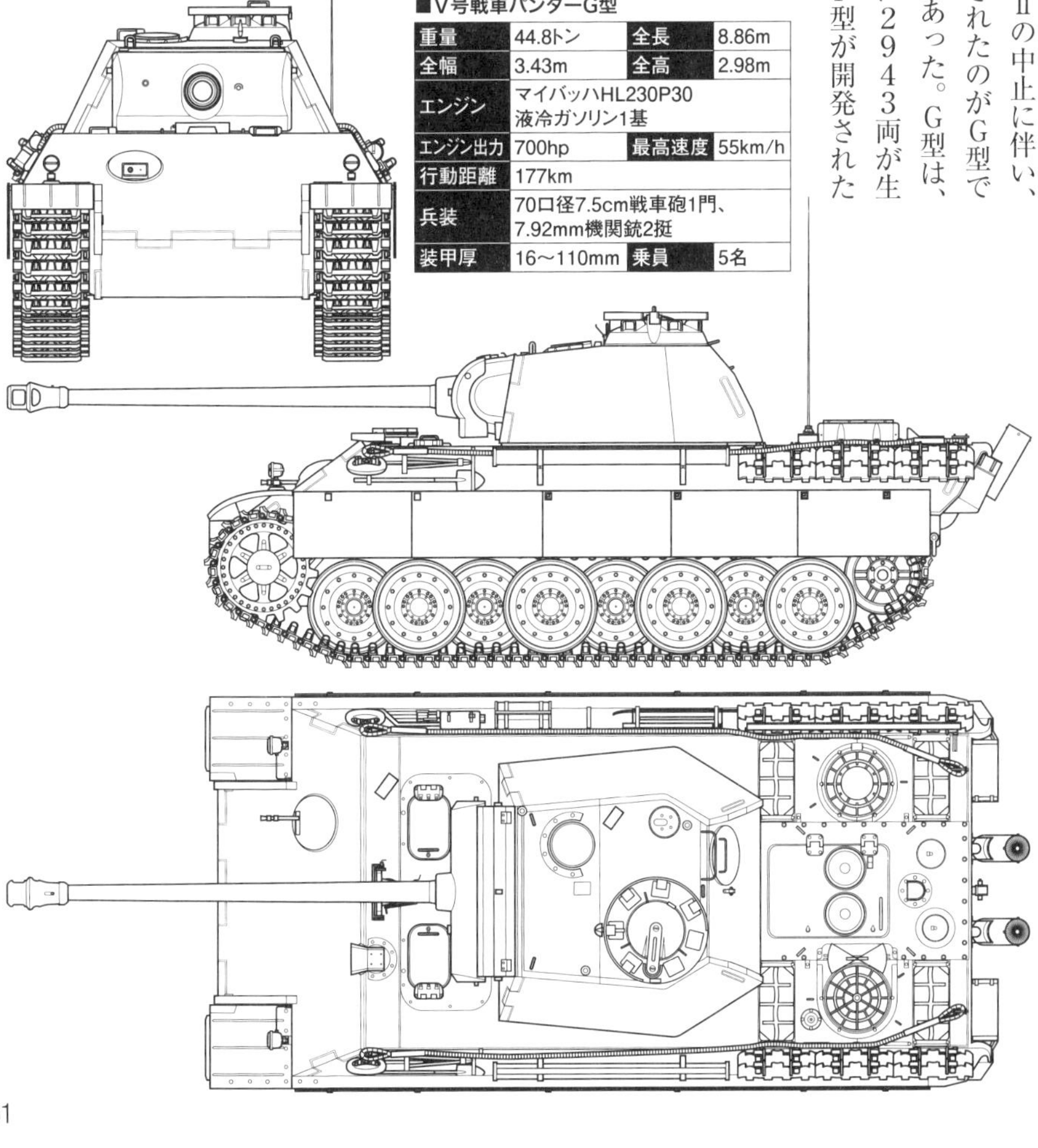

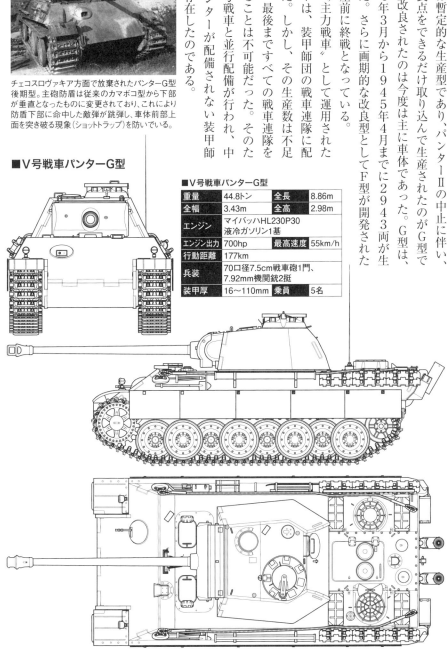

ドイツ

Ⅵ号戦車E型ティーガーⅠ

■大威力の8・8㎝砲による隔絶した攻撃力
■垂直面で構成される分厚い装甲を持つ重戦車
■突破された戦線の「火消し役」として活躍

二社競作による開発経緯

ティーガーⅠは第二次世界大戦中にドイツ軍が開発した中で最も有名な戦車と言っていいだろう。ティーガーは対ソ侵攻によるT‐34ショックで、強力なロシア戦車に対抗して開発されたものと思われがちだが、その源流は戦前から開発されていた重突破戦車にまでさかのぼる。ただし、後のティーガーの開発に直接つながるのは、1941年5月のヒトラーによる重突破戦車の開発命令であった。

これは競作となり、ポルシェ社はVK4501（P）を開発した。ヘンシェル社はVK3601（H）を開発するが、これは要求を満たすには小さ過ぎ、VK4501（H）が開発された。ヒトラーはとにかく早くこの新型戦車を見るのを望んだ。このため、大急ぎで準備が進められ、1942年4月20日のヒトラーの誕生日プレゼントにVK4501（H）と（P）が展覧されることになった。2両の試作車はラシュテンブルクのヒトラー総統本営に運ばれたが、デモンストレーションではVK4501（H）の優位が明らかだった。

それでもこの時は、まだ正式な結論は下されなかった。しかし、7月からクンマースドルフ試験場で開始された試験では、VK4501（P）は様々な問題を露呈し脱落した。こうして、最終的にヘンシェル社が開発したVK4501（H）がⅥ号戦車ティーガーとして、8月より量産が開始されたのである。

ティーガーⅠの設計と性能

ティーガーⅠは、これまでのドイツ戦車をはるかに超えた重戦車であった。しかし、その基本的な設計思想は、これまでのドイツ戦車と一貫したものと言えた。車内配置は、車体前部から操縦室、砲塔が搭載された戦闘室、エンジンルームと一般的なもので、車体デザインはほぼ垂直な平面で構成された、無骨そのものの箱型をしていた。

特筆すべきはその武装で、主砲は対戦車射撃にも絶大な威力を発揮した切り札、8・8㎝対空砲を車載化したものであった。同砲はT‐34どころかKV戦車でも、容易にノックアウトできる性能であった。

装甲も桁外れに強力で、前面は車体・砲塔ともに１００㎜、側後面も車体・砲塔ともに80㎜と分厚かった。これは

北アフリカ・チュニジア方面で英連邦軍に捕らえられたティーガーⅠ初期型（1943年1月〜7月生産）。砲塔側部の発煙弾発射器や背の高いキューポラを特徴とする。

■Ⅵ号戦車E型ティーガーⅠ（初期型）

重量	57.0トン	全長	8.45m
全幅	3.705m	全高	3.00m
エンジン	マイバッハHL210P45 液冷ガソリン1基		
エンジン出力	650hp	最高速度	40km/h
行動距離	195km		
兵装	56口径8.8cm戦車砲1門、7.92mm機関銃2挺		
装甲厚	25〜100mm	乗員	5名

当時の敵対戦車砲、特に主敵のソ連軍の76・２㎜砲では貫徹不可能だった。ただし、T‐34ショック以前の設計ゆえ、各装甲板が垂直でその強さを活かし切れていないのはもったいなかった（砲塔は湾曲しているため、ある程度効果があった）。

代わりに運用でカバーしており、ティーガーの教科書というべき『ティーガーフィーベル』にも記載がある。これは相手に対して車体を斜めに構えることで、傾斜装甲と同様の効果を得る方法だった。これは側面も前面とほぼ同様に装甲の分厚いティーガーだからできることだ（Ⅳ号戦車でも可能だが、車体側面の装甲はわずか30㎜しかないため容易に貫徹されてしまう）。

エンジンは初期を除き、マイバッハＨＬ２３０Ｐ45液冷ガソリンエンジン（出力７００馬力）が搭載された。Ⅲ号、Ⅳ号戦車用エンジンに比べて2倍もの出力だが、それでもティーガーⅠの57トンもの巨体には出力不足だった。

変速機には巨体を動かすために、非常に高級な機構を有している。主変速機にはプレセレクター式半自動変速機が使用されており、ギアは油圧により自動的に変速できた。操向変速機も油圧制御だった。

足回りは、転輪を互い違いに配置した挟み込み式配置で、懸架装置はトーションバーであった。転輪は大型転輪が片側8個で上部支持輪はない。面白いのは履帯で、車体幅が

広すぎて、そのままだと鉄道輸送の限界を越えてしまうため、鉄道輸送用に520㎜、戦闘用に725㎜のものが用意されており、必要に応じて履き換えるようになっていた。なお、この履帯は左右対称の形でない。二種類用意するのは無駄であるため、左右は同じものを反対向きに装着するようになっていた。

ティーガーⅠの機動力は、カタログデータ上の最大速度は40㎞／hであり、鈍重というほどではないが、やはり大重量のため、様々な制限が課されるのはやむを得なかった。何より機械に負担がかかり、また、重すぎて橋や道路を通れないといった外部のインフラに影響される面も大きかった。さらに、燃料満タンで行動距離はわずか195㎞と、燃料を食うのも悩みの種であった。

ティーガーⅠの運用

ティーガーⅠは1944年8月までに1347両が生産された。ティーガーⅠには一切タイプ分けはないが、生産時期によって仕様の差があった。初期型ではSマイン（対人地雷）発射器や発煙弾発射器、エアフィルター、川を渡るための潜水渡河装置等が装備されていたが、中期型では廃止された。また、後期型では転輪がゴム縁のない鋼製転輪になり、その他ティーガーⅡとの共通化が進められていた。

ティーガーⅠは重戦車であり、基本的に特別に編成され

初期型のキューポラは片開きのハッチだったが、中期型（1943年7月～1944年2月生産）ではハッチを旋回して開くタイプに変更された。砲塔および車体の表面にあるシワのようなパターンは、吸着地雷対策のツィンメリット・コーティング。

外径が比較的小さい主砲先端のマズルブレーキは、後期型（1944年2月～8月生産）の特徴。他に単眼式照準器や鋼製転輪など、ティーガーⅡとの部品共通化が図られた。

た重戦車大隊に配備された。ティーガーIを装備した重戦車大隊は、デビュー戦となった東部戦線レニングラード戦区を皮切りに、北アフリカ、イタリア、西部戦線とすべての主要な戦線に投入された。攻勢作戦を担う突破戦車として運用される局面はほとんどなく、崩れた戦線から侵入してくる敵軍を迎え撃つ「火消し役」として投入され、大活躍した。しかし、少数が細切れに使用されることも多く、その存在価値を十分発揮できたとは言い難い面もあった。

■VI号戦車E型ティーガーI（後期型）

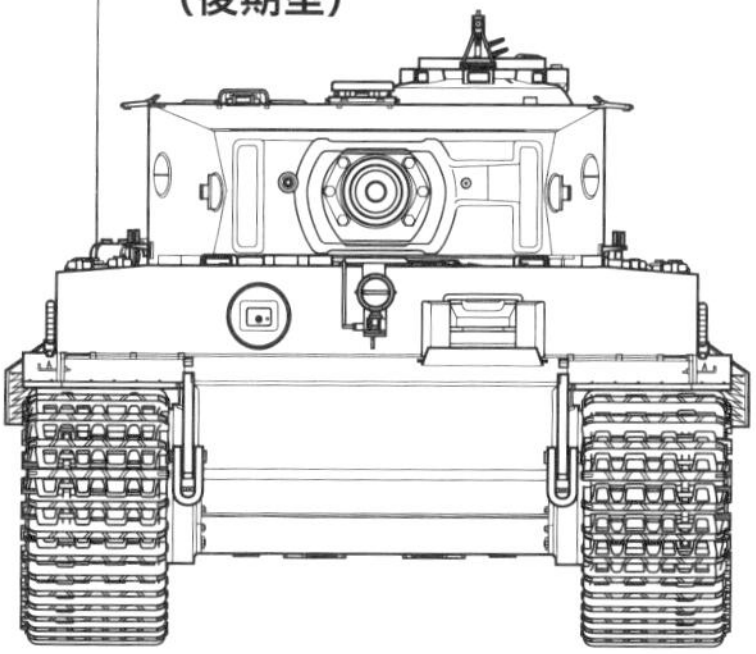

■VI号戦車E型ティーガーI（後期型）

重量	57.0トン	全長	8.455m
全幅	3.705m	全高	2.855m
エンジン	マイバッハHL230P45 液冷ガソリン1基		
エンジン出力	700hp	最高速度	40km/h
行動距離	195km		
兵装	56口径8.8cm戦車砲1門、7.92mm機関銃2挺		
装甲厚	25～100mm	乗員	5名

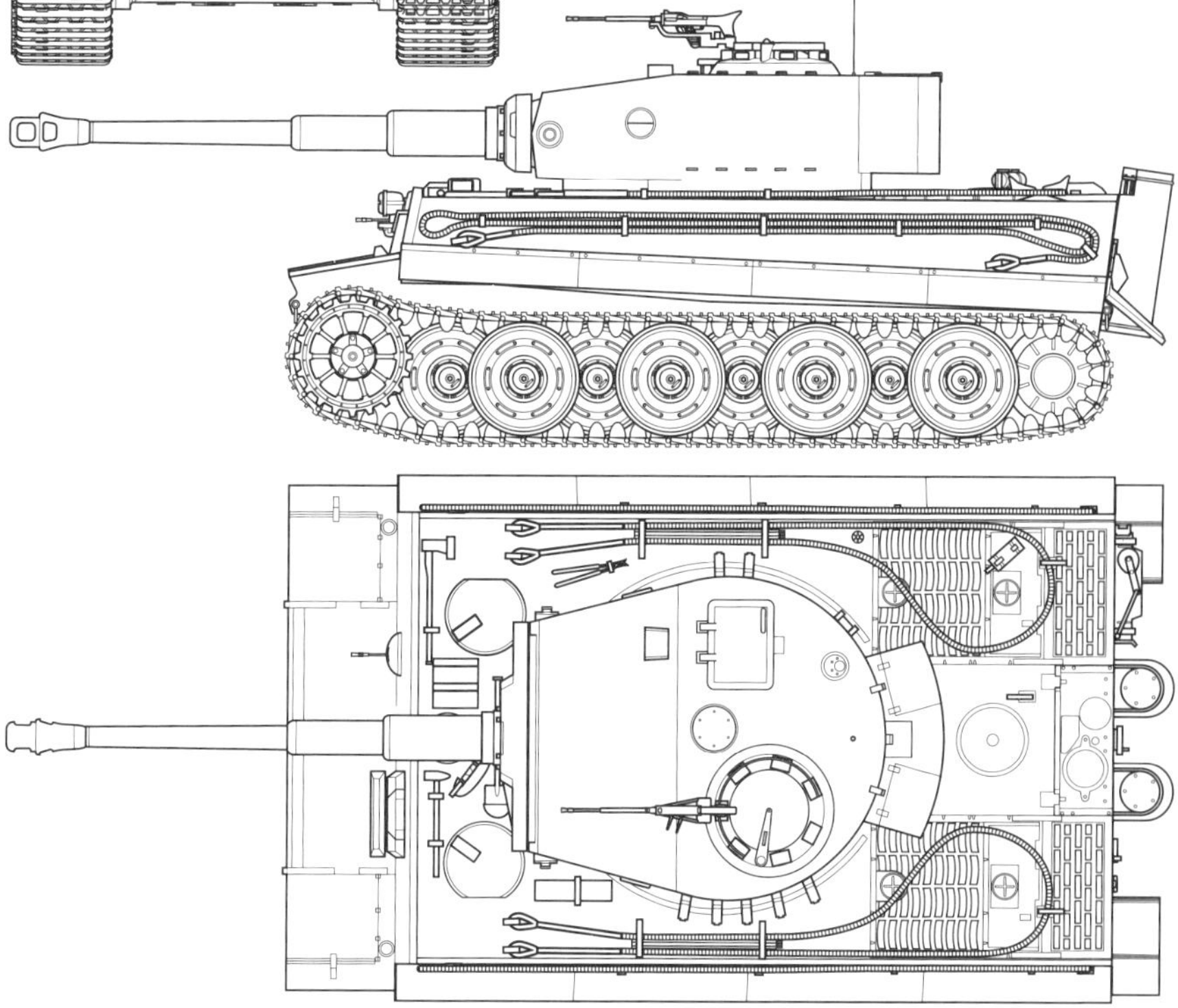

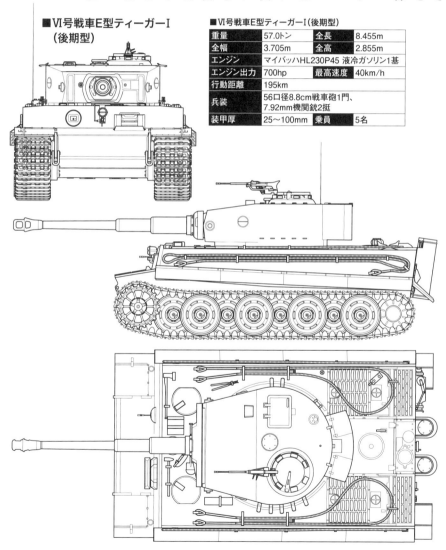

ドイツ

Ⅵ号戦車B型ティーガーⅡ

■長砲身8・8㎝戦車砲による圧倒的な攻撃力
■敵戦車には貫徹不能な極厚い傾斜装甲を持つ
■大重量ゆえに故障が多く、機動力にやや劣る

ティーガーⅠを上回る最強重戦車

第二次大戦期、ドイツではヒトラーの要求により、ティーガーⅠを超える重戦車のティーガーⅡが開発されている。ヒトラーはティーガーⅠがまだ開発段階にあるうちから、すでにその性能を不十分と考え、より強力な武装を搭載することと、より強靭《きょうじん》な装甲を装備することを求めたのであった。開発側は否定的であったが、結局ヒトラーに押し切られ、開発が進められることになった。本車はティーガーⅠ同様、ポルシェ社とヘンシェル社の競作となった。

しかし、ポルシェティーガーの発展型であるポルシェ案ＶＫ４５０２（Ｐ）は、結局ものにならず、１９４２年11月に開発が中止された。一方、ヘンシェル社はＶＫ４５０２（Ｈ）の車体設計を変更し、新型砲塔を搭載する試作車の開発に取り掛かった。ただし、ＶＫ４５０２（Ｈ）はまだ暫定的な設計案と言え、ヘンシェル社が開発型となったＶＫ４５０３（Ｈ）の設計を本格的に開始するのは、その後のこととなった。

開発が急がれたにも関わらず、仕様の変更、特に１９４３年2月に定められた、パンターⅡとのコンポーネントの共通化の要求によって、開発スケジュールは大きく遅れる結果となった。結局パンターⅡは中止になり、ティーガーⅡ計画は数カ月のタイムロスの後、再開された。ティーガーⅡの試作一号車が引き渡されたのは１９４３年11月で、早くも１９４４年1月より量産が開始された。

しかし、生産開始されたものの当初は生産ペースが上がらず、それなりの数が完成するようになったのは5月頃であった。その後、8月にはティーガーⅠから完全に生産が

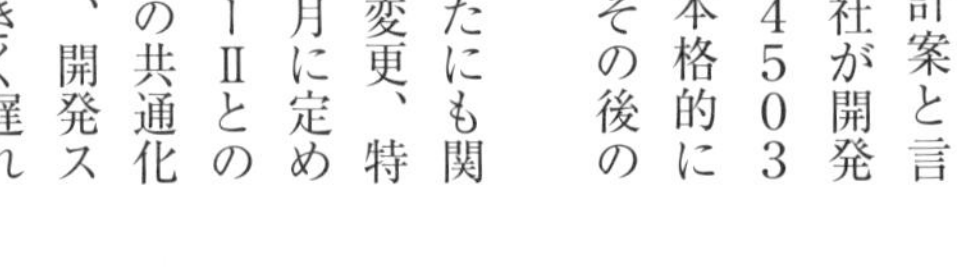

第503重戦車大隊に所属する2両のティーガーⅡ。2両が搭載しているのがポルシェ砲塔で、湾曲した前面を特徴とする。

切り替えられたものの、月産100両の目標は達成されず、結局1945年3月までに、合計489両が完成したにとどまった。

ティーガーIIの設計と性能

ティーガーIIは少数生産でもあり、生産仕様に特筆すべき変更はない。しかし、本車にはポルシェ砲塔型と呼ばれるヴァリエーションがある。これはクルップ社がポルシェのVK4502（P）用に製作した砲塔で、初期の50両（試作車3両を含む）のみに搭載された。ヒトラーはこの砲塔の装甲強化を要求したため、その後は設計変更されたヘンシェル型と呼ばれる砲塔が搭載された。

ティーガーIIは、ティーガーIの発展改良型として開発されたが、実際のところ、ティーガーIIがティーガーIから引き継いだのは、その動力機構といった内部コンポーネントだけと言うべきだった。ひと目見て分かるように、その全体が傾斜装甲で囲われ、車体設計はむしろパンターから引き継いだものと言っていいだろう。

パンター譲りの傾斜装甲はその装甲の効果をティーガーIに倍加させるものであったが、それだけでなく、装甲そのものもティーガーIよりはるかに分厚かった。車体前面の装甲厚は150㎜、砲塔前面に至っては180㎜もあったのだ。側面の80㎜が薄く思えるほどだ。当時、その正面装甲を貫徹することはほぼ不可能であった。

主砲は71口径と超長砲身の8・8㎝Kwk43戦車砲で、

ハンガリーの対ソ休戦を阻止する「パンツァーファウスト」作戦（1944年10月）で、ブダペストへ進出したティーガーII（ヘンシェル砲塔型）。

これは基本的にフェルディナンド／エレファントや、ヤークトパンターに装備されたものと同じ、当時最強と言っていい戦車砲であった。すなわち、あらゆる連合軍戦車を遠距離より容易に撃破できる、絶大な装甲貫徹力を有していた。

　ただし、機動力は当然ながら良好とは言い難かった。ティーガーⅠとほとんど同じ動力装置で、10トン強重いのだから仕方がない。ただし、それはのろのろとしか動けないということではなく、最大速度は38㎞／h発揮できた。大重量による機械への負担と、移動可能な橋や道路の制限、不整地走破能力といった点に問題が生じたのだ。

ティーガーⅡの戦闘記録

ティーガーⅡはケーニヒスティーガー（王虎）、その英語名のキングタイガー、そしてロイヤルタイガーなど、様々に呼称される。これは制式名ではないが、まさにその強さを象徴するものであろう。また、その開発過程からも分かるが、ティーガーⅡはティーガーⅠよりむしろパンターに似ており、ソ連ではパンターの新型と考えていたとも言われる。

　ティーガーⅡは、ティーガーⅠ同様、基本的に独立重戦車大隊に配属された。ただし、生産数が少ない関係で、全ての重戦車大隊に行き渡ることはなかった。ティーガーⅡは、ノルマンディー上陸作戦の迎撃に、第503重戦車大隊のポルシェ砲塔型が出撃した他、バルジの戦いではSS第501重戦車大隊がパイパー戦闘団とともにラ・グレーズまで進出するなど、米英連合軍を脅かした。さらに、ドイツ軍最後の大攻勢となったハンガリーでの「春の目覚め」作戦など、大戦末期の主要戦場で戦っている。そして最後は、SS第502重戦車大隊の車両が、避難民を引き連れてベルリンからの突破作戦を実施したことが知られる。

　ティーガーⅡの無敵ぶりが知られる戦いとしては、19

ヘンシェル砲塔型ティーガーⅡの、切り立った形状の砲塔前面装甲。この部分の装甲板の厚さは180mmで、連合軍のほとんどの戦車砲はいかなる射距離からも貫徹不能だった。

フランス方面にて野戦整備中のティーガーⅡ（ヘンシェル砲塔型）。車体に乗った乗員がスプレーで塗装している様子が見て取れる。

■VI号戦車B型ティーガーII
(ポルシェ砲塔型)

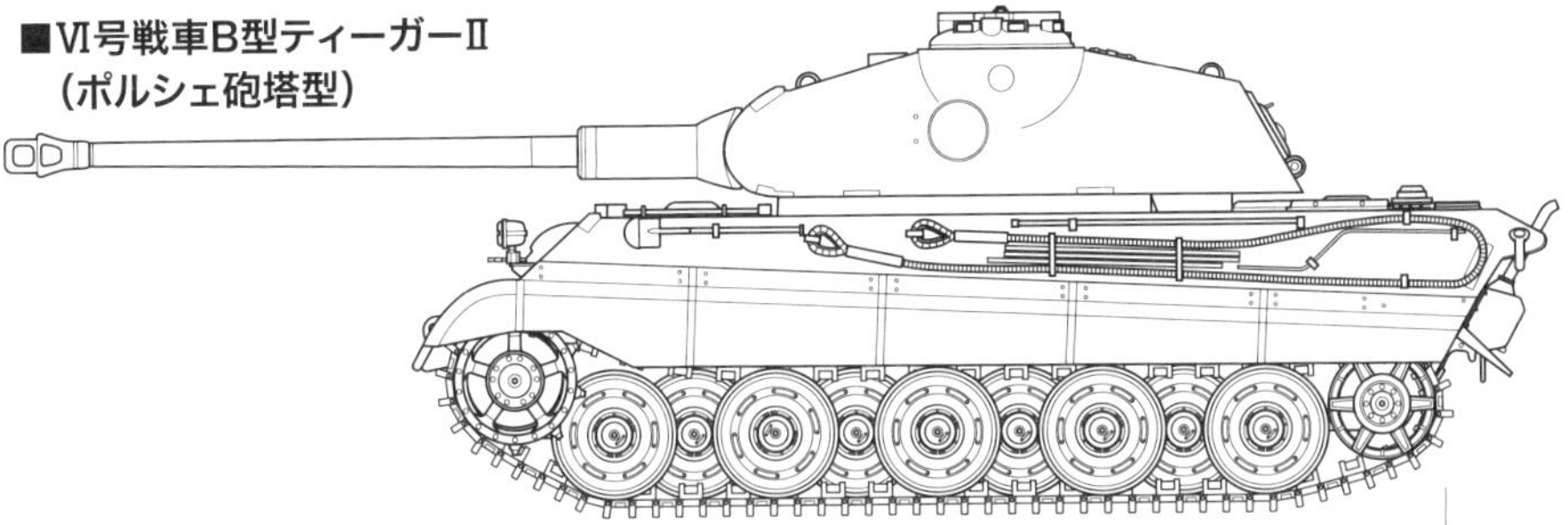

■VI号戦車B型ティーガーII
(ヘンシェル砲塔型)

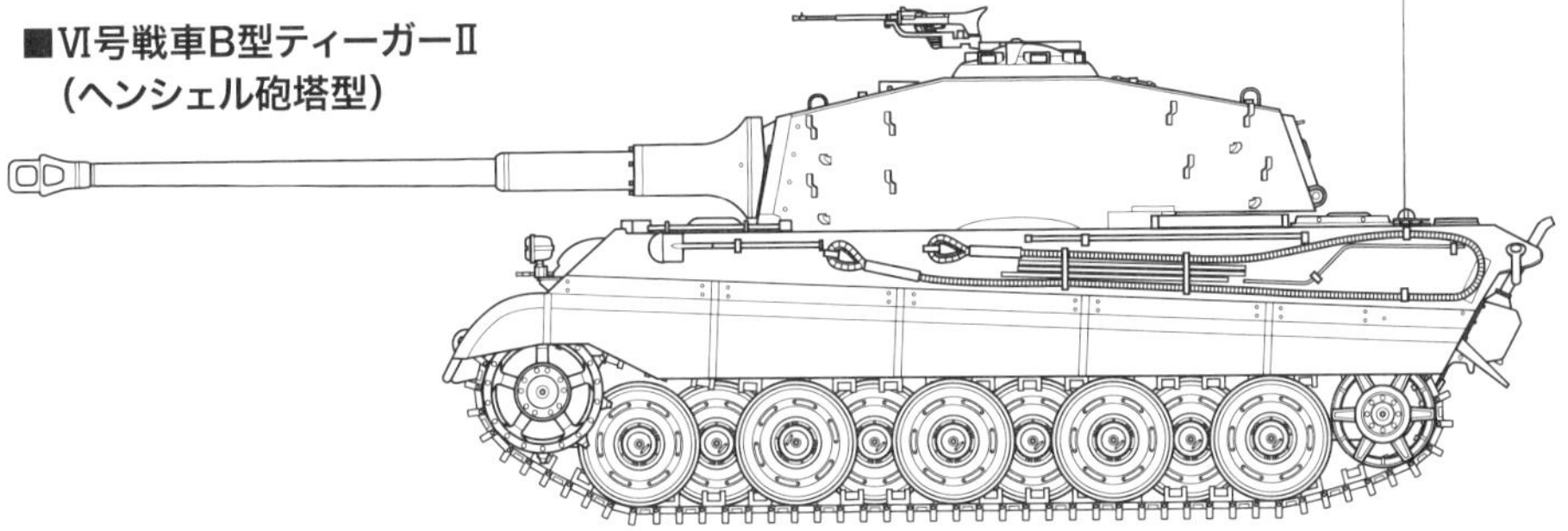

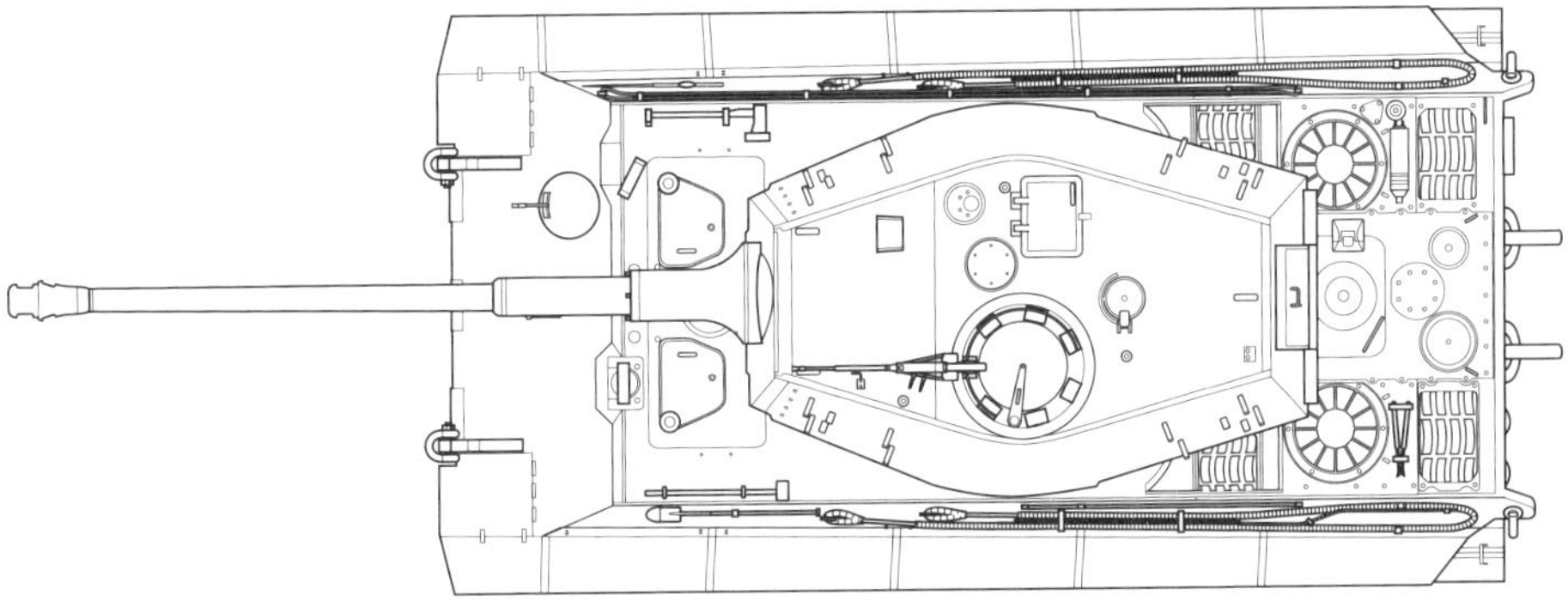

■VI号戦車B型ティーガーII

重量	68.5トン(ポルシェ砲塔型) 69.8トン(ヘンシェル砲塔型)		
全長	10.28m(ポルシェ砲塔型) 10.286m(ヘンシェル砲塔型)		
全幅	3.755m	全高	3.075m
エンジン	マイバッハHL230P30 液冷ガソリン1基		
エンジン出力	700hp	最高速度	38km/h
行動距離	170km		
兵装	71口径8.8cm戦車砲1門、 7.92mm機関銃2挺		
装甲厚	40〜150mm(ポルシェ砲塔型) 40〜180mm(ヘンシェル砲塔型)		
乗員	5名		

45年4月7日のカールスハーフェンの戦いで、SS連隊「ホルツァー」の所属車1両が、パンター、Ⅲ号戦車N型と協同して、なんと16両のM4シャーマンを撃破した話などもある。攻防能力の高いティーガーIIは、連合軍の戦車に撃破されるよりも、故障や燃料切れで乗員に放棄された例の方が多かった。

ドイツ

ポルシェティーガー

■重戦車ティーガーI競作時のポルシェ社案
■新機軸ガス・エレクトリック駆動方式を採用
■不採用ながら車体は完成、戦車型も少数完成

ポルシェ社の試作案VK4501（P）

前述したようにティーガーIの開発は、ポルシェ社とヘンシェル社の競作となった。この時、ポルシェ社の開発したのがVK4501（P）であった。これまでよりはるかに巨大であるにせよ、「普通の戦車」であったヘンシェル社のVK4501（H）に比して、VK4501（P）はかなりラジカルな設計だった。その最たるものは、推進機構にガソリンエンジン電気駆動方式（ガス・エレクトリック方式）を採用していたことだった。

これはガソリンエンジンで発電機を回して電気を起こし、その電気でモーターを駆動するというものだった。この方式ならば車両の変速・操向が電気の流量の調整のみで可能となり、機械式変速機や操向装置が不要となる。戦車の大重量を支えるこれら装置の製造は難しく、それが不要になるのは大きなメリットだった。なお、ポルシェ博士は元々電気技師であり、電気自動車を開発した経験もあった。

ただし、これは理論的には優れた方式であったが、当時の技術ではまだ問題が多く、実際、試験ではトラブルが頻出して信頼性を欠いていた。また、戦略資源の銅を大量に必要とするという問題もあった。

ポルシェティーガーことVK4501（P）。砲塔が車体半分より少し前に配置されている点、車体上部の四隅の形状、足回りなどがティーガーIとの顕著な相違点となっている。

VK4501（P）試作一号車は何とかヒトラーの誕生日（1942年4月20日）に間に合わせて完成。7月にVK4501（H）との比較試験が行われたが、VK4501（P）は要求性能を満たせなかった。だが、個人的にポルシェ博士をひいきにしていたヒトラーはこれに先立ってVK4501（P）の生産を許可、100両分の装甲板が発注され、生産ラインの準備を着々と整えられ、量産が開始された。VK4501（P）は予定より遅れたものの、1942年9月までに5両が完成。しかし、既述のようにティーガーIとなったのはヘンシェル社の開発したVK4

501（H）で、10月末、VK4501（P）の制式化は見送られたのである。

ポルシェティーガーの設計

ポルシェティーガーというのは俗称である。本車の基本的なデザインは、垂直面で構成されたドイツ的なものではあるが、車体上部の四隅を斜めに面取りされている。砲塔の周囲が湾曲した馬蹄《ばてい》形（U字形）のデザインもこれまでとは違う。ちなみにこの砲塔は、ティーガーIに採用されているが、元々はポルシェティーガーのものだった。

動力機構は特異なものだったが、走行装置もそうで、サスペンションはトーションバー式ではあるが、パンターのように車体底面に左右方向に配置するのではなく、2個の転輪をつなぐアームの内部に前後方向に配置する方式が採用されていた（縦置きトーションバー）。これは車体底部のスペースを取らず、また整備、交換も容易というメリットがあったが、トーションバーの長さが短いため弾性が乏しく、劣化しやすい欠点があった。

ポルシェティーガーは採用されなかったため、戦車型として完成したのは5両だけだった。これらは試験等に用いられたが、後に何両かがフェルディナント／エレファントを装備する第653重戦車駆逐大隊に指揮戦車として配備されたことが知られる。

■ポルシェティーガー（VK4501（P））

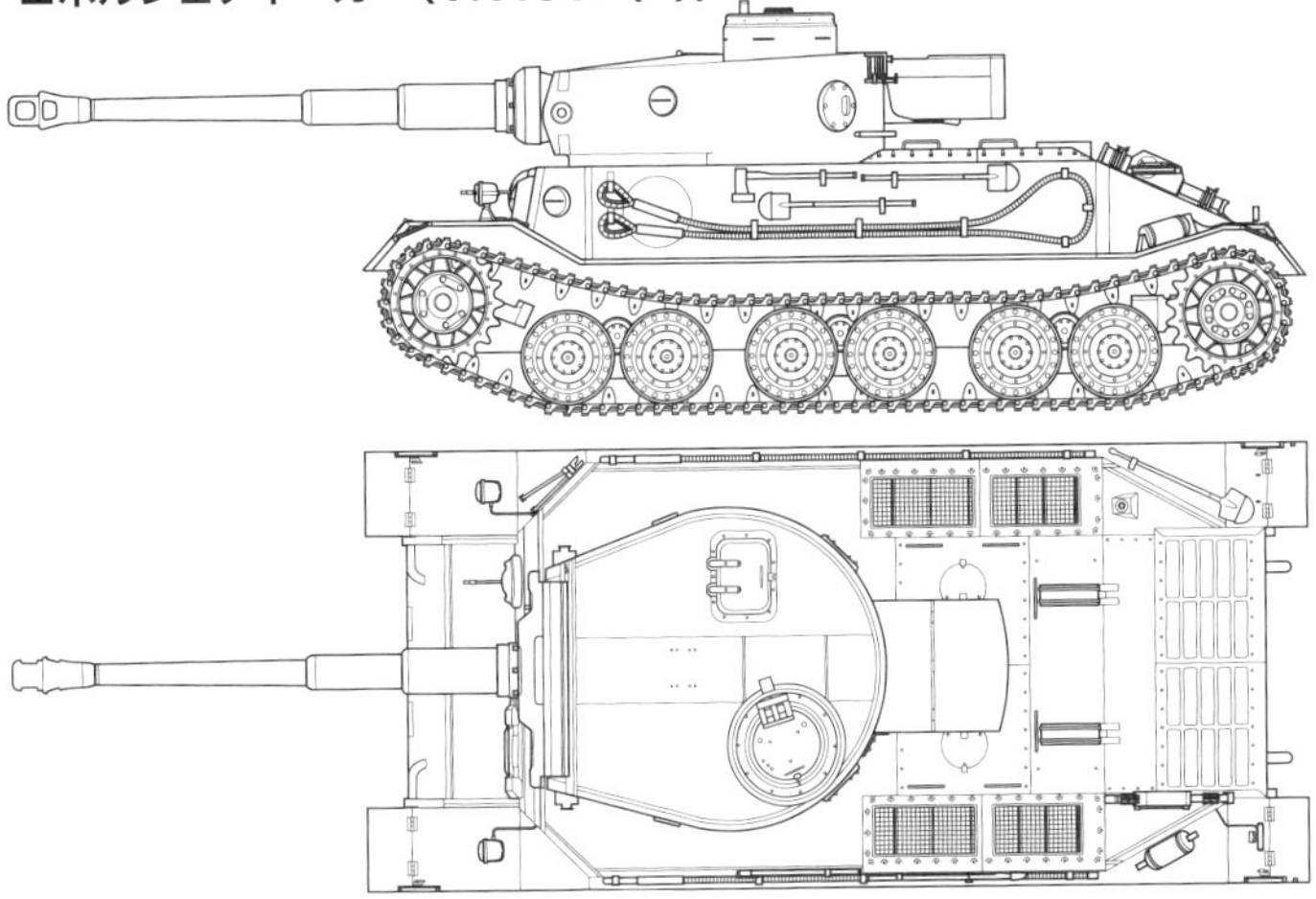

■ポルシェティーガー（VK4501（P））

重量	57.0〜59.0トン		
全長	9.34m	全幅	3.14m
全高	2.80m		
エンジン	ポルシェ101／1 空冷ガソリン2基		
エンジン出力	640hp	最高速度	35km/h
行動距離	80km		
兵装	56口径8.8cm戦車砲1門、7.92mm機関銃2挺		
装甲厚	25〜100mm	乗員	5名

ポルシェティーガーの車体は重駆逐戦車フェルディナント／エレファントに流用された。わずかに完成した戦車型は、フェルディナント／エレファントを運用した第653重戦車駆逐大隊に配備されている。

ドイツ

超重戦車マウス

■重量188トンと世界戦車史上で最大の戦車
■12・8㎝砲を装備、最大装甲厚は200㎜超
■終戦間際にわずかに行動するも、擱座し放棄

超重戦車マウスの開発経緯

１９４１年6月22日、ドイツ軍はソ連に侵攻したが、そこで遭遇したのは予想外に強力なソ連軍の戦車であった。これに大きな脅威を覚えたのは、ヒトラー総統その人だった。彼は１９４３年春以降にソ連軍が出現させるであろう新型戦車に備えて、１９４１年11月にはお気に入りのポルシェ博士に、それを凌駕《りょうが》するための超重戦車の開発について打診した。

そして、１９４２年3月には、ポルシェ社とクルップ社に対して、正式に１００トン級の戦車の開発が命じた。両社の設計原案を検討した結果、１９４３年1月に採用されたのはポルシェ社案で、2月には１２０両の生産の発注がなされた。本車はその巨体に似合わぬ「マウス（ネズミ）」という名前で呼ばれている。実物大モックアップは１９４３年5月にヒトラーに供覧され、8月1日にはアルケット社にて一号車の組み立てが開始された。

しかし、車体、砲塔を製作するクルップ社が連合軍の空襲を受けたため、組み立ては中断してしまった。そして、戦況の悪化はこのような、いわば不要不急の戦車を作る余裕を奪った。結局、シュペーア軍需相は、マウスは試作の一、二号車だけを製作し、大量生産しないことに決定した。試作車は少数の人員で細々と工作作業が進められた。

ソ連軍に接収された超重戦車マウス。主砲としてヤークトパンターが備えた55口径12.8cm KwK44戦車砲を、副砲としてパンターF型のために開発された36.5口径7.5cm KwK44戦車砲を搭載した。マウスは制式名称で、他にⅧ号戦車の制式名もある。

超重戦車マウスの構造

マウスの車体は、装甲板の巨大な箱だった。特徴的なのは、大重量を支えるべく１１００㎜もの幅広の履帯を使ったため、車体下部の中央部が非常に細長いことと、スポンソン左右の装甲板をそのまま走行装置の外側にスカートのように延長している点だ。

装甲板が分厚いのも特徴で、車体前面が２００㎜、側面

（スポンソン部）180㎜、後面160㎜、そして砲塔前面220~240㎜、砲塔側後面でも200㎜あった。武装も強力で、主砲に12・8㎝砲、副砲に7・5㎝砲を装備していた。なお、主砲には15㎝砲の搭載も計画されていた。

そして、最大の特徴がエンジンで発電機を回して、電力でモーターを駆動させる電動推進システムであった。これはポルシェ博士お得意のシステムだったが、これだけの大重量の車体を動かせる機械式変速機がなかったからでもあった。

マウスの一号車は1943年12月半ばに完成したが、これには砲塔は搭載されなかった。二号車が完成したのは1944年6月で、それ以外の車体および資材は生産中止とともに処分されたが、大戦末期に急遽生産を再開することになり、残った資材から作られた三号車がほぼ完成していた。

当然ながら、マウスは部隊配備されなかった。しかし1945年4月末、二号車はソ連軍がベルリンに迫る中、迎撃のため出動した。しかし途中で擱《かく》座《ざ》し、乗員の手で爆破されてしまった。本車はソ連軍に鹵獲《ろかく》され、他の車両のパーツと組み合わせて復元、現在はモスクワ郊外、クビンカのパトリオットパークに展示されている。

■超重戦車マウス

重量	187.998トン	全長	12.659m
全幅	3.67m	全高	3.63m
エンジン	ダイムラー・ベンツMB509 液冷ガソリン1基（試作一号車） ダイムラー・ベンツMB517 液冷ディーゼル1基（試作二号車）		
エンジン出力	1,080hp（試作一号車） 1,200hp（試作二号車）		
最高速度	22km/h	行動距離	186km
兵装	55口径12.8cm戦車砲1門、36.5口径7.5cm戦車砲1門、7.92mm機関銃1挺		
装甲厚	50～240mm	乗員	6名

■超重戦車マウス

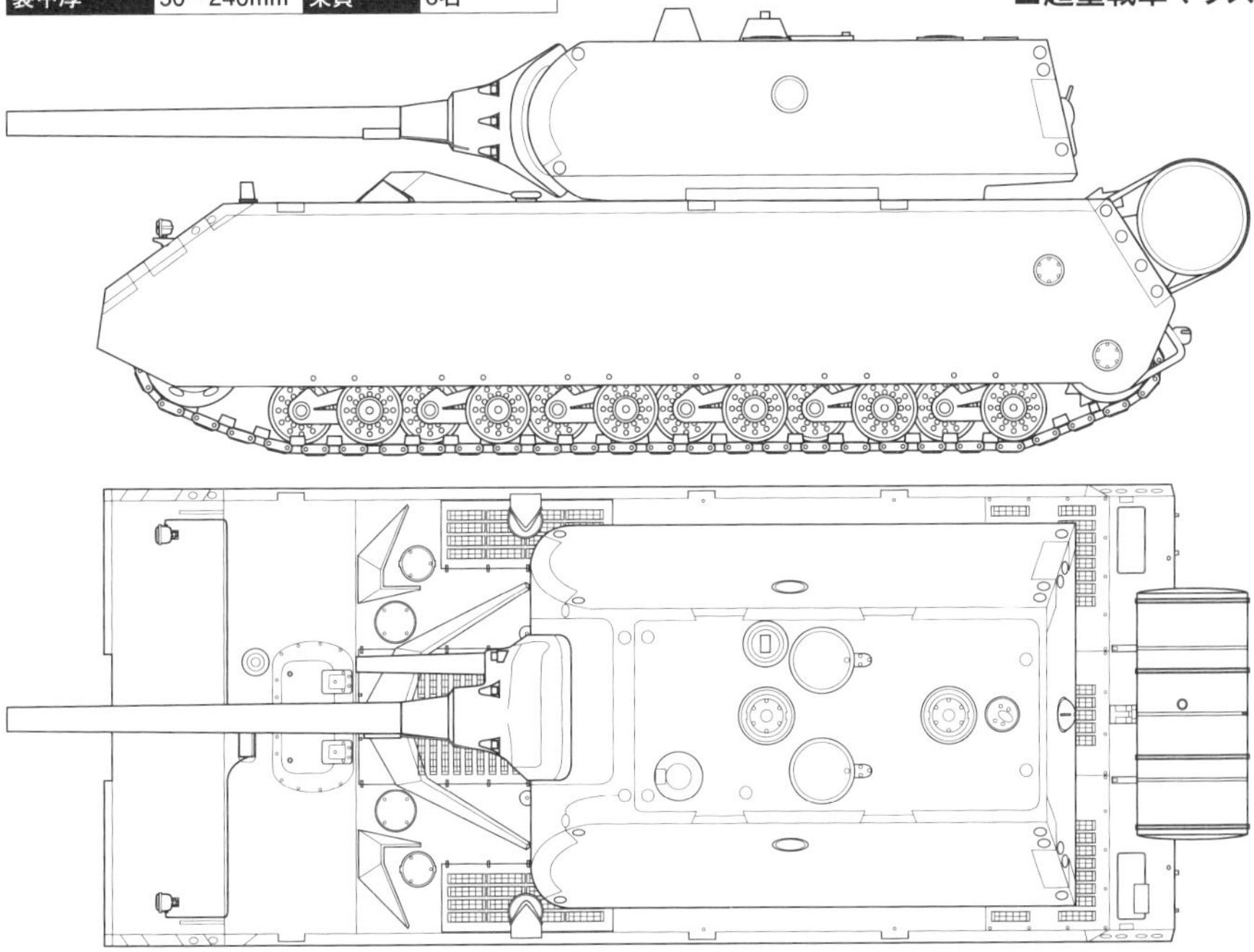

ドイツ

Ⅲ号突撃砲／Ⅳ号突撃砲

- Ⅲ号戦車車台に7・5㎝砲と固定戦闘室を搭載
- 当初は歩兵支援用、長砲身砲に換装し対戦車用に
- Ⅳ号戦車車台を使用したⅣ号突撃砲も生産される

突撃砲の開発経緯

突撃砲の開発コンセプトをまとめたのは、第二次世界大戦でグデーリアンと並ぶ機甲戦の権威、エーリヒ・フォン・マンシュタインであった。1935年に陸軍参謀本部作戦課長の地位にあったマンシュタインは、陸軍総司令官および陸軍参謀総長に対して、歩兵部隊を支援する機械化、装甲化された砲兵装備の開発を提言した。それが突撃砲であった。

突撃砲は見た目、機能としては戦車と似ている部分も多いが、戦車とは全く異なる性格の兵器であった。戦車が機械化部隊の中核となり、突破と機動に任ずるのに対して、突撃砲はあくまでも歩兵の突破に協力して、火力支援を与えるのが任務だった。

開発は1936年6月に開始され、当時、主力戦車として開発中であったⅢ号戦車がベース車両に選ばれた。Ⅲ号戦車B型車台を使用した試作シリーズは1938年に製作された。これらは車体上部が軟鋼で作られてはいたものの、デザイン的にはほぼ完成されたものであった。試験結果は良好で、1939年末、突撃砲として制式化された。

Ⅲ号突撃砲の設計

突撃砲の構造は、Ⅲ号戦車の車台下部、エンジン室はほぼそのままに、上構および砲塔を撤去して、そこに完全密閉の固定式装甲戦闘室を設けるというものだった。固定戦闘室としたことで設計や生産工程を単純化でき、そのマージンで装甲や武装の強化が行われた。

最前線に進出するため、装甲は戦車型より強化されており、当初は前面50㎜で、F／8型より30㎜の増加装甲板が装着されるようになった。そしてG型では中期以降、はじめから80㎜の厚さになった。また、F／8型から戦闘室側面にシュルツェンが取り付けられるようになり、G型では標準装備となった。

主砲は固定戦闘室に限定旋回式に装備し、原型のⅢ号戦車より大口径の7・5㎝砲を搭載していた。歩兵の火力支

援が目的だったため、当初は短砲身の24口径榴弾砲が装備されていたが、後に対戦車任務が重要視されるようになると、43口径ないし48口径の長砲身カノン砲が装備されるようになった。

エンジンはⅢ号戦車と同じマイバッハＨＬ１２０ＴＲＭガソリンエンジン（出力３００馬力）が装備されていた。最高速度は40km／ｈと変わりない。重量が増加した後期のタイプでもカタログデータ上は変わらないが、武装と前面装甲の強化でノーズヘビーとなったため、機動性はある程度低下したようだ。

Ⅲ号突撃砲の生産

最初の生産型Ａ型は１９４０年1月から5月に30両生産され、６月から８月に20両が追加された。並行して１９４０年６月よりＢ型が２５０両が生産された。ペリスコープ式の照準器が採用された小改良型がＣ～Ｄ型で、Ｃ型は１９４１年３月から１００両、マイナーチェンジ型のＤ型は１９４１年５月から１５０両生産された。

突撃砲部隊の指揮車両として使えるように改良されたのがＥ型で、１９４１年９月に生産開始された。しかし、１９４２年３月までに２８４両が生産されただけで生産打ち切りとなった。これは東部戦線での、強力なソ連戦車との戦闘の結果で、突撃砲の任務には対戦車戦闘もあったが、短砲身７・５cm砲では威力不足だったのだ。

このため武装強化が図られたのがＦ型で、主砲は同じ７・５cm砲ながら長砲身化されて装甲貫徹力が強化されていた。Ｆ型は１９４２年３月から９月に３５９両が生産された。その後、Ｆ／８型に切り替えられるが、これはベース車台の変更によるものだ。Ｆ／８型

■Ⅲ号突撃砲B型

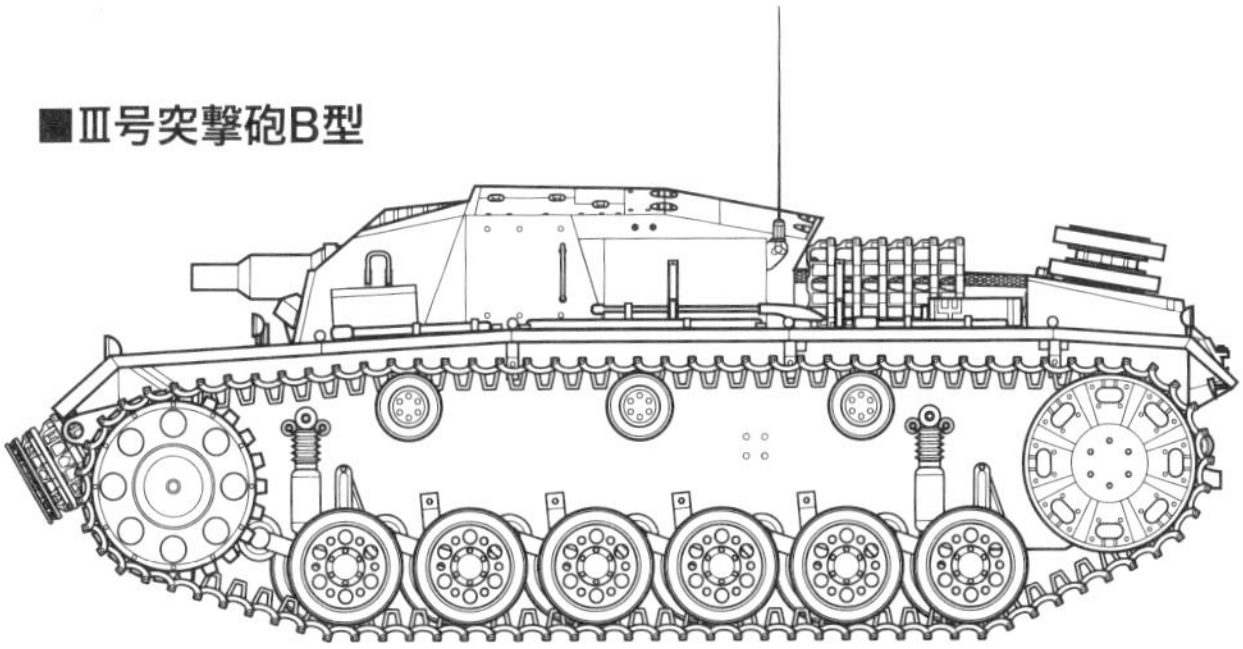

■Ⅲ号突撃砲B型

重量	22.0トン	全長	5.40m
全幅	2.95m	全高	1.96m
エンジン	マイバッハHL120TRM 液冷ガソリン1基		
エンジン出力	300hp	最高速度	40km/h
行動距離	165km		
兵装	24口径7.5cm突撃加農砲1門、7.92mm機関銃1挺、9mm機関短銃1挺		
装甲厚	11～50mm	乗員	4名

24口径7.5cm突撃加農砲と固定戦闘室を装備したⅢ号突撃砲B型。開発時の要求で、全高がドイツ人兵士の平均身長を超えないよう求められており、車高を抑えた設計となっている。

■Ⅲ号突撃砲G型

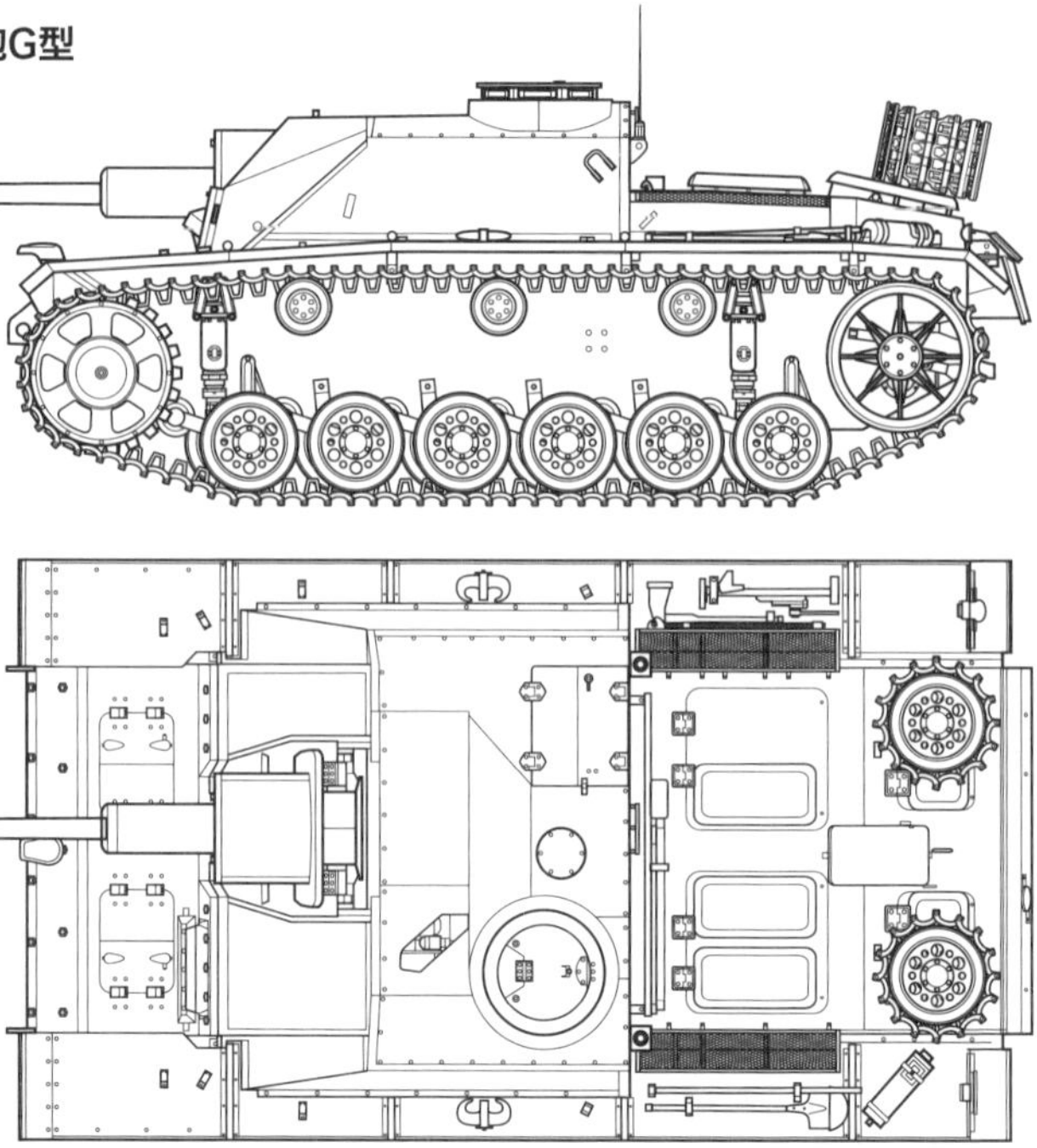

は1942年9月から12月に334両生産された。
F型、F／8型は急造車両のため、設計に不便なところがあった。完全に戦闘室を新設計としたのがG型で、本型は突撃砲の最終生産型となり、その生産数も飛躍的に増大した。これは旧式化したⅢ号戦車の生産が中止され、突撃砲の生産に切り替えられたことにもよる。G型は1942年12月生産が開始され、1945年の4月までに7720両もが完成した。さらに、修理工場に送られたⅢ号戦車からも173両が改造されている。

■Ⅲ号突撃砲G型

重量	23.9トン	全長	6.77m
全幅	2.95m	全高	1.85m
エンジン	マイバッハHL120TRM 液冷ガソリン1基		
エンジン出力	300hp	最高速度	40km/h
行動距離	155km		
兵装	48口径7.5cm突撃加農砲1門、 7.92mm機関銃1挺		
装甲厚	11～80mm	乗員	4名

主砲を対戦車能力の高い48口径7.5cm砲に換装したⅢ号突撃砲G型（前期生産型）。写真は1944年にフィンランド軍へ供与された車両で、本車は継続戦争におけるソ連戦車との戦闘で活躍を見せている。（写真／SA-kuva）

主砲を28口径10.5cm榴弾砲とした42式10.5cm突撃榴弾砲。写真の車両の元車両はⅢ号突撃砲G型の後期生産型と見られ、主砲防盾が鋳造製のザウコフ（ブタの鼻）型となっている。

なお、これら突撃砲の主砲を28口径10・5㎝榴弾砲に換装し、対トーチカや対歩兵任務に使用する車両も開発されている。42式10・5㎝突撃榴弾砲と呼ばれた本車は、F／8型およびG型の車台を利用し、突撃砲と並行して終戦までに1212両が生産された。

Ⅳ号突撃砲の開発・生産

突撃砲にはⅣ号戦車をベースに作られたⅣ号突撃砲がある。この車両が生産されるきっかけは、1943年9月の連合軍の大空襲により、アルケット社でのⅢ号突撃砲の生産がストップしたことであった。1943年12月、これを補うため、急遽Ⅳ号戦車の車台にⅢ号突撃砲の戦闘室を搭載した車両、Ⅳ号突撃砲の生産が決定された。

Ⅳ号戦車の車台は元々Ⅲ号戦車より若干大きく、そこにⅢ号突撃砲の戦闘室を載せること自体は、全く問題がなかった。ただし、上構の前後長がⅣ号戦車の方が長かったため、左側の操縦手席部分には戦闘室の前に突き出すように張り出しが設けられた。生産は1943年12月より開始され、1945年3月までに1141両が完成している。

突撃砲は当初、独立突撃砲中隊、後に突撃砲大隊、旅団に編成された。また、大戦後期には突撃砲中隊として師団編成にも組み込まれた。また、ドイツ軍の戦車不足が深刻化する中、戦車の穴埋めとして機甲部隊にも配属された。突撃砲部隊は本来、歩兵部隊の支援が主任務であったが、時に戦車代わりの打撃力ともなり、各所の戦線に投入された。

■Ⅳ号突撃砲

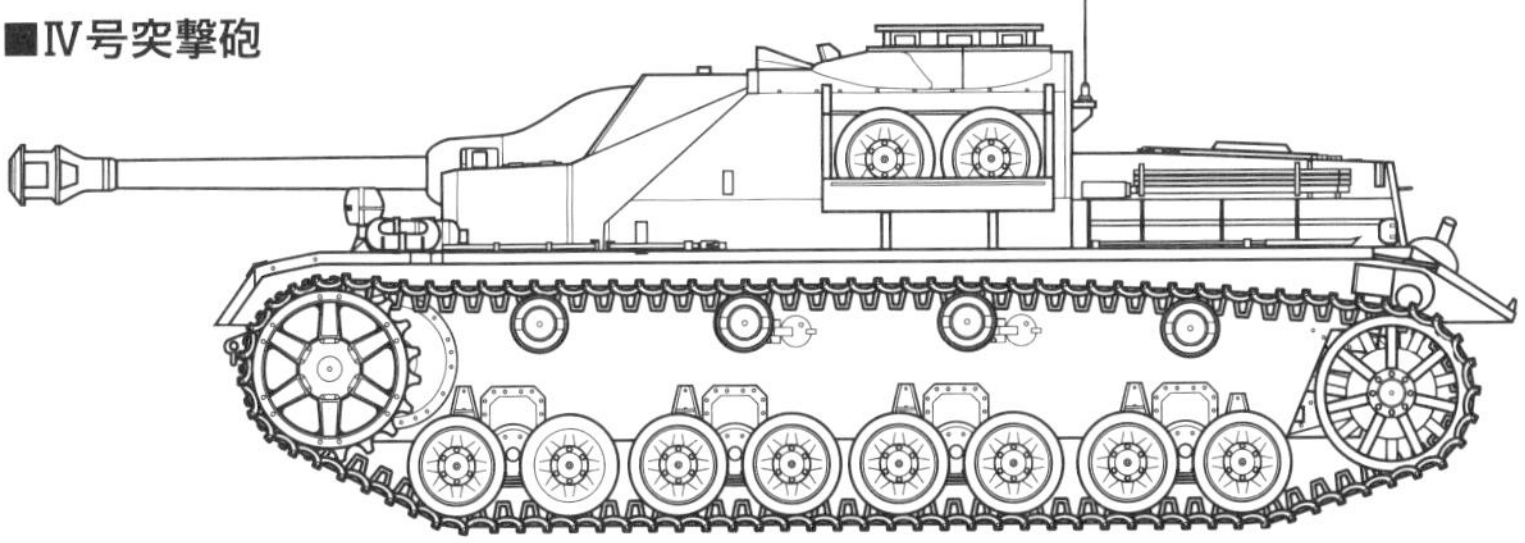

■Ⅳ号突撃砲

重量	23.0トン	全長	6.70m
全幅	2.95m	全高	2.20m
エンジン	マイバッハHL120TRM 液冷ガソリン1基		
エンジン出力	300hp	最高速度	38km/h
行動距離	210km		
兵装	48口径7.5cm突撃加農砲1門、7.92mm機関銃1挺、9mm機関短銃2挺		
装甲厚	10～80mm	乗員	4名

Ⅳ号戦車の車台を利用したⅣ号突撃砲。Ⅳ号戦車由来の足回りの他、固定戦闘室の前に操縦手席などを収める張り出しが設けられている点が、Ⅲ号突撃砲との顕著な相違点だ。

ドイツ

ヘッツァー

■新型38（t）戦車の車台を利用した軽駆逐戦車
■7・5㎝砲と傾斜装甲で高い攻防能力を得る
■歩兵と協同しての待ち伏せ攻撃で真価を発揮

Ⅲ号突撃砲を代替する軽駆逐戦車

ヘッツァーの開発の経緯はⅣ号突撃砲と共通しており、きっかけは連合軍の空襲だった。1943年11月のベルリン空襲はⅢ号突撃砲を生産していたアルケット社に大損害をもたらし、生産継続のため代替工場が探し求められた。その一つがチェコのBMM社、38（t）戦車の製造社である。しかし、工場の設備では軽戦車クラスの38（t）戦車は生産できても、中戦車クラスのⅢ号突撃砲は大き過ぎて生産は不可能だった。

このため、代わりにBMM社で生産されていた38（t）の発展型、新型38（t）戦車をベースにした駆逐戦車が開発されることになった。開発作業は大急ぎで進められ、1944年1月にはモックアップが完成した。ベース車両が小型のため、その設計には無理もあったが、必要充分な性能であることが認められ、すぐさま生産が命じられた。生産は急ぎ1944年4月から開始され、1945年5月までのわずか一年余の短期間になんと2827両もが完成した。なお、うち780両以上はスコダ社で生産されている。

ヘッツァーの構造と性能

ヘッツァーは新型38（t）戦車をベースにしているが、車台はそのまま流用したわけではなかった。その車台下部は側面に傾斜を持たせ、中央部の幅を広げてある。それを覆う上部はまるで亀の甲羅のように傾斜面で構成された、良好な避弾経始を持った戦闘室を設けている。極めて洗練されたデザインで、ヤークトパンターと並んで、ドイツ駆逐戦車のベストデザインの一つと言えよう。

装甲防御力に関しては、前面は60㎜の装甲厚を持っており、しかも良好な傾斜により充分な抗堪性があった。ただし、側面は傾斜装甲とはいえ20㎜しかなく、後面に至ってはわずか8㎜しかなかった。明らかに不十分だが、軽量小型車両である以上、これは仕方のないところであった。

主砲は48口径7・5㎝砲で、大戦後期のドイツ軍の標準的な戦車砲、対戦車砲であり、威力は十分なものがあった。

問題は車体が小さいことで、砲の後座との関係もあり、射角が極めて限られることだった。また、視察能力が低いことも大きな欠点だった。

エンジンは38（t）戦車と同じ系列だが、出力向上型のプラガAC2800ガソリンエンジン（出力160馬力）が装備されていた。カタログデータ上は最高速度は42km／hとなっていたが、ヘッツァーはかなりのノーズヘビーで、機動性には影響が出たようだ。

スコダ社の工場で製作されたヘッツァー初期生産型。傾斜装甲で構成された本車は高い耐弾性と相応の対戦車火力を持つが、車体左側の操縦席から右側の視界が全く取れないなど、運用面の不便も多く、攻勢作戦には向かなかった。

■ヘッツァー

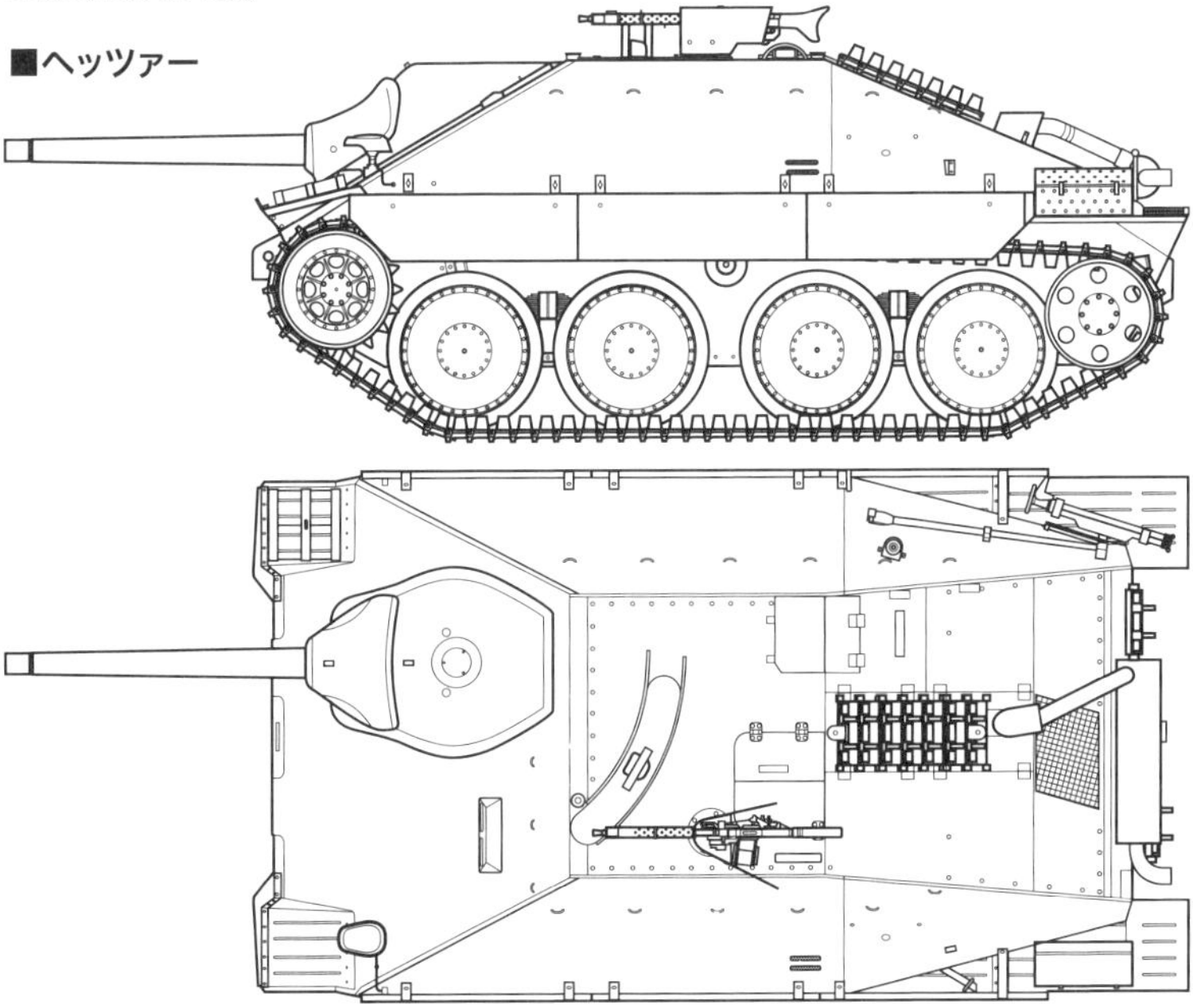

ヘッツァーは独立部隊や歩兵部隊に組み込まれたが、本質的に移動対戦車砲というべき車両だった。ヘッツァーを「守る」歩兵との連携が必須であり、そうした部隊編制が取られたが、理解のない指揮官によってしばしば戦車代わりに使われた。その結果、無理な攻勢作戦で失われる例も多かった。

■ヘッツァー（38（t）式駆逐戦車）

重量	15.75トン	全長	6.27m
全幅	2.63m	全高	2.17m
エンジン	プラガAC2800 液冷ガソリン1基		
エンジン出力	160hp	最高速度	42km/h
行動距離	177km		
兵装	48口径7.5cm対戦車砲1門、7.92mm機関銃1挺		
装甲厚	8〜60mm	乗員	4名

ドイツ

Ⅳ号駆逐戦車

■Ⅳ号戦車車台に固定戦闘室を設けた駆逐戦車
■48口径砲搭載のF型と70口径砲搭載の／70型
■生産社の違う／70（V）と／70（A）が存在

Ⅳ号戦車車台を利用する駆逐戦車

Ⅳ号駆逐戦車は、東部戦線における対戦車戦闘での、突撃砲の予想外の活躍が契機となって開発された。１９４２年９月、ドイツ軍当局は装甲防御力、機動力、火力を強化した新型突撃砲の研究をアルケット社に命じたのである。車台にはⅣ号戦車のものが使用され、１９４３年初めにはモックアップが完成した。

５月にはヒトラーの観閲を受け、10月には車体前面形状が改められた試作二号車が完成した。試作一号車ではベース車体にはⅣ号戦車F型のものが使用されていたが、本車からはH型車台が用いられるようになった。さらに、先行量産型の０シリーズを経て改良の後、Ⅳ号駆逐戦車として（ただしこの名前となったのは１９４４年９月）量産された。

Ⅳ号駆逐戦車の基本的なデザインラインはⅢ号突撃砲と同じコンセプトによるもので、Ⅳ号戦車車台に完全密閉の固定戦闘室を設けて、限定旋回式に武装を搭載していた。ただし、戦闘室の設計は極めて洗練されたもので、四面ともに傾斜した装甲板を組み合わせたスマートな箱型をしていた。主砲取り付け部も前面装甲板に取り付けられた球形の防盾固定部に、「ザウコフ」と呼ばれる避弾経始の良好な外装式防盾が組み合わされていた。

前面装甲は60㎜（後に80㎜に強化）で、良好な避弾経始のおかげで、数字に倍する防御力を有していた。主砲はⅢ号突撃砲と同系列の48口径７・５cm砲が使用された。これがⅣ号駆逐戦車最初の生産型、Ⅳ号駆逐戦車F型で、１９４４年１月より量産が開始され、同年11月までに７６９両が生産された。

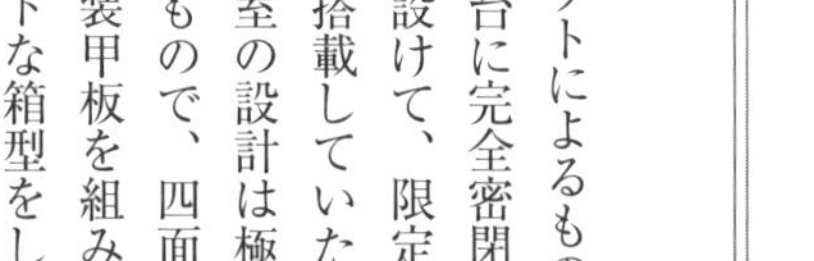

70口径7.5cm砲を搭載するⅣ号戦車/70(V)。車体上部は傾斜装甲で構成され、防盾はザウコフ型。本車両は当初、Ⅳ号戦車ラング(ラング＝長い)と称されたが、戦車のⅣ号戦車の長砲身砲搭載型と紛らわしいため、Ⅳ号戦車/70(V)と呼ばれるようになった。

長砲身70口径７・５cm砲を搭載

Ⅳ号駆逐戦車の戦闘室は大きく十分な余裕があったため、

開発途中よりパンター戦車と同じ超長砲身の70口径7・5cm砲を搭載が検討された。70口径7・5cm砲を搭載した車両はⅣ号戦車/70（Ⅴ）（Ⅳ号戦車ラング（Ⅴ））として1944年8月に生産開始され、1945年3月までに930両が完成した。Ⅳ号駆逐戦車はF型、ラング共に、主に装甲師団、装甲擲弾兵師団の戦車駆逐大隊に配属された。

本来、Ⅳ号駆逐戦車の派生型ではないが、共通性を持って作られたのがⅣ号戦車/70（A）、いわゆるⅣ号戦車ZL型である。これは発展の限界に達したⅣ号戦車に70口径7・5cm砲を搭載するのを目的とし、Ⅳ号戦車車台にⅣ号駆逐戦車の戦闘室を載せたようなデザインで、俗称のZL型（Zwischen Lösung＝暫定）の名にふさわしい車両となった。

本型の試作車は1944年6月〜7月に急ぎ製作された。ヒトラーはⅢ/Ⅳ号統一車台型への切り替えを主張したが、戦局にはそんな余裕はなく、Ⅳ号戦車と並行して生産が進められた。結局、1944年8月から1945年3月までに278両が完成。Ⅳ号戦車/70（A）はⅣ号駆逐戦車と異なり、戦車大隊にそのまま配属された。

■Ⅳ号駆逐戦車F型

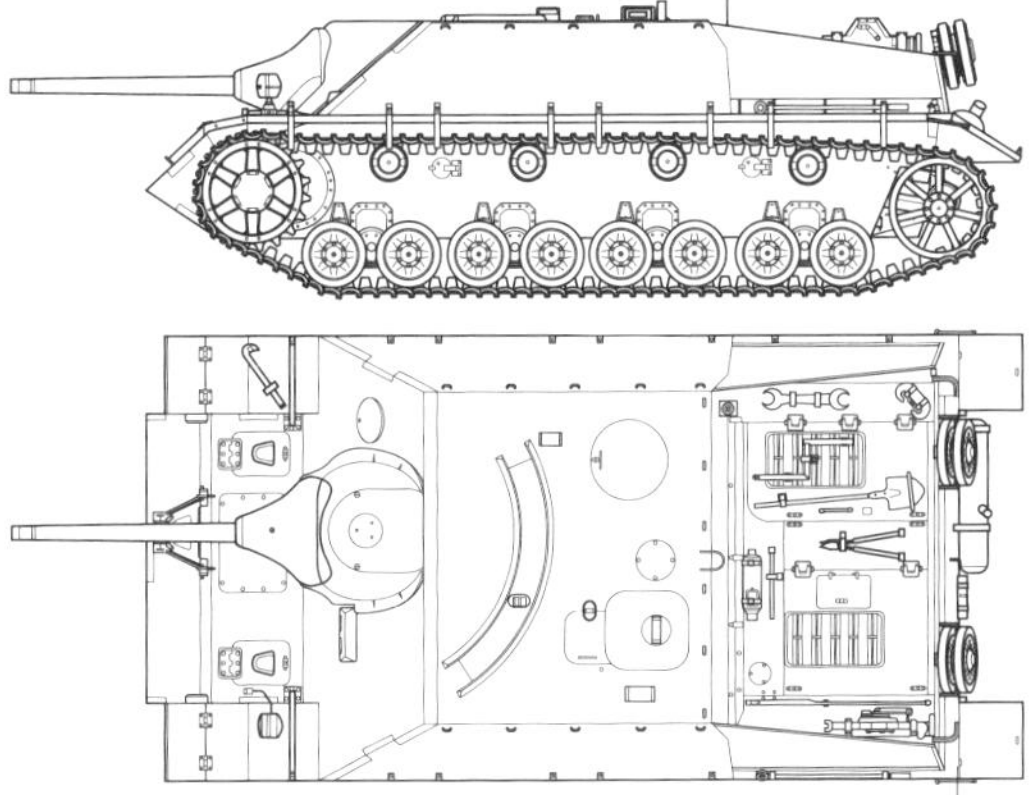

■Ⅳ号戦車/70(V)

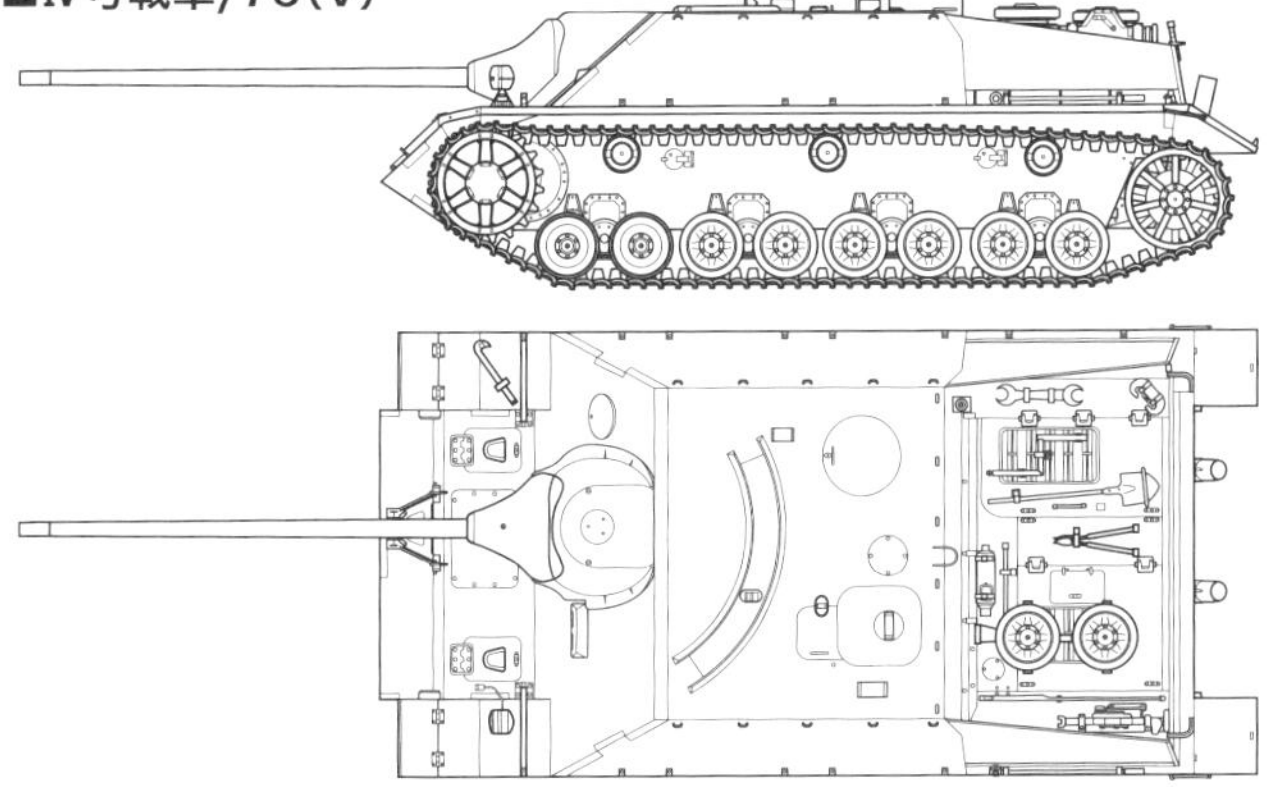

■Ⅳ号駆逐戦車F型

重量	24.0トン	全長	6.96m
全幅	3.17m	全高	1.96m
エンジン	マイバッハHL120TRM 液冷ガソリン1基		
エンジン出力	300hp	最高速度	40km/h
行動距離	210km		
兵装	48口径7.5cm対戦車砲1門、 7.92mm機関銃1挺		
装甲厚	10〜80mm	乗員	4名

■Ⅳ号戦車/70(V)

重量	25.8トン	全長	8.60m
全幅	3.17m	全高	1.96m
エンジン	マイバッハHL120TRM 液冷ガソリン1基		
エンジン出力	300hp	最高速度	35km/h
行動距離	210km		
兵装	70口径7.5cm対戦車砲1門、 7.92mm機関銃1挺		
装甲厚	10〜80mm	乗員	4名

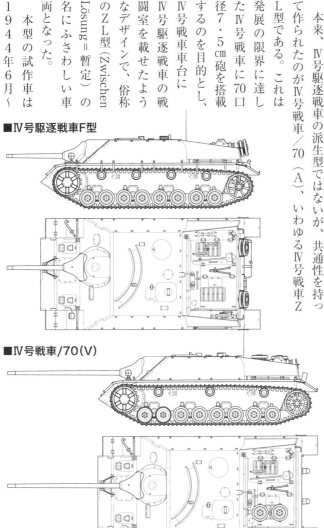

ドイツ

フェルディナント／エレファント

■VK4501（P）車台を利用した重突撃砲
■長砲身8・8㎝砲と最大200㎜の装甲厚
■戦訓による改良を施し、エレファントと改名

ポルシェティーガーの車体を利用

ＶＫ４５０１（Ｐ）は結局、ティーガーには採用されなかったが、その生産準備は着々進められていた。不採用決定までにすでに１００両分の資材が手配され、生産に着手されていたのだ。残された車台の有効利用というわけで、１９４２年9月、ヒトラーはこの車体を流用した重突撃砲の開発を命じた。主砲に選ばれたのは、８・８㎝ Ｐａｋ43対戦車砲であった。

同砲はティーガーⅠと同じ口径８・８㎝ながら71口径の超長砲身となり、極めて強力な装甲貫徹力を有していた。後にヤークトパンターやティーガーⅡの主砲となったのと同系統の砲である。本車の出現当時からすれば、どれだけ圧倒的な威力を持っていたか分かるだろう。これを固定戦闘室に限定旋回式に搭載した。

巨大な砲を搭載するため、車体は完全に再設計された。エンジンは中央に移され（エンジンそのものも問題多かった空冷ガソリンエンジンから液冷ガソリンエンジンに変更）、後部上構の上に巨大な箱、まさに箱と言っていい戦闘室が設けられた。この戦闘室は装甲も強力で、前面は２００㎜、側後面も80㎜あった。車体装甲も強力で、前面には元の１００㎜の装甲板の上に、さらに１００㎜の増加装甲板がボルト留めされていた（側面は80㎜）。

実戦投入されたフェルディナント

重駆逐戦車は、開発したポルシェ博士に敬意を表してフェルディナントと呼ばれた。改造は１９４３年1月に開始され、5月までに90両が完成した（残りはポルシェティーガーおよび戦車回収車となった）。本車は7月、東部戦線のクルスクの戦いに投入され、圧倒的な主砲の威力と装甲防御力を見せつけた。実際、直接砲火によってソ連軍に撃破された車両はほとんどなかった。

しかし、機動力が低く（65トンもの重量があったため、やむを得ないところだろう）、近接防御火器を欠くことも問題だった。このため、後に残存車両は、前方機関銃、車

長用キューポラの装備や、履帯の変更といった改修を受けている。なお、ヒトラーの提案で1944年2月、名称がエレファントに改められた。

フェルディナント／エレファントは、第653、第654重戦車駆逐大隊に配属された。そしてクルスクの戦い以降、大戦果を挙げる一方で、激戦を繰り返しつつその数を減らした。改修の後、一部はイタリアに送られたほか、最後のベルリン戦まで戦い続けている。

■エレファント

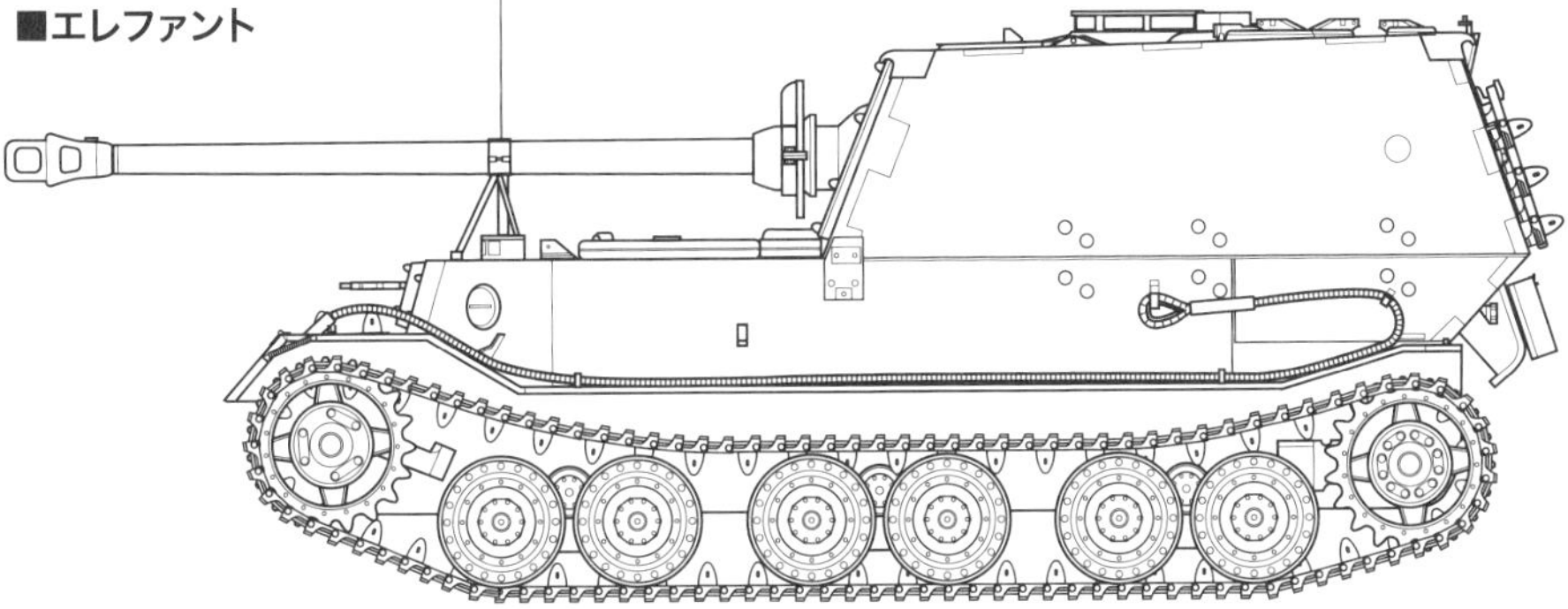

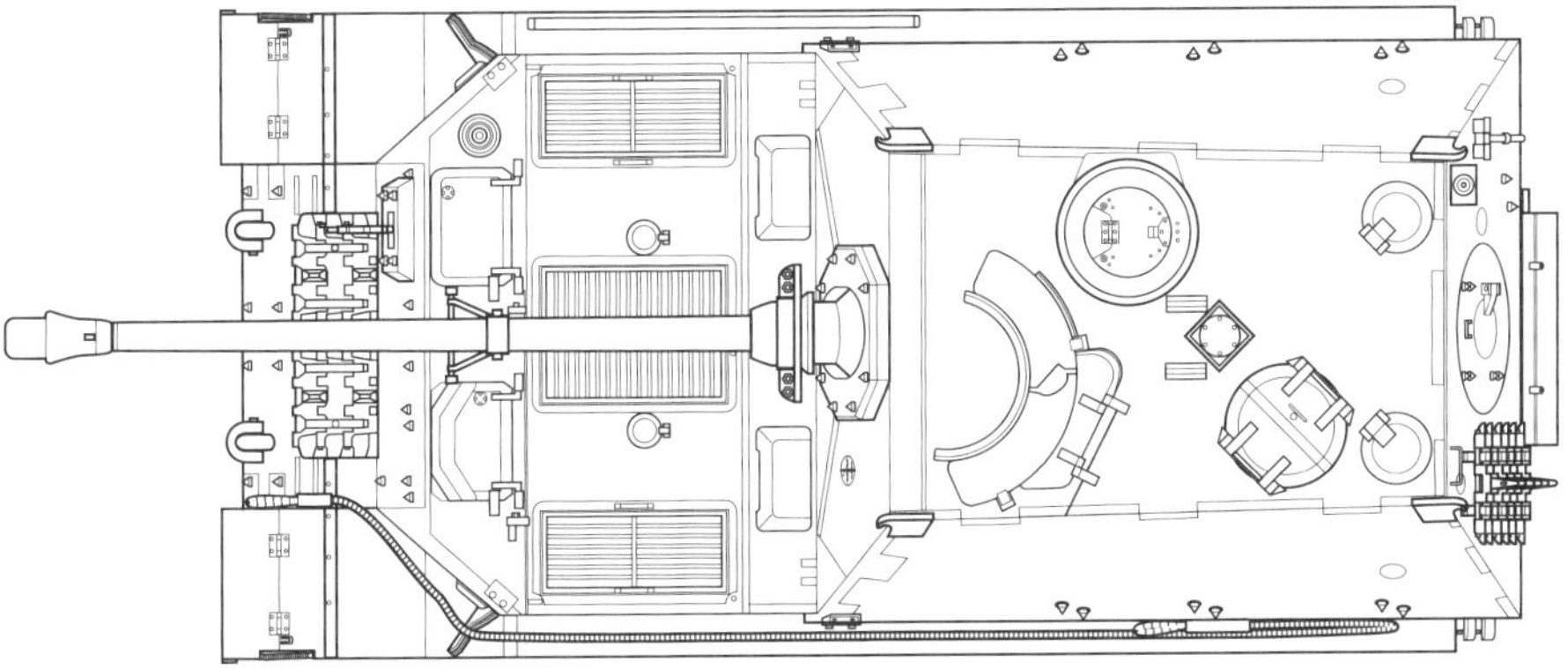

■エレファント

重量	65.0トン	全長	8.14m
全幅	3.38m	全高	2.97m
エンジン	マイバッハHL120TRM 液冷ガソリン2基		
エンジン出力	600hp	最高速度	30km/h
行動距離	150km		
兵装	71口径8.8cm対戦車砲1門、 7.92mm機関銃1挺		
装甲厚	20～200mm	乗員	6名

東部戦線のクルスクの戦いに参加後、改良が施されたエレファント。車体前面右側に対歩兵の防御火器として7.92mm機関銃1挺を備えるようになった。

ドイツ

ヤークトパンター

■パンターG型の車台を利用した重駆逐戦車
■長8・8㎝砲と避弾経始の良い装甲を備える
■生産数が少なく、戦局に寄与できずに終わる

パンターベースの重駆逐戦車

ドイツ軍は最強の対戦車砲、71口径8・8㎝砲を機動化することを計画しており、Ⅳ号戦車を拡大発展させた新型車台の開発を計画、1942年4月にはモックアップも製作されていた。だが、パンター戦車の開発に伴い、1942年8月にはパンター車台を使用して開発を進めることに変更される。こうして開発されることになったのが、ヤークトパンターであった。

設計要領はこの種の車両として一般的なもので、砲塔を撤去した跡に固定戦闘室を設けて、8・8㎝砲を限定旋回式に装備するというものであった。設計案の10分の1スケールのモックアップは9月に、実物大のモックアップは11月に完成し、各種の検討が行われた。

当初、ベース車には計画中のパンターⅡが使用される予定であったが、その生産が中止された結果、従来のパンターが使用されることになった。ただし、従来のパンターのままではなく、パンターⅡに取り入れられる改良の一部が盛り込まれた車台、つまりパンターG型車台がベースとなった。

新たなモックアップは1943年6月に完成し、10月20日にはヒトラーの観閲を受けた。11月15日には最初の試作車の写真がヒトラーに提示され、12月17日には試作車が閲覧に供された。生産は1944年1月に開始され、2月から1945年4月までに384両が完成した。生産中のタイプ分けは行われていないが、仕様には生産時期によって若干の相違があった。

ヤークトパンターの設計と性能

ヤークトパンターの戦闘室は、パンターの前側面装甲板をそのまま上方まで延長し、上面と後面を囲ったもので、そのデザインの美しさは全駆逐戦車中最高といっても過言ではないだろう。装甲厚は前面80㎜、側面50㎜と、ベースとなったパンターG型とほぼ同一であった。厚さそのものはそれほどではないが、良好な傾斜のおかげで高い防御力

を誇った。

主砲は71口径8・8cm砲Pak43／L71。この砲は基本的にエレファントやティーガーIIと同じもので、ドイツ軍の必殺兵器として有名な8・8cm対空対地両用砲の次世代に当たる対戦車砲である。8・8cm対空砲が56口径だったのに対して、71口径という超長砲身で、その装甲貫徹力は飛躍的に増大していた。

エンジン、変速機、走行装置に関しては、パンター戦車と同一であった。戦闘重量が若干増大していたことと、前面装甲と主砲の関係で、ややノーズヘビー気味である。カタログデータ上はパンターと同一の機動力を発揮できたが、長い主砲が邪魔になることの影響は皆無ではなかっただろう。

ヤークトパンターは、独立して運用される重戦車駆逐大隊に配備された。ノルマンディー戦以降の東西両戦線に投入され、敵戦車との戦闘そのものでは圧倒的な威力を発揮したものの、絶対数が少なく、戦局に寄与するような大きな活躍はできなかった。

■ヤークトパンター

重量	45.5トン	全長	9.87m
全幅	3.27m	全高	2.715m
エンジン	マイバッハHL230P30 液冷ガソリン1基		
エンジン出力	700hp	最高速度	55km/h
行動距離	250km		
兵装	71口径8.8cm対戦車砲1門、 7.92mm機関銃1挺		
装甲厚	16～80mm	乗員	5名

西部戦線におけるヤークトパンター。本車の戦例としては、1944年7月30日、ノルマンディー方面のコーモンにて、第654重戦車駆逐大隊の本車3両が、英軍のチャーチル歩兵戦車11両を一方的に撃破したものが知られている（コーモンの戦い）。

■ヤークトパンター

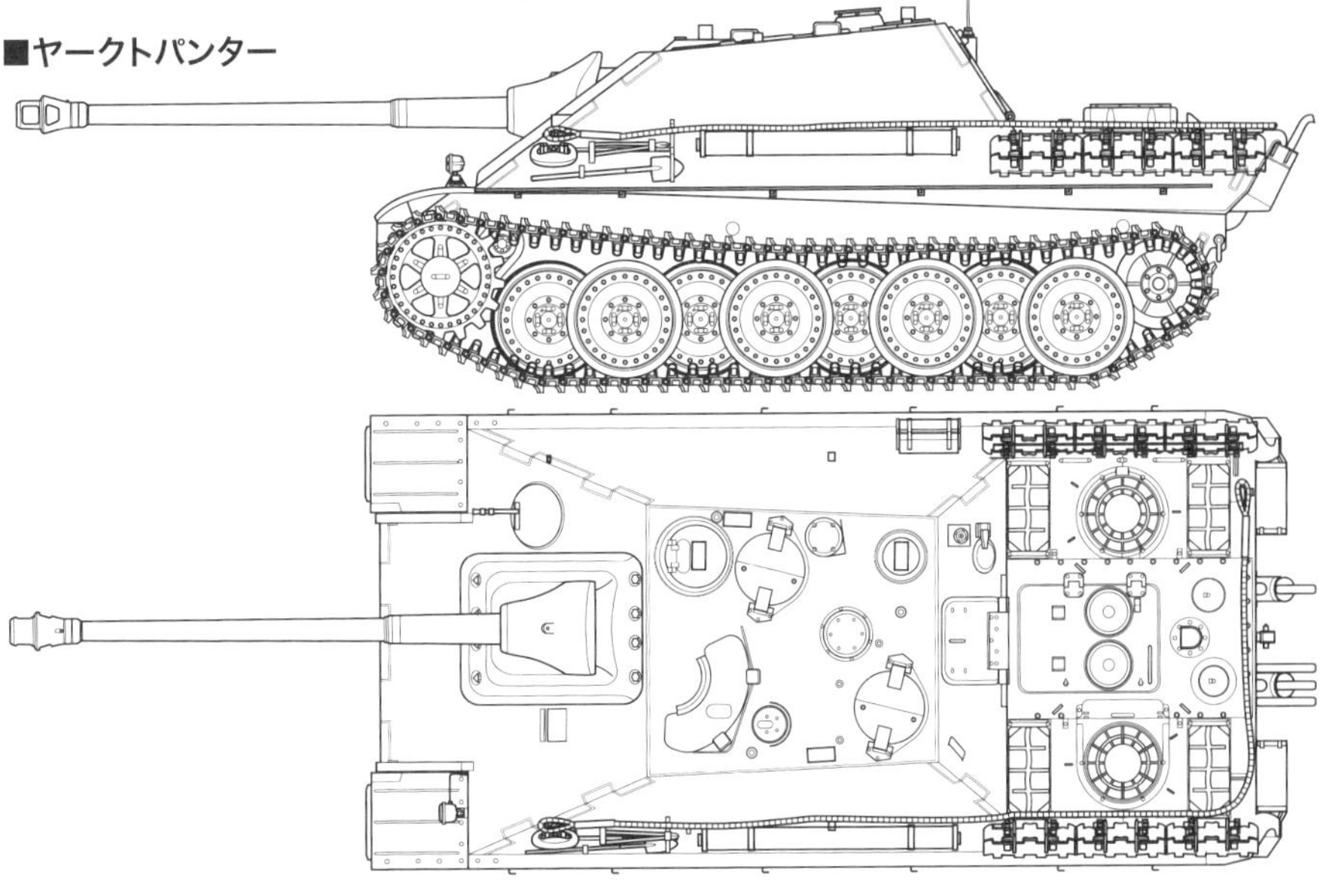

ドイツ

ヤークトティーガー

- ティーガーⅡ車台を用いる最重量駆逐戦車
- 圧倒的な装甲貫徹力を誇る12・8cm砲を搭載
- 超重装甲ゆえに車重が増し、機動力は低い

巨砲12・8cm砲を搭載する駆逐戦車

ヤークトパンターはドイツ軍最良の駆逐戦車であったが、さらにもう一つ開発された駆逐戦車がある。それこそがドイツ軍最大最強の駆逐戦車、ヤークトティーガーであった。

名前から分かるようにティーガー、それもティーガーⅡをベースにした駆逐戦車である。本車の開発の発端は、歩兵を支援して敵戦車や軟目標を３０００ｍの距離から制圧できる、12・８㎝砲を装備する重突撃砲が欲しいという前線の要求だった。こんな巨砲が搭載できる車体と言えば、もうティーガーⅡしかなかった。

開発が開始されたのは１９４３年2月のことで、ティーガーⅡの開発とほとんど同時に始まっている。当初、戦闘室を設けるため、エンジンはフェルディナント／エレファントのように中央に移す案と、そのまま後部に置く案が比較検討されたが、戦車型との共通性を高めるため、エンジン後部案すなわち中央に戦闘室を設ける案が採用された。しかし、それでもあまりに巨大な砲を搭載するため、戦闘室の長さが必要で、車体を約30㎝延長しなければならなかった。

最高の攻防能力を持つ駆逐戦車

モックアップは１９４３年10月20日にヒトラーに提示された。そして、一号車が完成したのは１９４４年2月のこと。主砲に選ばれたのは、要求されたように口径12・８㎝というドイツ軍戦車／駆逐戦車搭載の最大口径の砲であったが、同砲は試作に終わったマウス超重戦車への搭載も考慮されていた。もちろん、その威力はあらゆる対戦車砲を上回り、すべての連合軍戦車を３５００ｍ以上の射距離で撃破可能とされていた。

戦闘室は車体中央部に、側面装甲板を延長して囲う形状の、箱形のものが設けられた。とんでもないのはその装甲の厚さで、戦闘室前面はなんと２５０㎜もの厚さがあった。ただ、そのせいで重量は75トンにもなり、それにも関わら

ず動力機構はティーガーⅡと同じであったため、本車の機動力は貧弱なものとなった。

本車の生産は順調にはいかず、1945年3月までにたった77両が完成したにとどまった。なお、ポルシェ式走行装置を装備した車両も10両作られている。これは基本的に縦置きトーションバー式の、フェルディナントの機構を流用したもので、資材も作業時間も節約できるとされたが、実際には車体の上下動が激しいなど性能要求に達せず、結局不採用となった。

ヤークトティーガーはわずかに第653と第512重戦車駆逐大隊にのみ配備された。1945年3月のレマーゲン鉄橋の攻防戦に派遣されたり、ルール地方の防衛戦等に投入されたことが知られるが、運用期間も数量も少なく、大きく活躍できる機会はなかった。

■ヤークトティーガー

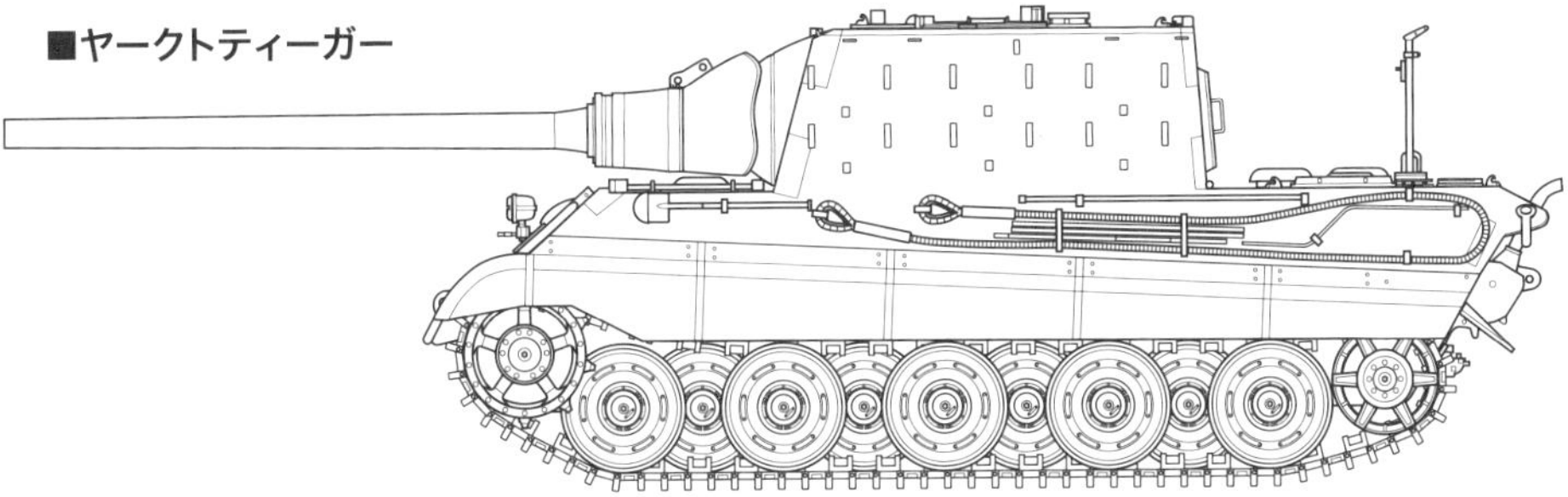

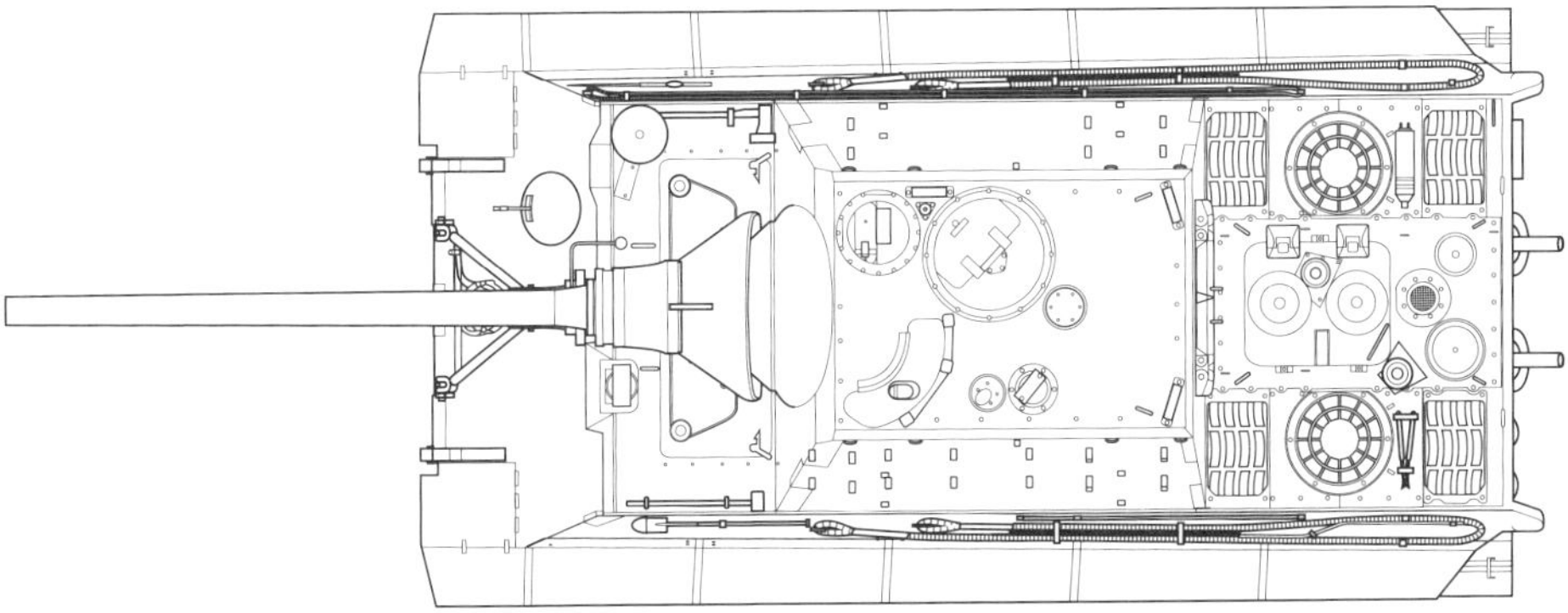

■ヤークトティーガー

重量	70.0トン	全長	10.65m
全幅	3.63m	全高	2.95m
エンジン	マイバッハHL230P30 液冷ガソリン1基		
エンジン出力	700hp	最高速度	38km/h
行動距離	170km		
兵装	55口径12.8cm対戦車砲1門、 7.92mm機関銃1挺		
装甲厚	25〜250mm	乗員	6名

ヤークトティーガーが備える55口径12.8cm対戦車砲は、射距離1,000mで252mm、2,000mで221mmの垂直装甲板を貫徹可能で、あらゆる連合軍戦車の正面装甲を貫徹することができた。ドイツ軍のみならず、WWⅡ最強の装甲戦闘車両だった。

現存するWWⅠ・WWⅡドイツ軍の戦車

第二次世界大戦中、そして戦後、多数のドイツ戦車を捕獲したのは、米英ソの連合主要3カ国であった。各国は研究用にこれらドイツ戦車を使用し、その後、運良く標的やスクラップとならなかった車両が博物館に収蔵された。有名なのが、アメリカのアバディーン／フォートノックス（最近の情況は不明だが）、イギリスのボービントン、ロシアのクビンカといった施設だ。これらには、ほぼすべての車両系列が網羅されている。

これに対して、どちらかといえば新参だったのがフランスだった。しかし、彼らは意欲が違った。ソミュール戦車博物館を開館し、単に集めるだけでなく、そのレストアに注力したのである。ティーガーⅡ、パンター、Ⅳ号戦車、ルクスなどが稼動車両として知られている。主要系列だけでなく、珍しいマルダーⅠや同Ⅲなどの対戦車自走砲まである。

敗戦国として自国の戦車を収蔵しえなかったドイツも、現在では頑張ってムンスターやコブレンツの施設では、収集だけでなくレストアも進められている。Ⅰ号戦車からの系列、シュトゥルムティーガーやマルダーⅡまで揃えたのだ。ちなみに、ムンスターやボービントンのⅢ号突撃砲はフィンランドと交換したものだ。

最近ではこうした動きに刺激されてか、ボービントン辺りも積極的にレストアを行っている。さらには、民間でもレストアや新造する動きまである。こうして多数の車両が見られるのは、やはりドイツ戦車に人気があるからであり、ほとんど残存する車両がない日本戦車ファンからは、ちょっとうらやましく思えるところだ。

フランス・ソミュール戦車博物館で動態保存されているパンターA型。同博物館では他にもティーガーⅡ、Ⅳ号戦車、ルクス（Ⅱ号戦車L型）などが稼働状態にあり、その展示は世界の戦車ファンの垂涎の的となっている。（写真／齋木伸生）

イタリア軍の戦車

イタリア軍は戦間期、エチオピア侵攻やスペイン内戦に戦車部隊を派遣、運用した。第二次大戦には1940年6月より参戦し、主に北アフリカ戦線で、英連邦軍との間で度重なる戦車戦を戦っている。各種の戦車・装甲戦闘車両を自国開発しており、また、一部はイタリア降伏（1943年9月）の後、イタリア半島へ進駐したドイツ軍の手により使用されている。

イタリア

L3軽戦車

■二人乗りで、武装は機関銃のみの豆戦車
■細部の異なる3タイプが開発・生産される
■戦間期の需要にマッチし、ベストセラーに

イタリア版カーデン・ロイド豆戦車

戦間期、世界中でベストセラーとなった戦車があった。イギリスのカーデン・ロイド・タンケッテであった。タンケッテというのは日本では豆戦車と訳されるが、実はこれは戦車とは言い難い、軽装甲で機関銃を装備するだけの移動トーチカと言うべき車両だった。

どうしてそんな車両がベストセラーとなったかというと、第一次世界大戦後の軍縮と緊縮財政の流れの中で、各国とも軍備に割けるお金が足りなかったからである。

イタリアも例外でなく、1929年にイギリスからカーデン・ロイドMk.Ⅵを購入した。そして、イタリア仕様に改修して、カルロ・ベローチェ（快速戦車）CV29として制式化する。イタリア軍はこの車両をすっかり気に入り、改良型を量産することにした。1933年に発注されたのがCV33で、イタリアのカルロ・ベローチェ・シリーズの始まりとなった。

本車は二人乗りで、砲塔も持たず、小さな軽装甲の箱に機関銃が付いただけの簡易な車両であった。装甲厚は前面14㎜、側面8㎜で機関銃を防ぐ程度でしかなかった。武装も機関銃2挺のみだ。エンジンはフィアットSPA直列4気筒ガソリンエンジン、出力43hp。走行装置はカーデン・ロイドから引き継いだもので、小転輪をペアにしてリーフスプリングで緩衝し、ガーダービームを介して車体に固定したものだった。これは地形追従性が低く、最大速度は42㎞／hとなっているが、高速性能も悪かった。

CVシリーズ各型とその生産

CV33の車体は装甲板をリベット接合していたが、電気溶接風に見せるため化粧加工を施すなど手のかかる方法を採っており、量産性に問題があった。このため、1935年には製造を簡略化したCV35が開発され、こちらが量産の主体となった。さらに1938年にはサスペンションをトーションバーとしたCV38が開発、生産されたが、もはや豆戦車の時代ではなく、少数生産にとどまった。

なお、1930年代末にイタリア軍では戦車の名称を変更しており、L3軽戦車（LはLeggero＝軽い、3は3トン級の意味）に変更、CVシリーズはそれぞれL3／33、L3／35、L3／38と呼ばれるようになった。

L3シリーズは各種の派生型を含めて2000両以上が生産された。そしてイタリア軍だけでなく、オーストリア、ギリシャ、ハンガリー、ブルガリア、イラク、アフガニスタンなど多くの国に輸出され、本家のカーデン・ロイドに負けないベストセラー車両となっている。

L3はイタリア軍戦車隊の主力となり、1940年の段階でもイタリア戦車隊の実に75％が本車で占められていたのである。しかし、その頃にはもはやヨーロッパの戦場では、このような非力な車両が活躍する余地はなかった。それでも、本車は健気にもイタリア休戦の日まで戦い続けたのである。

イタリア休戦後にドイツ軍に鹵獲されたL3/35軽戦車。武装は車体左側に装備された8mm重機関銃2挺。L3/33（CV33）のセリエⅠ（第1シリーズ）では6.5mm重機関銃1挺だったが、同車のセリエⅡ以降、強化されている。

■L3/35軽戦車（CV35）

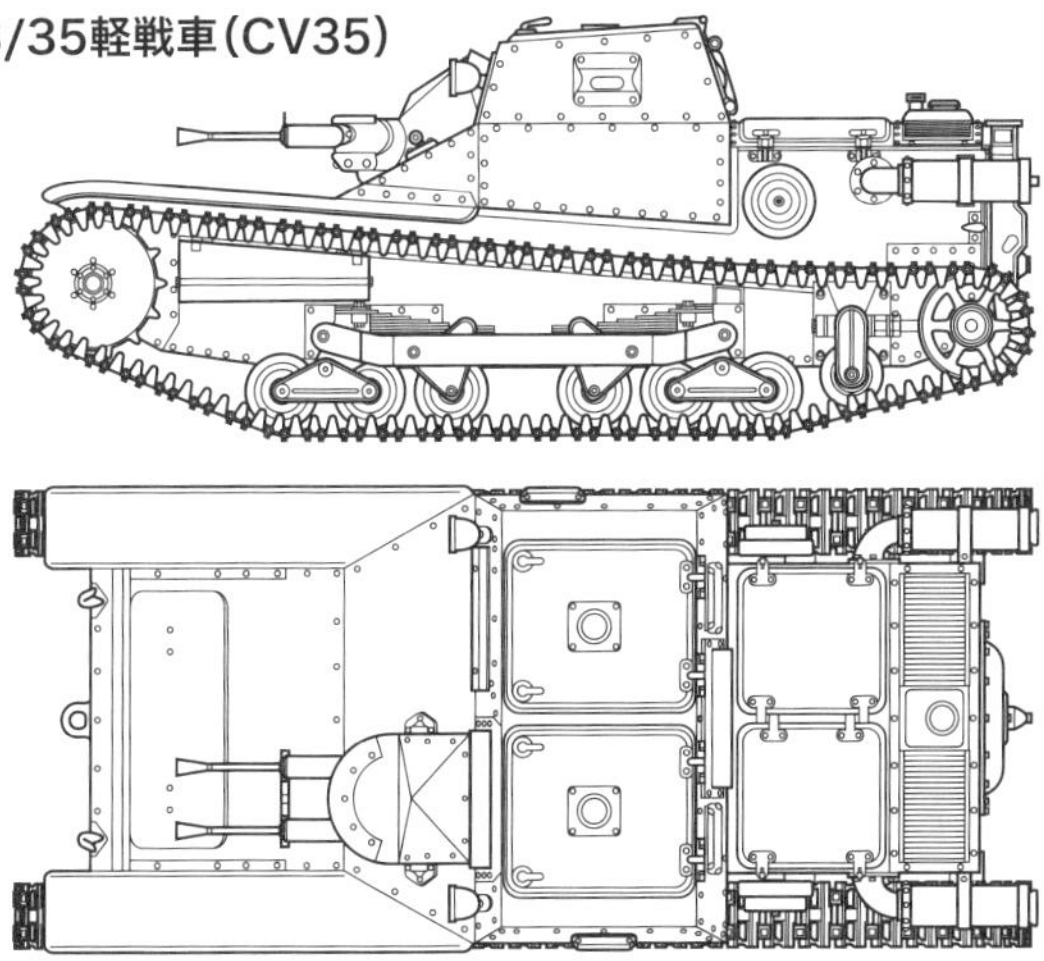

■L3/33軽戦車（CV33）

重量	2.7トン	全長	3.02m
全幅	1.40m	全高	1.2m
エンジン	フィアットSPA CV3 液冷ガソリン1基		
エンジン出力	43hp	最高速度	42km/h
行動距離	110km		
兵装	6.5mm機関銃1挺		
装甲厚	6～12mm	乗員	2名

■L3/35軽戦車（CV35）

重量	3.2トン	全長	3.17m
全幅	1.40m	全高	1.3m
エンジン	フィアットSPA CV3 液冷ガソリン1基		
エンジン出力	43hp	最高速度	42km/h
行動距離	125km		
兵装	8mm機関銃2挺		
装甲厚	6～14mm	乗員	2名

イタリア

Ｌ６軽戦車

- Ｌ３車体をベースに砲塔を搭載した軽戦車
- 攻防能力はドイツ軍のⅡ号戦車と同程度
- 他車両が優先され、生産開始はＷＷⅡ開戦後

Ｌ３から発展した砲塔形式の戦車

カルロ・ベローチェ・シリーズはイタリア軍の装甲化・機械化の端緒となり、また、戦車の数を揃えるためには有効だったが、軽装甲で武装に機関銃しか持たず、本格的な戦闘行動はまず不可能だった。

イタリア軍新型戦車の開発が不可欠との認識は持たれており、１９３６年、次期主力戦車となるカルロ・アルマート（戦車）と呼ばれる新型戦車シリーズの開発がスタートした。

最初に作られたのはカルロ・アルマート Ｌ６／40であるが、元々はこの戦車は輸出用に開発されたものだった。ベース車体はＬ３を改良したもので、最初の試作型は武装を車体に装備していたが、後に通常の砲塔式の戦車型に発展した。最終的な生産型は20㎜機関砲装備型で、これがＬ６／40として１９４０年に採用された。なお、Ｌ６／40のＬは軽戦車、６は６トンクラス、40は制式採用年を示す。

Ｌ６軽戦車の性能と配備

Ｌ６はＬ３を拡大発展させたものだが、Ｌ３と違って戦闘室上に全周旋回砲塔を装備していた。二人乗りで、車体の右側に操縦手、左側に砲塔があって車長が位置する。装甲厚は車体、砲塔ともに前面30㎜、側面14・５㎜と相当強化されていた。主砲はブレダ モデル35 20㎜機関砲で、対空機関砲を転用したものだ。徹甲弾、榴弾が撃て、発射速度も高く、当時の軽戦車としては充分と言えよう。

走行装置は、四個の中転輪を持ち、二個を一組として車体前後のピボットを中心に旋回するアームに取り付け、トーションバーで緩衝するというものだった。これはＬ３／38に採用された走行装置を、さらに発展させたものだった。エンジンはフィアットＳＰＡ 18Ｄ直列４気筒液冷ガソリンエンジン（出力68hp）。最大速度は路上で42㎞／h、路外で25㎞／hを発揮することができ、機動性能は良好だった。その他、無線機も標準装備していた。

５８６両が発注されたが、ＡＢ40装甲車に本車の砲塔を

搭載したＡＢ41装甲車の生産が優先されたため、生産開始は１９４１年にずれ込み、部隊配備は同年末となってしまった。この頃には、本車の性能では軽戦車としても苦しくなり、１９４２年末までに２８３両が完成したところで生産が打ち切られた。残りの発注分は、本車の車体を使用して、固定戦闘室に47㎜砲を装備したセモヴェンテ da 47／32に流用された。

本車の配備は一部の騎兵部隊、偵察部隊に留まった。若干出現が遅かったものの、当時としては一応の性能は発揮しており、おおむねドイツ軍のII号戦車に匹敵する車両だったと言えよう。実際、ドイツ軍もイタリア休戦後に、本車を１００両以上も接収して使用したという。

1944年6月、ローマにて米軍に鹵獲されたL6/40軽戦車。砲塔は車体上面の左側にオフセットして配置されている。

L6/40軽戦車が搭載したブレダM35 20mm機関砲の装甲貫徹力は、射距離500mで16mm(30度傾斜した装甲板に対して)と、1941年登場の軽戦車としては頼りないものだった。

■L6/40軽戦車

重量	6.8トン	全長	3.78m
全幅	1.92m	全高	2.03m
エンジン	フィアットSPA 18D 液冷ガソリン1基		
エンジン出力	68hp	最高速度	42km/h
行動距離	200km		
兵装	20mm機関砲1門、8mm機関銃1挺		
装甲厚	6〜30mm	乗員	2名

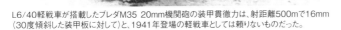

イタリア

M13／M14／M15中戦車

- M11／39中戦車を改良したM13／40中戦車
- エンジンを出力強化したM14／41とM15／42
- イタリア軍の主力中戦車としてWWⅡで奮闘

WWⅡイタリアの主力中戦車

1935年以降、イタリア軍ではM11／39中戦車の開発されたが、本車はストップギャップであり、その生産、配備を進められる一方で、本格的な中戦車の開発も急がれた。新型中戦車の開発は1938年に開始され、試作車は1939年8月に完成、1940年にM13／40として制式化された。その車体には開発期間の短縮のため、M11／39の基本構造を流用し、そのままスケールアップしたものが使用されていた。

装甲は車体前面30㎜、側後面25㎜、砲塔前面40㎜、側後面25㎜と中戦車としては一応満足できるものであった。主砲にはL6の突撃砲型のセモヴェンテ da47／32に採用されたものと同じ47㎜砲を装備された。同砲は元々はオーストリア製、イタリアでライセンス生産されていたもので、大戦初期としては十分な威力を持っていた。

走行装置はM11／39のものをそのまま拡大したもので、八個の小転輪を持ち、二個をペアして半楕円形のリーフスプリングの両端に取り付けたものを一組とし、それが片側二組装備されている。ただし、このサスペンションは耐久性が低く、履帯が外れやすい欠点があった。エンジンは当初M11／39と同じフィアットSPA 8T液冷ディーゼルエンジン（出力105hp）であったが、生産途中で出力が125hpに向上したフィアットSPA 8T－M40に換装された。

本車はジェノバのアンサルド・フォサティ社で大量生産が図られたが、様々な問題により生産ペースは上がらず、最終的には1942年6月まで799両が完成したにとどまる（生産数は後述の各型含めて諸説ある）。

エンジン換装したM14／41、M15／42

M13に代わって生産されるようになったのがM14／41であった。本車は出力不足のエンジンをフィアットSPA 15T－M41液冷ディーゼル（出力145hp）に変更したものだった。M14／41の全生産量は1103両と言われるが、生産数にはセモヴェンテ（自走砲）型も含まれているとされ、それを計算すると８００両程度とも考えられる。

そのＭ14／41でもまだその性能は十分とは言えなかった。このため、さらにエンジン出力の強化が図られ、このタイプにはＭ15／42の制式名称が与えられた。エンジンはフィアットＳＰＡ 15ＴＢ‐Ｍ42ベンジナ（ガソリン）エンジン（出力１９２hp）になった。

本車ではエンジン搭載に合わせて、車体の設計も変更されており、サスペンションも強化された。武装も口径は47mm砲のままだが、砲身長が40口径に強化されていた。しかし、生産開始が１９４２年後半にずれ込んだため、総生産数はわずか82両にとどまった（その後、さらにドイツ軍が再生産）。

イタリア軍が北アフリカ方面の侵攻作戦に乗り出した１９４０年10月時点では、Ｍ13中戦車を装備した大隊は、リビアに展開した第32戦車連隊第Ⅲ大隊のみだった。

その後、Ｍ13／Ｍ14中戦車はドイツ・アフリカ軍団と行動を共にし、チュニジアでの最後の戦いまで激戦を続けた。

さらに、シチリア島、イタリア本土でも休戦まで戦い、一部はドイツ軍とともに戦い続けるのであった。

■M14/41中戦車

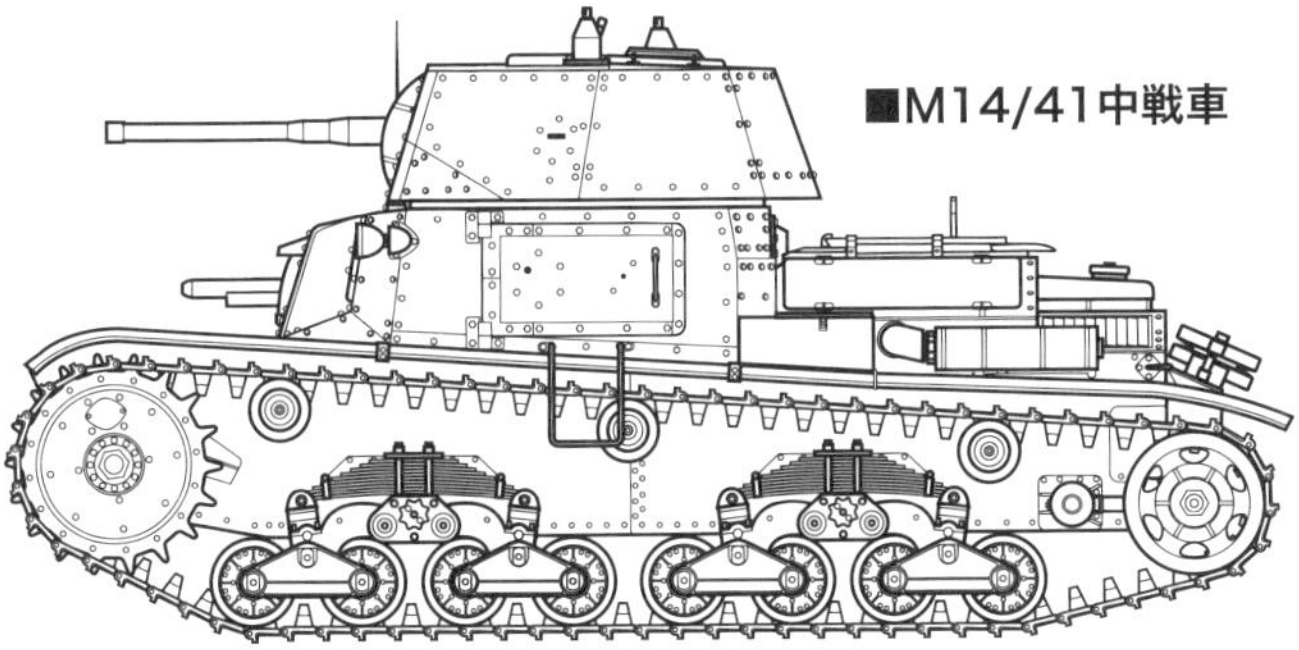

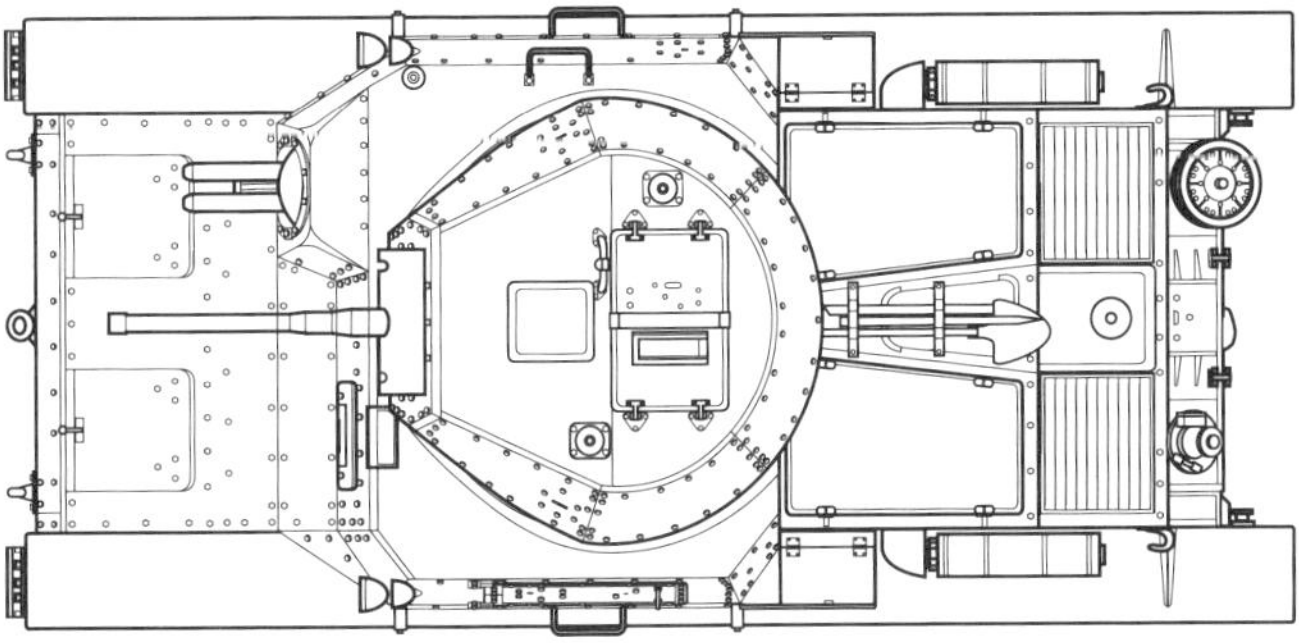

■M13/40中戦車

重量	13.7トン	全長	4.92m
全幅	2.17m	全高	2.25m
エンジン	フィアットSPA 8T-M40 液冷ディーゼル1基		
エンジン出力	125hp	最高速度	30.5km/h
行動距離	200km		
兵装	32口径47mm戦車砲1門、8mm機関銃4挺		
装甲厚	6～40mm	乗員	4名

北アフリカ戦線におけるM13/40中戦車。エンジンが換装されたM14/41との相違点はわずかで（エンジングリルのレイアウトなど）、外観からはほとんど見分けが付かない。

イタリア

P40重戦車

■M13中戦車を拡大した重量26トンの重戦車
■T-34の影響を受けた傾斜装甲を備える
■イタリア軍には配備されず、ドイツ軍が使用

イタリア版重戦車の開発経緯

M13／M14／M15系列の中戦車で第二次世界大戦を戦い抜くことになったイタリア軍であるが、より高性能の戦車の必要性を感じていないわけではなかった。そこで、中戦車だけでは困難な戦闘を支援するための、火力支援戦車・「重」戦車を開発する。しかし、その開発が正式に開始されたのは、１９４０年のイタリア参戦直後のことであった。

試作一号車が完成したのは１９４１年8月だが、これはまだ後のP40とはかなり異なり、M13系中戦車をそのままスケールアップしたような車両だった。当初の武装は18口径75㎜榴弾砲であったが、独ソ戦の状況から対戦車能力の低さが指摘され、長砲身の75㎜砲に変更されることになった。

さらに、ドイツから鹵獲《ろかく》したソ連の新型戦車T-34が供与されて、詳細な調査が行われた結果、本車のデザインは大きく変更され、T-34ばりの傾斜装甲が取り入れられることになった。装甲厚は前面50㎜、側面40㎜で、傾斜装甲によりそれに倍する防御力があった。

その後、各種の改修が行われ、正式にP40として量産が決定されたのは１９４３年1月と言われる。しかし、連合軍の爆撃でエンジン工場が破壊されるなど生産は遅れ、9月のイタリアの降伏までに完成したものは21両だけだった（完成数には諸説ある）。そして、結局イタリア軍の実戦部隊には１両も

開発メーカー、フィアット・アンサルド社の工場におけるP40重戦車。P26/40とも呼ばれ、Pはイタリア語で「重」を意味するPesante、26は重量26トン、40は制式年を示す。

配備されなかった。

P40重戦車の性能と戦歴

こうして曲がりなりにも完成したP40の構造は、基本的に中戦車型のM13／40をそのままスケールアップしたもので、戦車としての基本的な構造に変更はない。車体はリベット留めで組み立てられていたが、最大の相違点は前述のように装甲板が傾斜面で構成された、スマートなものとなったことだった。主砲は34口径75㎜砲で、シャーマン辺りに匹敵する。

しかし、走行装置はM13同様の多数の小転輪がリーフスプリングで懸架された古臭いタイプのままだった。エンジンに実際何が装備されたかは諸説あるが、フィアットSPA V-12ディーゼルエンジン（出力330hp）が有力なようだ。最高速度は路上40㎞／h、路外25㎞／hであった。

P40はイタリア軍では使用されなかったが、休戦後にドイツ軍で使用された。ドイツ軍は完成車両と、さらに多数の資材を接収し、P40の再生産を図ったのである。最終的に完成した数は60両程度で、他にエンジンのない40両程度が固定トーチカとして使用されたと言われる。

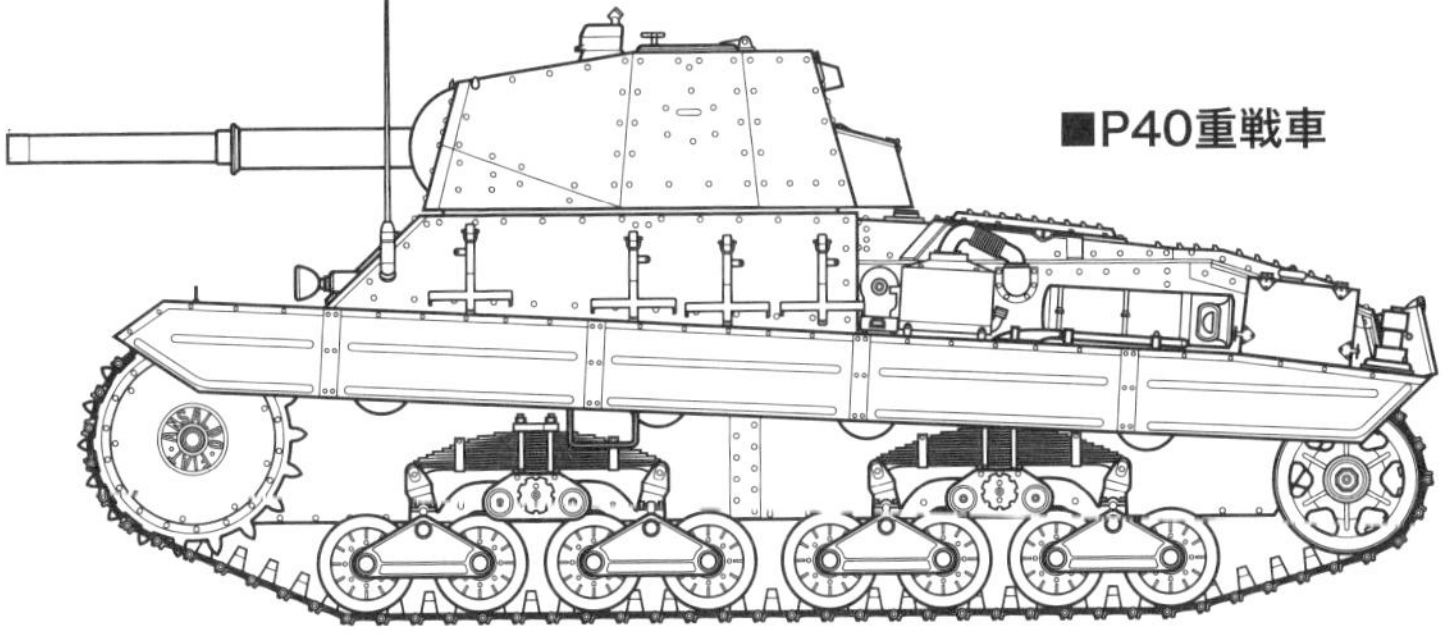

■P40重戦車

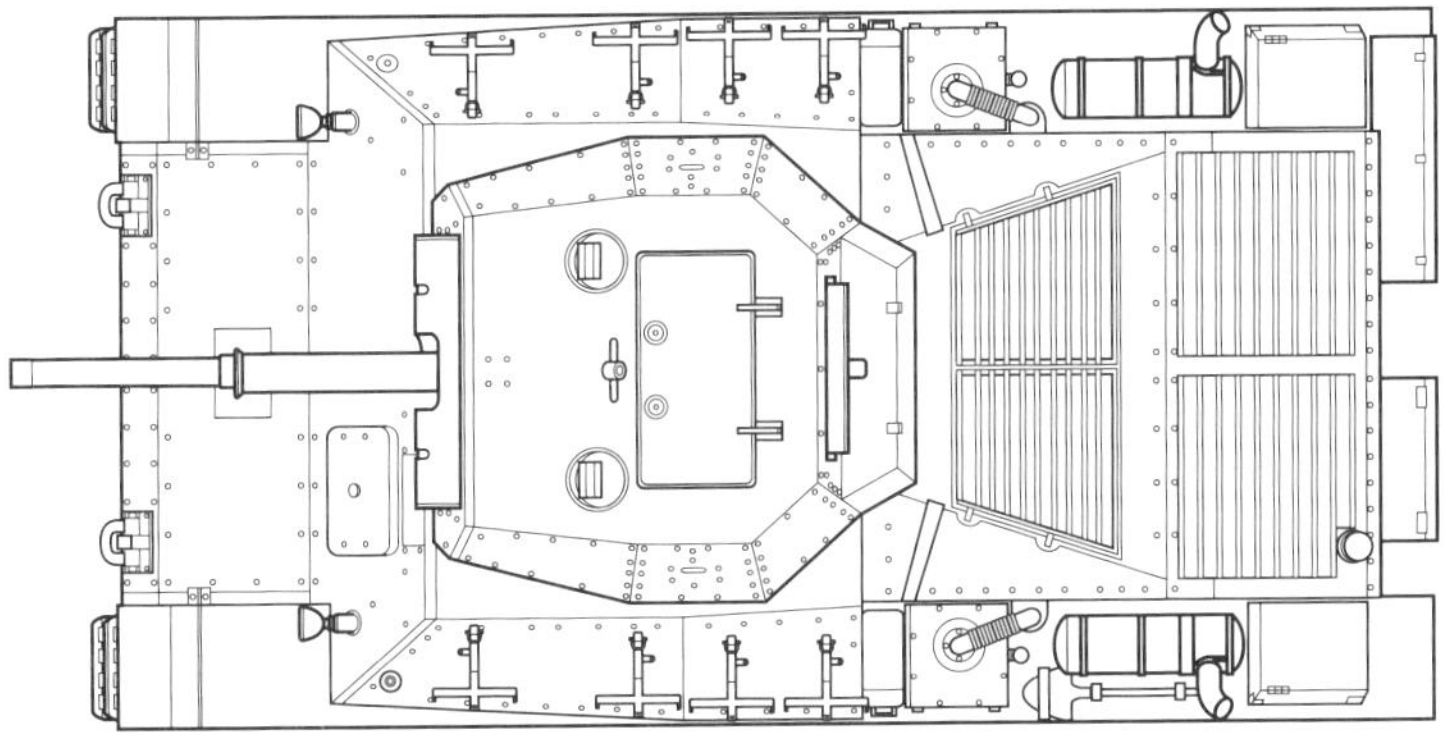

■P40重戦車

重量	26.0トン	全長	5.795m	全幅	2.80m	全高	2.522m
エンジン	フィアットSPA V-12液冷ディーゼル1基						
エンジン出力	330hp	最高速度	40km/h	行動距離	275km		
兵装	34口径75mm戦車砲1門、8mm機関銃1挺						
装甲厚	15〜60mm	乗員	4名				

イタリア

セモヴェンテ

- Ⅲ号突撃砲の影響を受けたイタリア版突撃砲
- M40は18口径75㎜砲を搭載、対戦車戦で活躍
- ベース車台や武装を変えた各型が開発される

Ⅲ号突撃砲の影響を受けて開発

ドイツ軍が第二次世界大戦中、戦車車台を流用して各種自走砲を開発したことは知られているが、イタリア軍でも同様に自走砲を開発している。それがセモヴェンテで、実は「セモヴェンテ」とは自走砲全般を指す言葉である。

実際、セモヴェンテとして最初に開発されたのは、前述のようにL6軽戦車をベースにした、セモヴェンテ L40 47／32であったが、その後に開発されたM13系列を使用したモデルの代名詞となった。

開発のきっかけとなったのは、1940年5～6月の西方電撃戦におけるドイツ軍のⅢ号突撃砲の活躍であった。イタリア軍でもこれを真似て、歩兵の直協支援のために、M13／40中戦車の車台を流用して自走突撃砲を作ることを考えたのである。設計案はフィアット・アンサルド社でまとめられ、すぐに18口径75㎜砲を搭載したモックアップが製作され、セモヴェンテM40 da 75／18として制式化された。

セモヴェンテの改造要領はⅢ号突撃砲にならったもので、砲塔を取り払った車台に固定戦闘室を設けて、限定旋回式に75㎜砲を装備していた。特筆すべきは戦闘室の前面装甲厚が50㎜に強化されていたことで、これはイタリア軍の装甲戦闘車両の中で最厚であった。主砲の75㎜砲は、18口径と短砲身の榴弾砲であったが、これも当時のイタリア軍の装甲車両の中では最強であった。

M40は1941年中に60両が生産され、1942年初頭の北アフリカの戦闘に参加している。これらの車両は、特に1942年5月終わりのビル・ハケイムの戦いでM3中戦車グラントと戦い、勝利したことで知られる。

ドイツの突撃砲を参考に、M13中戦車の車台を用いて設計されたセモヴェンテM40 da 75/18。主砲の18口径75mm榴弾砲は、砲口に多孔式のマズルブレーキを装備している。

M41以降のセモヴェンテ

その後、中戦車の生産がM13からM14に切り替わったことにより、セモヴェンテのベース車台も切り替えられた。M14車台の自走砲はセモヴェンテM41 da 75／18と呼ばれ、1942年～1943年初めに162両が生産された。1943年に入ると、さらにベース車台となる戦車の生産がM14からM15に切り替わったため、M15車台を使用したセモヴェンテM42 da 75／18が生産される。本車は1943年7月までに190両生産された（各型の生産数には異説もある）。

ベース車台の能力向上に合わせて主砲の強化が計画され、34口径砲を装備したセモヴェンテM42 da 75／34となった。さらに、車台を拡大して46口径75㎜砲を装備したM43 75／46や、105㎜砲を装備したM43 da 105／25も開発されている。

これらの車両は一部がぎりぎり間にあって、イタリア降伏前にイタリア軍で運用された。ドイツ軍はセモヴェンテ・シリーズを高く評価し、イタリア降伏後に多数鹵獲《ろかく》し、さらに新造もして自国軍装備に加えている。

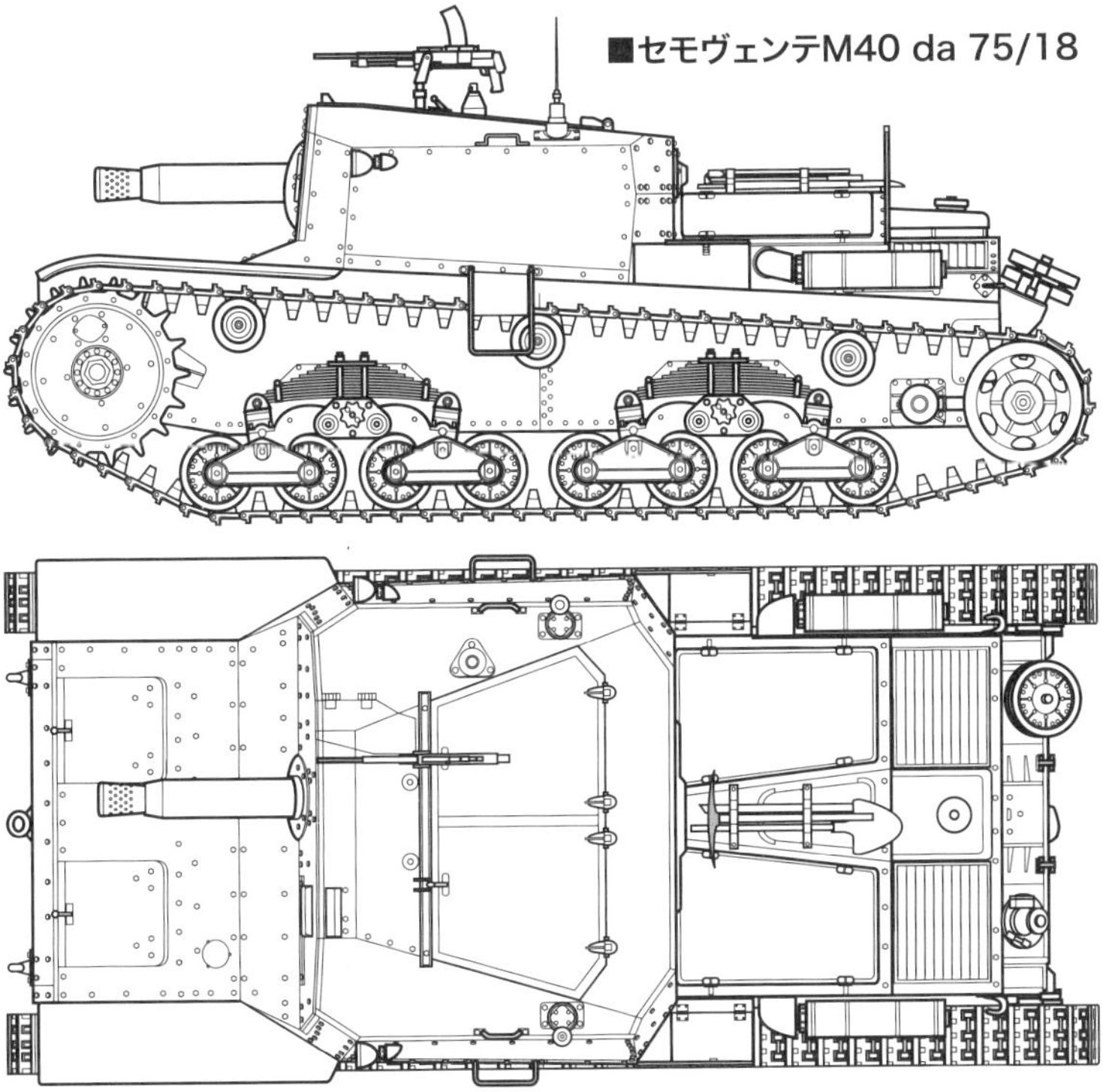

■セモヴェンテM40 da 75/18

■セモヴェンテM40 da 75/18

重量	14.4トン	全長	4.92m	全幅	2.20m	全高	1.80m
エンジン	フィアットSPA 8T-M40液冷ディーゼル1基						
エンジン出力	125hp	最高速度	30km/h	行動距離	210km		
兵装	18口径75mm榴弾砲1門、6.5mmまたは8mm機関銃1挺						
装甲厚	9～50mm	乗員	3名				

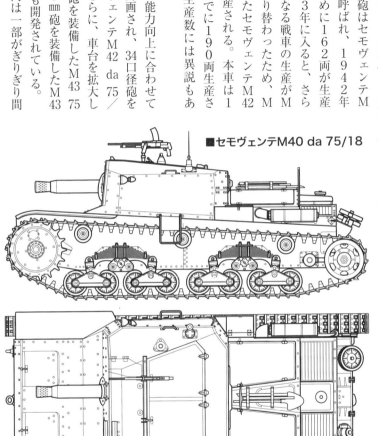

現存するWWⅡイタリア戦車

イタリア戦車はやはりドイツ戦車同様、戦中戦後に米英ソの連合主要3か国に捕獲された。ソ連とは意外だが、イタリア軍は東部戦線にも出兵しているのだ。このため、アメリカのアバディーン（M13／40、M40セモヴェンテ）、イギリスのボービントン（L3火炎放射戦車、M14／41）、ロシアのクビンカ（L3、L6）等で、イタリア戦車を見ることができる。同じくフランスのソミュール（M15／42、M40セモヴェンテ）にもあるが、これは戦後収蔵したものだろう。

イタリア自身は日本に比べればはるかにまともで、自国の戦時機材の収蔵に努めている。チェキニョーラの陸軍輸送車両博物館には、L3／38軽戦車、M14／41、M15／42中戦車、P40重戦車の主要戦車系列がそろっているのはすばらしい。そして、ここにはM40セモヴェンテ、さらにはM13指揮戦車といった珍品まである。最近ではレストアが進められており、一部は稼働するようだ。

それ以外では、あちこちにあるのが、世界的ベストセラーであったL3系列である。スペイン、クロアチア、そしてサン・マリノにもある。エル・アラメイン等北アフリカにもあるようだが、さすがにちょっとアクセスが困難だろう。

イギリス・ボービントン戦車博物館にて展示されている、L3軽戦車（CV-33）の火炎放射戦車型、L3 Lf。Lfはイタリア語で「火炎放射機」を示すLancia fiammeの頭文字。（写真／Hohum）

イギリス軍の戦車

1916年2月、イギリス軍はMk.Ⅰ戦車を採用、同年9月に第一次大戦の戦場に投入した。これが世界で初めて戦車が運用された例である。戦間期を経て、第二次大戦でもイギリス軍は戦車を開発・運用、主要な戦車開発国の地位を占めた。中でも、巡航戦車と歩兵戦車の二系統で戦車を開発したのは、他国に見られないイギリスの特徴的な開発形態である。

イギリス

Mk.I戦車

- 第一次大戦中に作られた、世界の戦車の始祖
- 箱型の車体の両側を履帯が取り巻く足回り
- 砲装備の雄型と機関銃のみの雌型の二型式

Mk.I戦車の開発に至るまで

第一次世界大戦は戦前の予想と異なり、未曾有《みぞう》の長期戦となった。英仏、独両軍はイギリス海峡からスイス国境に至るまで延々と塹壕を掘り進めて睨《にら》み合い、両軍ともに攻撃を繰り返しては、膨大な屍《しかばね》の山を作ったのである。

この情況をなんとかする手段が必要であった。イギリスよりフランスに観戦武官として派遣されていたスウィントン少佐は、装甲で守られ、火砲で敵を倒し、塹壕を突破する兵器、すなわち後の戦車を構想した。そして彼はそれにぴったりな車両、ホルト・トラクター砲兵牽引車を目にしたのであった。

スウィントンの構想は、なかなか陸軍上層部の理解を得られなかったが、彼をバックアップすることになったのは、陸軍ではなく海軍大臣のチャーチルであった。陸上戦艦委員会の下、戦車の開発は開始され、１９１５年9月、ブルロック装軌車をベースに世界最初の戦車試作車リンカーン・マシーンが製作された。さらに12月にはリトル・ウィリーが作られ、戦車の形が整えられていった。

Mk.I戦車の構造と戦線投入

続いて開発されたビッグ・ウィリーこそは、世界最初の戦車Mk.Iの原型となった車両であった。その最大の特徴は、大きな超壕能力と超堤能力を実現するため、履帯が車体全体を取り巻くデザインとしたことだった。日本では菱形をした独特の側面形から、菱形戦車と呼ばれる。本車は１９１６年2月に制式採用され、１００両の生産が命じられた。

Mk.Iの車体は装甲板で組み立てられた巨大な箱で、装甲厚は6~12㎜であった。既述のようにその箱を取り巻いて履帯が取り付けられていたが、百足《むかで》のように多数が並べられた小転輪には、サスペンションはなかった。武装は車体の左右にスポンソンを設けて、限定旋回式に装備していた。

Mk.Iは搭載する武装よって「雄型」と「雌型」に分けられ、雄型は砲を搭載し、雌型は機関銃のみを搭載した。雄

型の武装は6ポンド砲2門と7・7㎜オチキス軽機関銃3～4挺、雌型は7・7㎜ヴィッカース重機関銃4挺および7・7㎜オチキス軽機関銃1～2挺を装備した。エンジンはデイムラー・フォスター6気筒液冷ガソリンエンジン105馬力で、最大速度は5・95㎞／hであった。

Mk.Iは1916年5月、戦車として世界の戦史上初めて、ソンムの会戦に投入された。ドイツ軍塹壕にいた兵士は戦車の出現に驚き、恐慌状態となった。ただし、この戦いでは実際には、Mk.Iは戦線突入以前に多くの車両が脱落してしまっていた。

残った車両は数両ずつ分散して、歩兵を付き従えて敵の戦線を突破したが、この攻撃は戦線に数㎞の穴を開けただけで、実際の戦局に与えた影響はほとんどなかった。

1916年9月25日、ソンムの戦いにおけるMk.I戦車（雄型）。側面形状が菱形の巨大な箱型車体を持つ本車両は、秘匿名称を「タンク（水槽）」とされ、これがタンク＝戦車の由来となった。

■Mk.I戦車（雄型）

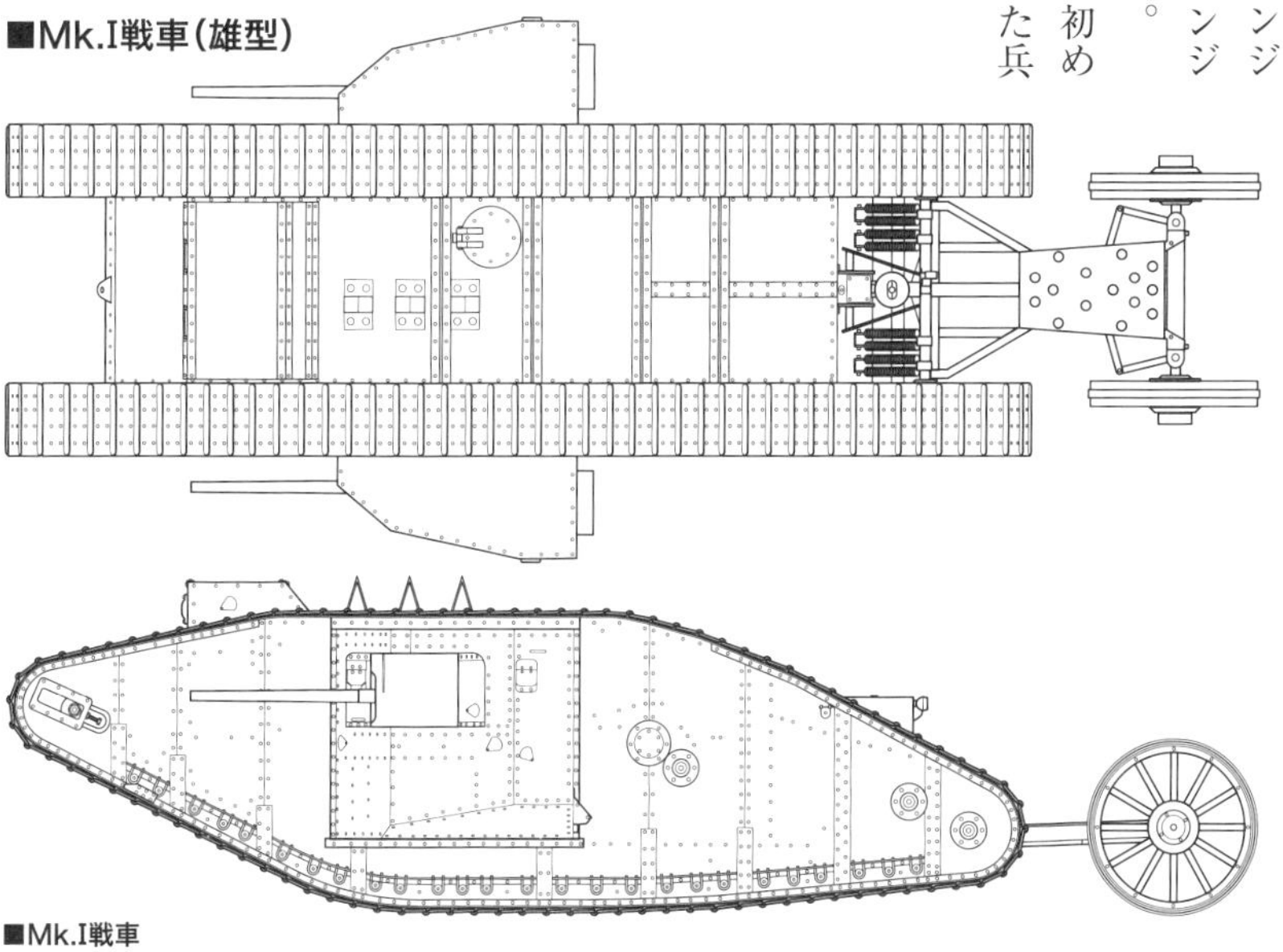

■Mk.I戦車

重量	28.5トン（雄型）／27.4トン（雌型）			全長	9.906m
全幅	4.191m（雄型）／4.368m（雌型）			全高	2.438m
エンジン	デイムラー・フォスター 液冷ガソリン1基				
エンジン出力	105hp	最高速度	5.95km/h	行動距離	38.6km
兵装	40口径6ポンド戦車砲（口径57mm）2門、7.7mm軽機関銃3～4（雄型）／7.7mm重機関銃4挺、7.7mm軽機関銃1～2挺（雌型）				
装甲厚	6～12mm	乗員	8名		

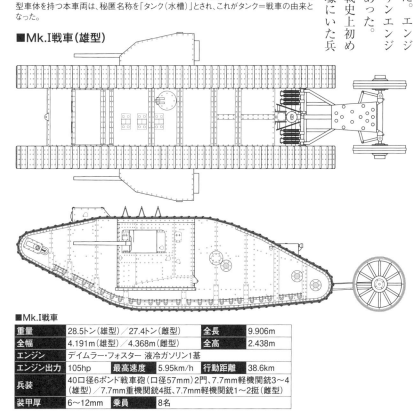

イギリス

Mk.Ⅳ戦車

- Mk.Ⅰに各種の改良を盛り込んだ菱形戦車
- 雄型、雌型合わせて1000両以上を生産
- カンブレー戦で活躍、勝利の原動力となる

Mk.Ⅳ戦車の開発経緯

Mk.Ⅰ戦車の採用に続いて、イギリス軍では改良型が開発された。1917年1月に完成したのがMk.Ⅱ/Ⅲ戦車で、基本的な構造はMk.Ⅰ戦車と変わらないが、ハッチの増設や足回りの改良などが施されていた。ともに50両ずつが生産されて、1917年4月のアラスの戦いに初投入されたが、元々訓練用に開発された車両でもあり、Mk.Ⅳ戦車の登場により第一線から退けられた。

第一次世界大戦中のイギリス軍戦車部隊の主力となったのが、Mk.Ⅳ戦車で、1916年10月に設計が開始された。一見したところ、外観はMk.Ⅰとほとんど変わらないが、戦訓に基づき、多くの改良が盛り込まれていた。

一つは車体左右のスポンソン（張り出し）が引き込み式になったことで、これは貨車で車両を運ぶ時等に邪魔になったからである。スポンソンは小型化され、底面のデザインも地面等に引っかからないよう変更された。

主砲も同じ6ポンド砲ながら、40口径砲から23口径砲に短縮されていた（Mk.Ⅲ後期型から）。これは砲身が長いと、不整地走行時に木や地面にぶつかりやすかったため。短砲身となったことで砲弾の初速は落ちたが、当時はまだ装甲貫徹力が必要とされる戦車戦は考慮されておらず、榴弾を撃つ分にはさしたる問題はなかった。その上、砲の取り回しもしやすくなっている。

1917年11月、ロンドン市のパレードに参加するMk.Ⅳ戦車。スポンソンに6ポンド砲を搭載する雄型で、6ポンド砲は短砲身23口径砲に変更されている。

Mk.Ⅳ戦車の生産と戦歴

その他、安全性を増すため、それまでは車内にあった燃料タンクが車外に移されて装甲板で囲まれた。履帯にはグリップを増すためのスパッドが、3枚か5枚おきにボルト留めされた。車体上に導かれた排気管にはマフラーが取り付けられ、車内には冷却装置や換気装置が装備され、脱出口も改善されている。

菱形戦車は巨大な車両ではあったが、車内はエンジンや、砲、そしてそれに関連する各種機材によっていっぱいだった。車内は操縦室、戦闘室、エンジン室のように分かれてはおらず、乗員は機械の間で作業した。特に操縦はやっかいで、操縦には操縦室の2名（主ギアを操作する操縦手とブレーキ操作をするブレーキ手）だけでなく、操向変速機を操作する変速手2名が必要だった。これが改善されたのは次のMk.Ⅴからだった。

Mk.Ⅳは1917年3月に生産が開始され、1015両が完成した。やはり雄型と雌型が生産され、その比率は2対3となっていた。後期型ではエンジン出力が125馬力に強化されたが、同型は取り扱いが難しく、主に補給車両に用いられている。

Mk.Ⅳは1917年6月のメッシーヌ戦で実戦投入された。その後、11月から12月のカンブレーの戦いで大活躍し、連合軍の勝利に貢献している。ただ一方で、走行系のトラブルにより多くの車両が擱座《かくざ》し、ドイツ軍に捕獲される事態も生じた。

Mk.Ⅳ戦車を原型に、超壕性を高めるべく尾部を延長した試作車「タッドポール（オタマジャクシ）」。

■Mk.Ⅳ戦車

重量	28.0トン（雄型）／27.0トン（雌型）		
全長	8.047m		
全幅	4.115m（雄型）／3.20m（雌型）		
全高	2.49m		
エンジン	デイムラー・フォスター 液冷ガソリン1基		
エンジン出力	105hp		
最高速度	5.95km/h	行動距離	56.3km
兵装	23口径6ポンド戦車砲（口径57mm）2門、7.7mm機関銃4挺（雄型）／7.7mm重機関銃4挺、7.7mm軽機関銃1挺（雌型）		
装甲厚	6～16mm		
乗員	8名		

車体に歩兵を満載して傾斜地を超えるMk.Ⅳ戦車。本車は1918年4月24日のヴィレ＝ブルトヌーの戦いで、A7Vと世界初の戦車戦を行った（33ページ参照）。戦力は英側がMk.Ⅳ雄型1両、雌型2両、独側がA7V 3両で、A7V 1両が中破、Mk.Ⅳ雌型2両が撃破される結果となっている。

イギリス

カーデン・ロイド豆戦車

簡素な構造を持つ機関銃1挺搭載の豆戦車
改良を重ね、Mk.ⅠからMk.Ⅵへ発展する
機関銃運搬車として英陸軍ほか各国が採用

カーデン・ロイド豆戦車の開発経緯

第一次世界大戦中に出現した戦車は、フランスの開発したルノーFT-17が完成型となったが、それは現在の目で見た場合で、戦間期には色々な過渡的車両が製作された。それらの中でも、カーデン・ロイド豆戦車は戦間期に世界的ベストセラーとなり、一世を風靡《ふうび》した戦車であった。

その始まりは、イギリス軍のマーテル少佐が個人的に開発した一人乗り戦車であった。この車両は、機関銃を装備した移動トーチカ的発想で作られたもので、歩兵を機械化することを目的としていた。履帯以外は自動車用部品を流用して作られた簡易な車両で、当時注目を集め、マーテルにはさらなる試作車を作ることが求められた。マーテルの車両は一人乗りから二人乗りへと発展したが、同時期に全く別のところで同種の車両が開発された。

それは予備士官のカーデンとロイドの二人の技術者の作ったカーデン・ロイド社においてであった。同社はイギリス陸軍への採用をもくろんで、1925年にこの車両の戦争省への売り込みを図った。本車はマーテルの豆戦車より安価だったため、戦争省は改良型の試作を命じた。こうして豆戦車の開発はカーデン・ロイド社へ移ることになる。

一人乗りの豆戦車、カーデン・ロイドMk.Ⅰ。車体の装甲板は乗員の体のみを覆い、肩から上は露出していた。重量1.6トン、全長3.157m、全幅1.364m、全高1.466m。

カーデン・ロイド各型の開発と運用

カーデン・ロイドの車両は1926年にカーデン・ロイドMk.Ⅰ豆戦車としてまとめられるが、まだこれは完成されたものとは言い難かった。そのため、改良型の開発が続けられ、Mk.Ⅰ*（※）、Mk.Ⅱ、Mk.Ⅲと進み、Mk.Ⅳからは二人乗

（※）Mk.Ⅰ*は「マーク・ワン・スター」と読む。

りとなった。本車は試験で良好な性能を示し、イギリス陸軍の実験機械化部隊の偵察車両に採用された。その量産型として8両生産されたのがMk.Ⅴだった。

さらなる改良型として1928年に出現したのがMk.Ⅵで、今度はイギリス軍歩兵部隊に「機関銃運搬車」として採用され、300両もの多数が発注された。その名の通り、武装はヴィッカース7・7mm重機関銃1挺だった。

エンジンはフォード・ガソリンエンジンを搭載しており、最大速度40km/hで軽快に走ることができた。イギリス軍では本来の機関銃運搬車としての運用に加え、砲や物資の牽引車としても使用された。

カーデン・ロイド豆戦車の構造は、軽装甲の箱型車体に走行装置を取り付けたものだった。オープントップで、砲塔もなく、機関銃は前面に据え付けられているだけだった。なによりも安価で大量生産でき、世界中の軍隊で使用されたが、実際のところ戦闘力に乏しく、次第に廃れてしまった。

イギリス軍でも豆戦車としての運用は継続されなかったが、砲牽引用や物資運搬用のキャリアーとして、また、大型化した砲塔を装備した軽戦車系列として発展し続けた。

二人乗りとなったカーデン・ロイドMk.Ⅳ。武装は7.7mm軽機関銃1挺で、機関銃用のスリットは三つ用意されている。乗員が二人並ぶ様子から「ハネムーン・タンク」とも呼ばれた。

カーデン・ロイドMk.Ⅵ機関銃運搬車。7.7mm機関銃は取り外し可能で、車外で使用する際は車体前部左側にある三脚を用いて固定した。

■カーデン・ロイドMk.Ⅵ

重量	1.5トン	全長	2.449m
全幅	1.693m	全高	1.212m
エンジン	フォード・モデルT 液冷ガソリン1基		
エンジン出力	22.5hp	最高速度	45.06km/h
行動距離	144km	兵装	7.7mm機関銃1挺
装甲厚	6～9mm	乗員	2名

イギリス

ヴィッカース6トン戦車

- 世界各国の軍で採用された輸出用の軽戦車
- 軽装甲の車体に、当時最新鋭の足回りを装備
- 顧客の要望による双銃塔型、単砲塔型が存在

ヴィッカース社製の輸出用軽戦車

ヴィッカース社といえば、現在でもその名が知られる軍需メーカーの老舗《しにせ》である。同社は各種の軍事装備をイギリス軍向けに開発するだけでなく、広く世界に販売していた。ヴィッカース社が1920年代終わりに、プライベートベンチャーで開発した輸出用戦車が、ヴィッカース6トン戦車であった。

本車両の狙いは、第一次世界大戦後に世界的ベストセラーとして各国に配備された、ルノーFT-17の後継車両となることだった。6トンというクラス名はそれを意識したもので、実際には重量はもっと重かった。一応、イギリス軍でも試験されたものの、運用構想に合わないとして採用されなかった（第二次大戦中に若干数を運用）。

しかし、世界各国への売り込みは功を奏し、フィンランド、ポーランド、タイ、中国、ボリビア、ブルガリアで採用され、その他多数の国に研究用として購入された。特筆すべきはソ連で、完成車両を購入するだけでなく、ライセンス権を獲得して自国で大量生産した。それがT-26で、その後も長らく改良型の開発が続けられ、その生産数は戦間期の戦車としては最大の約1万2000両にも上った。

ポーランド陸軍に配備されたヴィッカース6トン戦車の双銃塔型（タイプAと呼ばれる）。1932〜1933年撮影。

世界各国で採用、多彩な戦歴を持つ

ヴィッカース6トン戦車は、箱型の車体の前部に操縦室と戦闘室、後部にエンジン室を備えた標準的な構造をしている。その装甲は当時必要とされた、機関銃に耐えるレベルの軽装甲であった。走行装置は小転輪をリーフスプリン

グで緩衝したもので、現在の目では旧式に思えるが、当時としては非常に優れた懸架装置と評されている。

ヴィッカース6トン戦車は輸出用であり、顧客の要望に応じていろいろな車体、砲塔、武装パターンを選ぶことができた。ソ連が最初に採用したのは、左右に機関銃塔が並んだユニークな双銃塔型であった。今の目で見て一般的なのは、通常の単砲塔型だろう。フィンランドやポーランドはこちらを採用している。

実戦ではボリビアが、1933年のグラン・チャコ戦争で使用したのが初陣となった。中国は1937年の第二次上海事変で使用、ポーランドは1939年の対独ソ戦で、フィンランドは1939年の冬戦争、1941～44年の継続戦争で使用した。タイは1941年の仏領インドシナとの紛争で使用した。

最も広範に使用したのはもちろんソ連で（ただしT-26だが）、第二次世界大戦前、そして戦中の数々の場面で使用されている。一部はフィンランドとの戦いで捕獲され、これらは継続戦争でフィンランド軍の主力戦車ともなった。

中華民国の国民革命軍が装備したヴィッカース6トン戦車。3ポンド砲（口径47mm）を備える単砲塔型で、タイプBと呼ばれた。

フィンランド軍に配備されたヴィッカース6トン戦車・単砲塔型のクローズアップ写真。同軍では主砲を独自のものとし、当初はフランスのプトー37mm砲を搭載、後に長砲身のボフォース37mm砲に換装している。（写真／SA-kuva）

■ヴィッカース6トン戦車

重量	7.35トン	全長	4.56m		
全幅	2.41m	全高	2.16m		
エンジン	アームストロング・シドレー プーマ空冷ガソリン1基				
エンジン出力	80hp	最高速度	35km/h	行動距離	160km
兵装	7.7mm機関銃2挺（双銃塔型） 3ポンド砲（47mm）1門、7.7mm機関銃1挺（単砲塔型）				
装甲厚	5～13mm	乗員	3名		

イギリス

巡航戦車Mk.Ⅰ～Mk.Ⅳ

■元は中戦車として開発された巡航戦車Mk.Ⅰ
■重量増により巡航戦車としては鈍足のMk.Ⅱ
■クリスティ戦車を原型とする快速のMk.Ⅲ／Ⅳ

中戦車として開発されたMk.Ⅰ／Ⅱ

戦間期のイギリスでは、軽、中、重戦車の開発が進められたが、主力と目されていたのは中戦車であった。しかし、1930年に採用されたMk.Ⅲ中戦車は、世界恐慌の影響もあり、予算不足で量産できなかった。軍当局は、中戦車は高性能で高コストでなく、軽量かつ安価にまとめられることを望んだ。一方、運用側は歩兵に対する近接支援と同時に、機動戦闘にも使える車両を求めていた。

両者を同時に備えることは困難という判断の下、イギリス軍は歩兵戦車と巡航戦車として別々に開発することにしたのである。実は最初の巡航戦車は、はじめから巡航戦車だったわけではなく、元々は中戦車として開発された車両だった。それが巡航戦車Mk.Ⅰ（A9）で、その装甲強化型が巡航戦車Mk.Ⅱ（A10）だった。1939年から40年にかけ、Mk.Ⅰは125両、Mk.Ⅱは170両生産された。

両者は当初は中戦車として開発された関係で、機動性能に関しては後の巡航戦車に劣っていた。Mk.Ⅰはファントム Ⅱ 6気筒液冷ガソリンエンジン（出力120馬力）を搭載予定だったところ、AEC A179（出力150馬力）に変更、最大速度は40・23km／hを発揮できたが、Mk.Ⅱは装甲強化で重量が約2トンも増加していたため、最大速度は25・75km／hしか出なかった。

クリスティ戦車を原型とするMk.Ⅲ／Ⅳ

本当の意味で最初に巡航戦車として開発された車両が、巡航戦車Mk.Ⅲ（A13）であった。その発端は1936年9月、ウェーヴェル少将率いる代表団がソ連軍の秋期大演習を見学したことだった。彼らはここで疾走するBT快速戦車に感銘を受けたのである。注目されたのが、クリスティー式と言われるその走行装置だった。

機械化局長マーテル少将は、これこそがイギリス戦車に必要な能力と考えた。BT戦車を調査することや購入することも考えられたが、これは不可能で、このためアメリカのクリスティーの試作戦車を購入した。クリスティー戦車に所要の設計変更を加えた新型巡航戦車は1937年1月に試作車が完成し、1938年2月、巡航戦車Mk.Ⅲとして生産発注された。Mk.Ⅲは基本装甲厚が14㎜しかなく（そういう仕様だったのだが）、これはあまりに薄すぎた。このため、基本装甲を30㎜に強化したのがMk.Ⅳ（A13Mk.Ⅱ）であった。外観的には砲塔にスペースドアーマー式に増加装甲が取り付けられ、ソロバン玉型になったのが目立つ。Mk.Ⅲ／Ⅳは1939年4月から1940年2月までに305+31（？）両が完成した。

巡航戦車Mk.Ⅰ／Ⅱはフランス戦で、Mk.Ⅲ／Ⅳはさらに北アフリカでドイツ戦車と砲火を交えた。

■巡航戦車Mk.Ⅳ

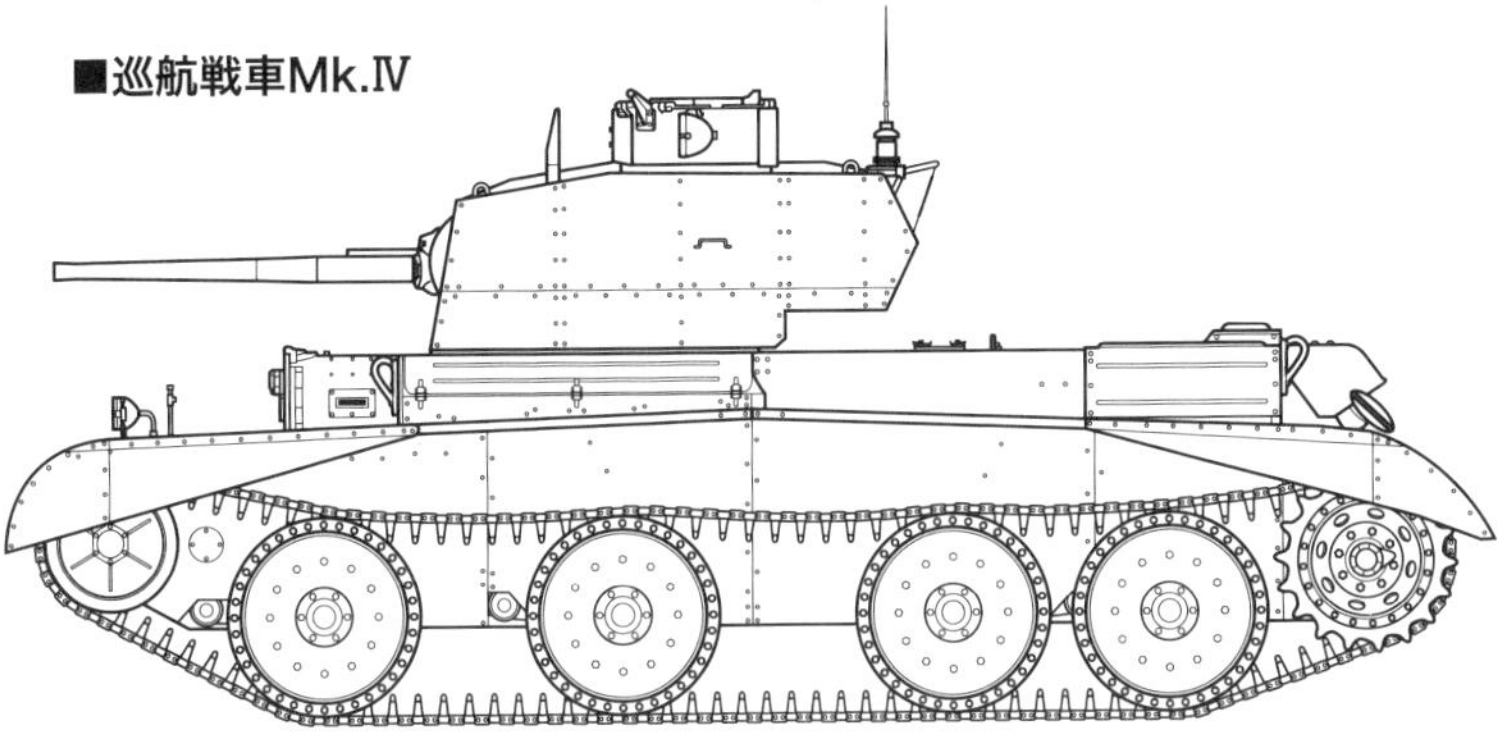

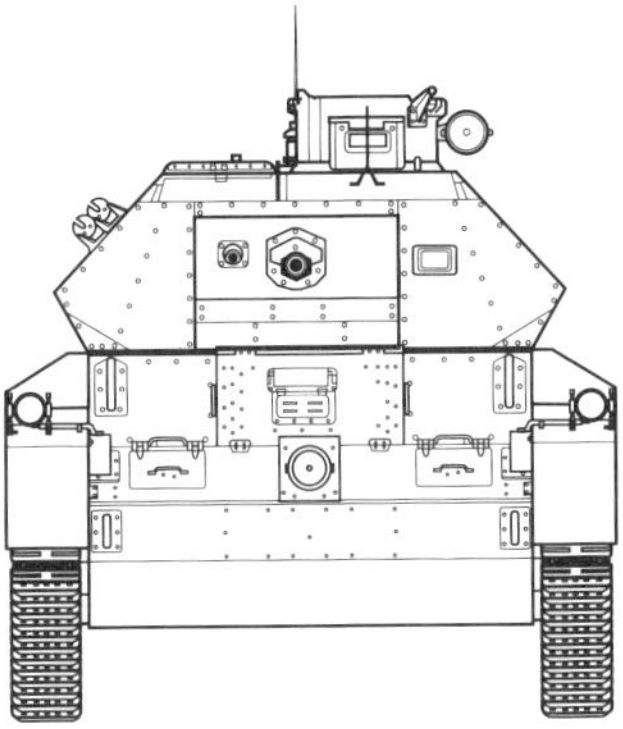

■巡航戦車Mk.Ⅰ（A9）

重量	12.577トン	全長	5.791m
全幅	2.502m	全高	2.642m
エンジン	AEC A179 液冷ガソリン1基		
エンジン出力	150hp	最高速度	40.23km/h
行動距離	241㎞		
兵装	2ポンド砲（50口径40mm）1門、7.7mm機関銃3挺		
装甲厚	4〜14mm	乗員	6名

■巡航戦車Mk.Ⅳ（A13Mk.Ⅱ）

重量	14.987トン	全長	6.02m
全幅	2.54m	全高	2.591m
エンジン	ナフィールド リバティー液冷ガソリン1基		
エンジン出力	340hp	最高速度	48.28km/h
行動距離	145㎞		
兵装	2ポンド砲（50口径40mm）1門、7.7mm機関銃1挺		
装甲厚	6〜30mm	乗員	4名

元々は中戦車として開発され、巡航戦車に分類された巡航戦車Mk.Ⅰ。武装は砲塔に2ポンド砲（口径40mm）1門と7.7mm機関銃1挺、車体前面に7.7mm機関銃2挺。

イギリス

カヴェナンター／クルセイダー巡航戦車

エンジン冷却に悩まされたカヴェナンター
「保険」として開発されていたクルセイダー
高速の発揮が可能だが、信頼性は低かった

カヴェナンターの開発・生産

巡航戦車Mk.Ⅲ／Ⅳは、いわゆる軽巡航戦車であった。偵察用にはいいかも知れないが、本格的戦闘には向かない。こうして開発されたのが重巡航戦車、戦闘巡航戦車A14、A16だった。しかし、重量増大から生じた諸問題によりその開発は中止され、代わって、より軽量で安価な車両が開発されることになった。これが巡航戦車Mk.Ⅴカヴェナンター（A13Mk.Ⅲ）であった。カヴェナンターの開発は、LMS社（ロンドン・ミッドランド・スコットランド鉄道）が担当することになった。

開発期間を短縮するため、走行装置はA13から流用されていた。このため、本車にはA13Mk.Ⅲの名称がつけられたが、車体は全くの別物と言って良かった。主砲には2ポンド砲を装備し、装甲は30㎜（後に車体、砲塔前面は40㎜）が基本とされている。ただし、これは30㎜レベルの防護性能という意味で、実際には傾斜装甲を利用して薄くし、軽量化が図られていた。また、車体の高さを低くすることにも意が尽くされていた。

イギリス軍はその生産を急ぎ、なんと1939年4月の図面の段階で100両生産の予算が認められ、9月には250両が追加された。実際に試作車が引き渡されたのは、1940年5月で、折しもイギリス軍はダンケルク（フランス）からの撤退で大量の装備を失っており、カ

カヴェナンター巡航戦車。車高を抑えるべく、メドウズDAV 水平対向エンジンを搭載したが、ラジエーターを収めるスペースがなく、これを車体前面左に設置した（操縦手の向かって右側に見える、4連の部品）。

■巡航戦車Mk.Ⅴカヴェナンターﾏ Mk.Ⅲ

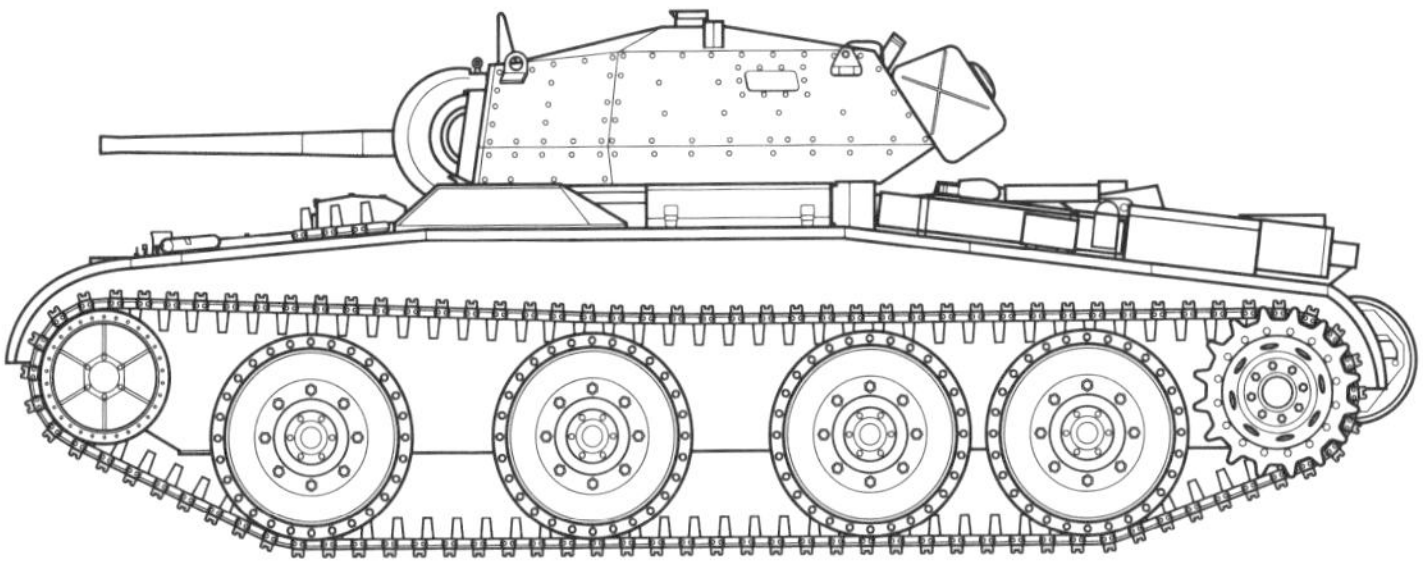

■巡航戦車Mk.Ⅴカヴェナンター（A13Mk.Ⅲ）Mk.Ⅰ

重量	18.289トン	全長	5.801m
全幅	2.61m	全高	2.229m
エンジン	メドウズ DAV 液冷ガソリン1基		
エンジン出力	280hp	最高速度	49.89km/h
行動距離	161km		
兵装	2ポンド砲（50口径40mm）1門、7.92mm機関銃1挺		
装甲厚	7〜40mm	乗員	4名

ヴェナンターは大急ぎで量産されることになった。最初のカヴェナンターが引き渡されたのは、１９４１年１月のことだった。

しかし、カヴェナンターの設計には当初から疑念が持たれていた。車体の高さをできるだけ低くするため、メドウズＤＡＶ ４ストローク水平対向12気筒液冷ガソリンエンジンが採用されたが、エンジン室が窮屈で冷却に問題があった。特にラジエーターはスペースがないため、苦肉の策として車体前方左側に配置されていた。

このトリッキーな設計は、オーバーヒートや信頼性の低下といった問題を引き起こした。これを何とかするため、冷却系を改良したMk.Ⅱ、後部にルーバーを追加したMk.Ⅲが作られたが、根本的には解決しなかった。カヴェナンターの生産は１９４３年１月まで続けられ、生産数は約１２００両にも上ったが、結局ごく一部が北アフリカに送られただけで、ほとんどは訓練用に使用されたに留まった。

クルセイダーの開発・生産

カヴェナンターが開発される一方で、イギリス陸軍はもう一つ同様の新型巡航戦車の開発を進めた。これはイギリス陸軍としては、カヴェナンターの開発が失敗したときの保険の意味もあった。本車の開発はＮＭＡ社（ナフィールド機械・航空工業）が担当した。本車はA15と呼ばれ、開発期間の短縮のため、カヴェナンターの車体と砲塔の設計を流用して作られた。

エンジンには、すでに信頼性の確立しているナフィールド・リバティー4ストローク水平V型12気筒液冷ガソリンエンジン（出力３４０馬力）が採用され、その冷却機構は通常通り車体後部に搭載されている。走行装置はカヴェナンターと同じクリスティー式だが、全長の延長と車重の増加のため、転輪は片側5個に増やされていた。最大速度は44・26km／hを発揮できた。

　試作車はカヴェナンターより早く、1940年4月には引き渡された。量産はカヴェナンターと同様、試作車の完成前の1939年7月に命じられており、生産はカヴェナンターと並行して進められた。本車が公式に巡航戦車Mk.Ⅵクルセイダーとして制式化されたのは1940年末であった。部隊への配備は1941年夏に開始されている。

　最初のタイプ、Mk.Ⅰは、主砲には2ポンド砲を装備し、前面装甲は40㎜だった。車体前部左側に独立した機関銃塔を装備していたが、これは不評で、前線部隊では独自に取り外すことさえあったという。続くMk.Ⅱは車体、砲塔前面装甲が強化されていた。また、機関銃塔は廃止されていたが、これは必ずしもMk.と一致していない（Mk.Ⅱながら装備している車両もあった）。

クルセイダーMk.Ⅲとクルセイダーの戦歴

　クルセイダーも信頼性の問題を抱えていたが、カヴェナンターよりはましだった。加えて、カヴェナンターが武装の強化ができなかったのに対して、クルセーダーはなんとか6ポンド砲を搭載できた。これがカヴェナンターの生産打ち切り後もクルセイダーの生産が続けられた理由だった。その6ポンド砲が搭載されたのがMk.Ⅲである。

　6ポンド砲搭載に合わせて、Mk.Ⅲは新型砲塔を搭載、基本デザインは従来と同じで、全長全高がわずかに拡大されていた。主砲の取り付け部は、これまでは外側に張り出すように鋳造カバーを設ける形状だったが、これを前面装甲板の内側に収めている。標準装甲厚は51㎜に強化され、機関銃の配置も変更、砲塔上面の大型スライド式ハッチは一

軟弱地を走行するクルセイダーMk.Ⅰ。車体前部左側に、7.92mmベサ機関銃1挺を装備する円筒形の一名用銃塔を備えていたが、前線では取り外して運用されることも多かった。

主砲を6ポンド砲（57mm）に換装、防盾を内装式とするなどの改良が加えられたクルセイダーMk.Ⅲ。ただし、砲塔要員が3名から2名に減り、車長が装填手を兼ねることから指揮に専念できず、実質的な戦闘力は下がってしまった。

■巡航戦車Mk.Ⅵクルセイダー Mk.Ⅱ

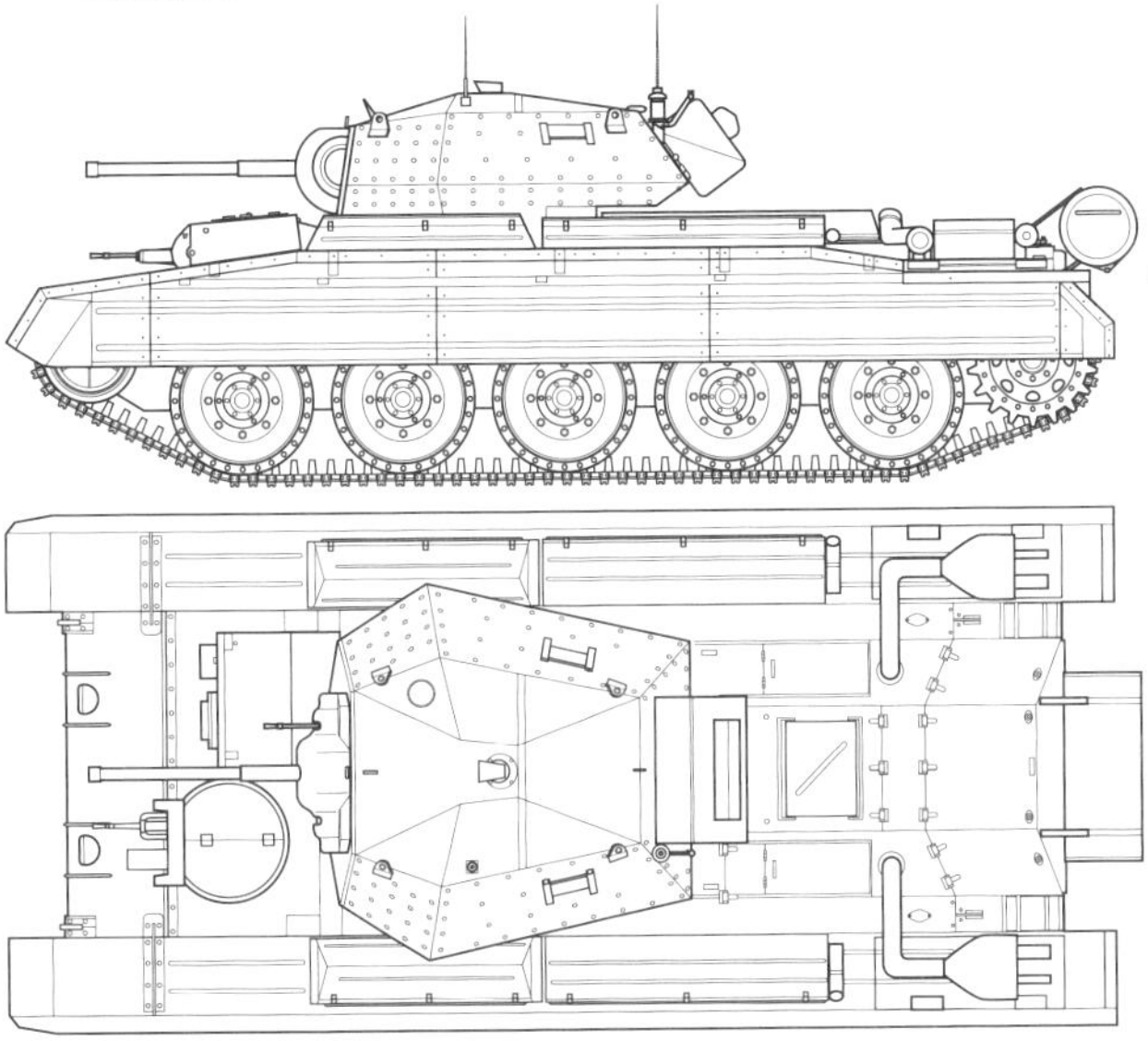

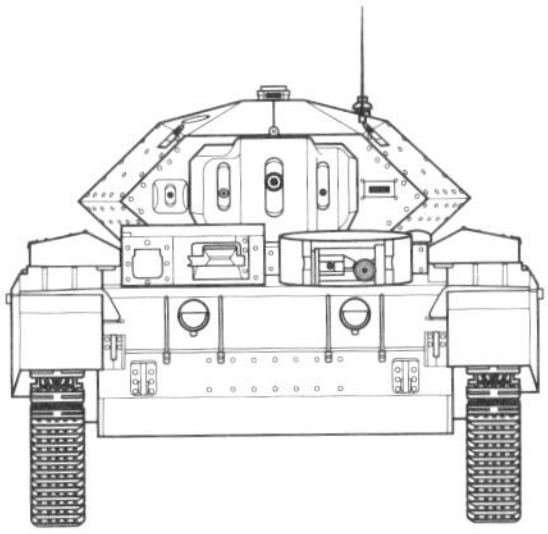

■巡航戦車Mk.Ⅵクルセイダー Mk.Ⅱ

重量	19.255トン	全長	5.982m
全幅	2.642m	全高	2.235m
エンジン	ナフィールド リバティー 液冷ガソリン1基		
エンジン出力	340hp	最高速度	44.26km/h
行動距離	161km		
兵装	2ポンド砲(50口径40mm)1門、7.92mm機関銃1挺、7.7mm機関銃1挺		
装甲厚	7〜49mm	乗員	4名

■巡航戦車Mk.Ⅵクルセイダー Mk.Ⅲ

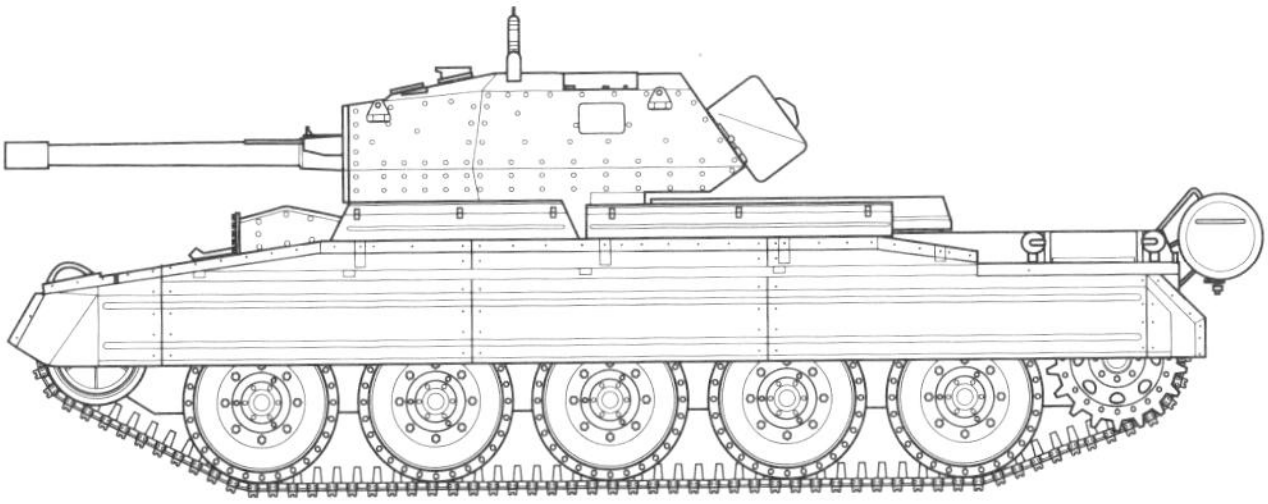

■巡航戦車Mk.Ⅵクルセイダー(A15)Mk.Ⅲ

重量	20.067トン	全長	5.982m
全幅	2.642m	全高	2.235m
エンジン	ナフィールド リバティー 液冷ガソリン1基		
エンジン出力	340hp	最高速度	44.26km/h
行動距離	161km		
兵装	6ポンド砲(57mm／43口径または50口径)1門、7.92mm機関銃1挺		
装甲厚	7〜51mm	乗員	3名

般的な左右開きのものに変更されていた。

最大の変更点は、装填手が廃止され砲塔内乗員が2名に減らされたことだった。これはもちろんポジティブな理由ではなく、スペースが足りないからだった。

クルセイダーは1943年までに約5300両が生産された。本車は1941年11月の、まさにその名を冠した「クルセイダー」作戦をはじめとする、北アフリカの主要作戦に参加した。火力の不足、装甲の薄さ、信頼性の低さと各種の問題はあったものの、「砂漠のキツネ」ロンメルを相手にエジプトを守って戦い続けたのである。

イギリス

キャヴァリエ／セントー クロムウェル巡航戦車

■独戦車に対抗可能な火力・装甲の巡航戦車
■リバティーを搭載するキャバリエ、セントー
■ミーティアを搭載する最速戦車クロムウェル

ドイツ戦車に対抗可能な新型巡航戦車

1940年5月、イギリス軍はドイツ軍の電撃戦に敗れ、フランスから撤退した。イギリス軍の敗北の理由は必ずしもその戦車の性能のせいばかりではなかったが、イギリス軍ではドイツ戦車に対抗するためには、その装甲と火力を強化する必要があることが認識された。そして、前面装甲75㎜、6ポンド砲を搭載可能とする20インチ（51㎜）のターレットリング径、これが新型巡航戦車に必要とされる条件となった。

しかし、当時すでに新型巡航戦車の開発は進んでいた。カヴェナンターとクルセイダーである。何よりも戦車を必要としていたイギリス軍には、立ち止まる時間的余裕はなかった。根本的な設計の変更は不可能で、これらの戦車はほとんどそのまま作るよりほかない。装甲は若干強化されたものの、武装は強化しようがなかった（それでも、後にクルセイダーには無理やり6ポンド砲が搭載された）。

さらに開発の邪魔をしたのは、当時TOG重戦車を開発していた老人達だった（※）。彼らはお話しにならない、古臭い戦車案を提示したのである。なんとか彼らの案を葬り去って、新型巡航戦車の開発は動き出した。

ナフィールド社案A24の開発

新型巡航戦車案は、チャーチル歩兵戦車をベースとしたヴォクスホール社案、クルセイダーの改良型のナフィールド社案、同じくクルセイダーをベースに軽量化と新型走行装置を採用したBRC&W（バーミンガム機関車貨車製造所）社案の競合となった。

■巡航戦車Mk.Ⅶキャヴァリエ（A24）

重量	26.926トン	全長	6.35m
全幅	2.883m	全高	2.438m
エンジン	ナフィールド リバティー 液冷ガソリン1基		
エンジン出力	410hp	最高速度	38.62km/h
行動距離	266㎞		
兵装	6ポンド砲（57mm／43口径または50口径）1門、7.92mm機関銃2挺		
装甲厚	8～76mm	乗員	5名

（※）第一次大戦期に戦車開発に携わったアルバート・スターン卿をはじめとする特殊車両開発委員会は、前大戦のような戦場を想定した重戦車の開発を提案していた。同委員会は「The Old Gang」と呼ばれ、頭文字から命名されたTOG1およびTOG2重戦車が試作されている。

そして1941年1月、ナフィールド社の案がA24として開発が認められ、本車はクロムウェルと名付けられた。同車は確かに動力機構や走行装置はクルセイダーから流用（改良）されていたが、車体の全体的な印象はかなり異なっていた。車体は全長、幅とも拡大されていたが、これは大きなターレットリングを装備するためである。そして砲塔は単純な箱型をしていた。実際、装甲板のほとんどは垂直か水平面で構成されており、単純化、生産性の向上が図られていたことが分かる。

装甲厚は車体前面が64㎜で、車体はまだリベット留めで作られていた。砲塔前面は64㎜＋12・7㎜と、製造上の問題で2枚の装甲板を重ねている。内側の装甲板は溶接で接合され、外側の装甲板はボルト留めされていた。特徴的なのは、被弾時の飛散を防ぐため、巨大なボルトが使われていたことだった。

本車の試作車は1942年1月に完成し、500両が発注された。

キャヴァリエ、セントー、クロムウェル

本車のエンジンにはクルセイダーと同じリバティエンジンが搭載されたが、重量増大に対応して出力は410馬力に強化されていた。しかし、それでもまだ出力が不充分で、エンジンの強化が図られることになった。新型エンジンの候補となったのは、ロールス・ロイスの航空機用エンジンで、戦闘機スピットファイアなどに採用された傑作エンジン「マーリン」だった。この陸上転用型「ミーティア」（出力600馬力）を搭載しようというのだ。

ミーティアを試験的にクルセイダーに搭載した結果は上々だった。しかし、ナフィ

■巡航戦車Mk.Ⅷ
セントーMk.ⅣCS

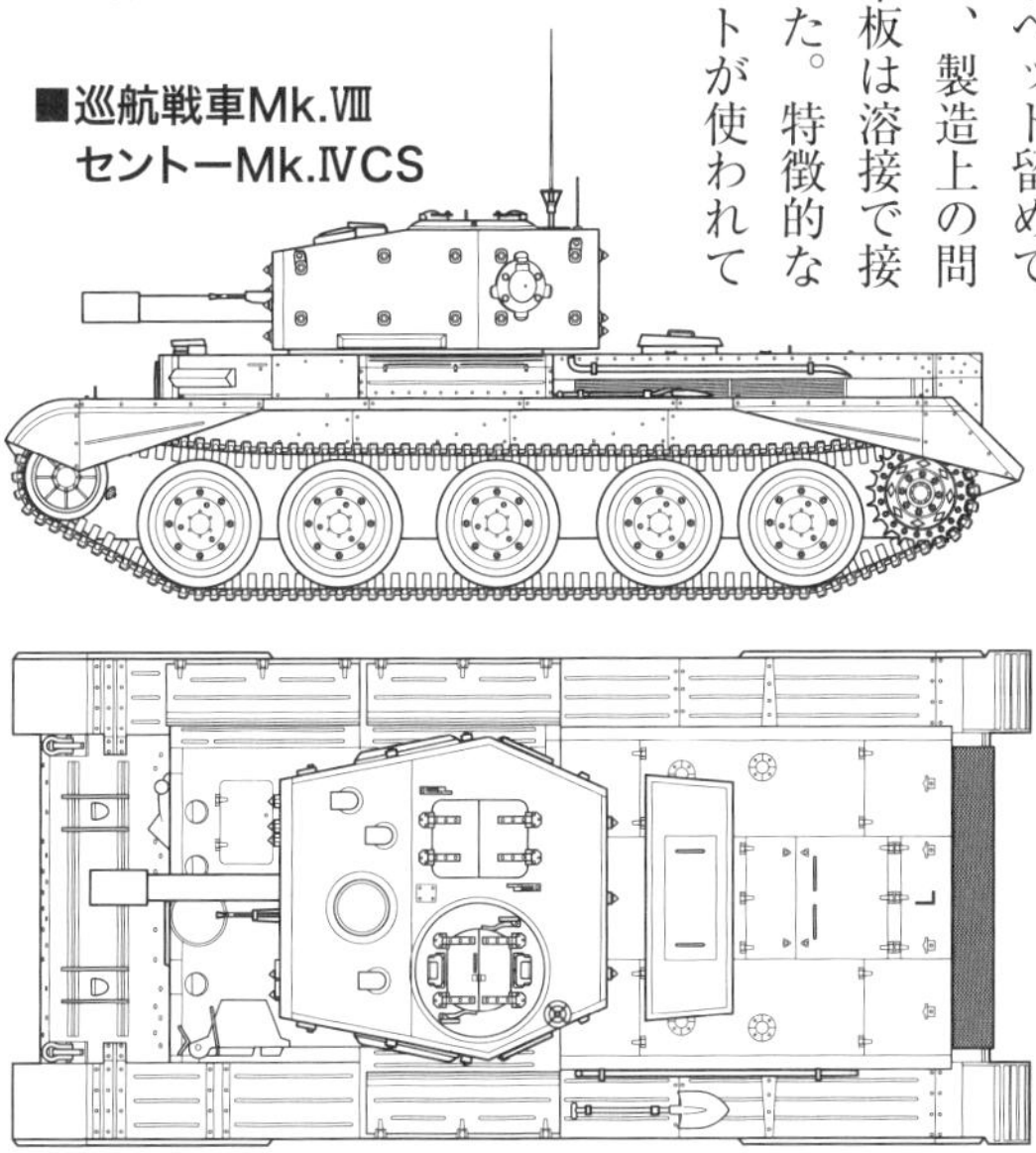

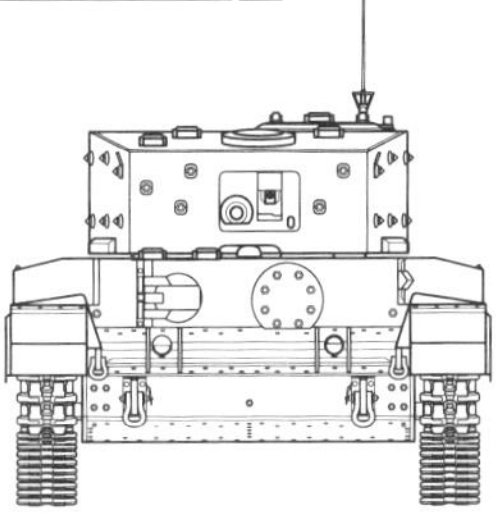

■巡航戦車Mk.Ⅷセントー（A27L）Mk.I

重量	28.849トン	全長	6.35m
全幅	2.896m	全高	2.489m
エンジン	ナフィールド リバティー 液冷ガソリン1基		
エンジン出力	395hp	最高速度	43.45km/h
行動距離	266㎞		
兵装	6ポンド砲（57mm／43口径または50口径）1門、7.92mm機関銃2挺		
装甲厚	8〜76mm	乗員	5名

ールド社はリバティーエンジンに固執し、A24にミーティアが搭載されることはなかった。そこでイギリス軍は、BRC&W案を元にミーティアを装備した車両を製造することにした。この際、開発期間を短縮するため、車体と砲塔はA24から流用されることになる。こうして開発されたのがA27である。

　実はA27は一つではなかった。ミーティアエンジン計画に関与したレイランド社は、リバティーエンジンを搭載したA27に準じる車両の製造を認められた。これについて、マーリンエンジンの航空機への供給が優先され、ミーティアの供給が逼迫《ひっぱく》していたためという事情が指摘されるが、レイランド社に対する政治的配慮に基づく決定とも言われている。なお、この車両は必要に応じてミーティアエンジンの換装することが考慮されていた。

　これらエンジンの相違により、ミーティア搭載型はA27M、リバティー搭載型はA27Lと呼ばれた。そしてまぎらわしいことに、これらの車両は、A24がクロムウェルⅠ、A27LがクロムウェルⅡ、A27MがクロムウェルⅢと呼ばれたのである。これではあまりの混乱を招くため、後にキャヴァリエ、セントー、クロムウェルと呼ばれることになった。セントー試作車は1942年6月に完成し、11月から量産が開始された。その生産数は1821両に上った。

ノルマンディー上陸作戦に参加したセントーMk.ⅣCS。CSは「Close Support＝近接支援」の略で、18.7口径95mm榴弾砲を主砲として装備した。砲塔上部の全周に特徴的な目盛のマーキングが施されている。

クロムウェルの生産と戦歴

本来のクロムウェルであるが、その試作車は1942年1月に完成した。しかし、エンジン供給の逼迫により、生産開始は1943年1月になった。

　クロムウェルは実質的にキャヴァリエにミーティアエンジンを搭載したものと言って良かった。武装については、キャヴァリエが6ポンド砲だったのに対して、北アフリカでのドイツ軍

チャーチル首相（砲塔上、向かって左側）の観閲に供されるクロムウェルMk.Ⅳ。Mk.Ⅰ～Ⅲの主砲は6ポンド砲だったが、本型から75mm砲に換装された。

との戦いで、６ポンド砲が榴弾を撃てる汎用性を持たない点が不評だったことから、クロムウェルには６ポンド砲の口径を拡大し、アメリカ製砲弾を発射できるようにした75mm砲が搭載された。ただし、その搭載は１９４３年11月以降の生産車からとなった。

また、後期の車両では車体前面に増加装甲が取り付けられた。他に一部で、ようやく車体が溶接構造となっている。

走行性能は出力が６００馬力もあるミーティアエンジンのおかげで、最大速度64・37km／h（Mk.Ⅰ）を発揮でき、当時、連合軍最高速の戦車となった。クロムウェルは約３０００両が生産されたが、その中にはセントーから改造された車両も含まれる。

初陣となったのはノルマンディー上陸作戦だったが、ヴィレル・ボカージュでドイツの戦車エース、ミハエル・ヴィットマンのティーガーⅠに１個大隊が全滅させられた逸話は有名である。実際のところ、もはやイギリス軍の主力はシャーマンで、クロムウェルは主に機甲偵察連隊で使用された。

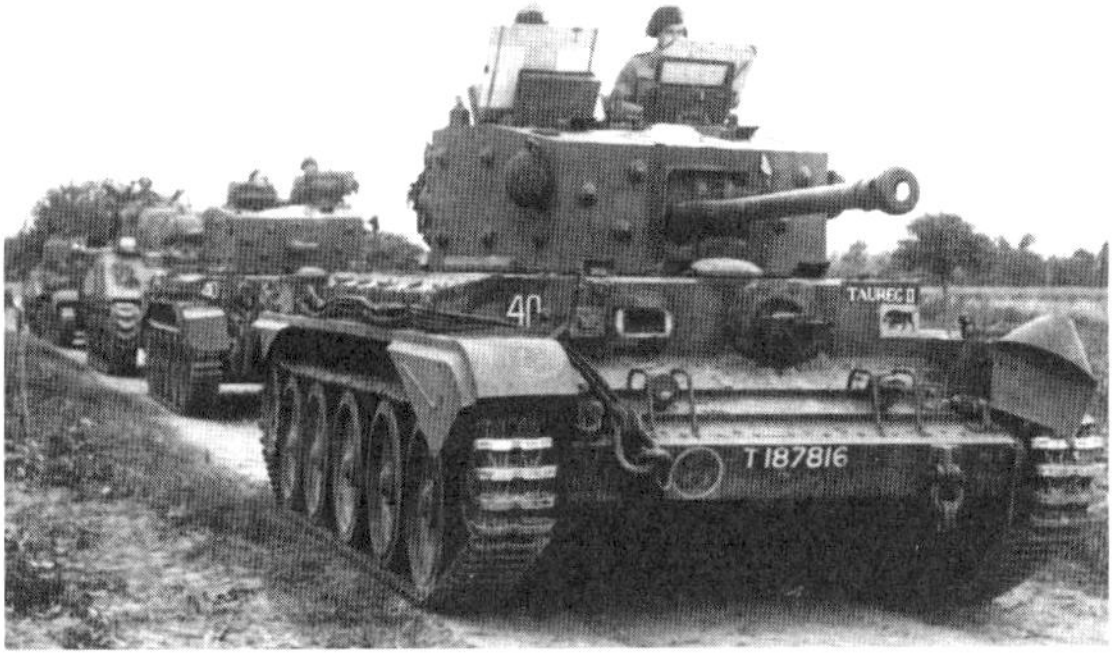

第11機甲師団本部所属のクロムウェルMk.Ⅳ。車体前面右側の「40」は部隊標識、左側の雄牛を模したエンブレムは所属師団を示す。その上の「TAUREG Ⅱ」は車両固有のニックネーム。

■巡航戦車Mk.Ⅷ
クロムウェルMk.Ⅳ

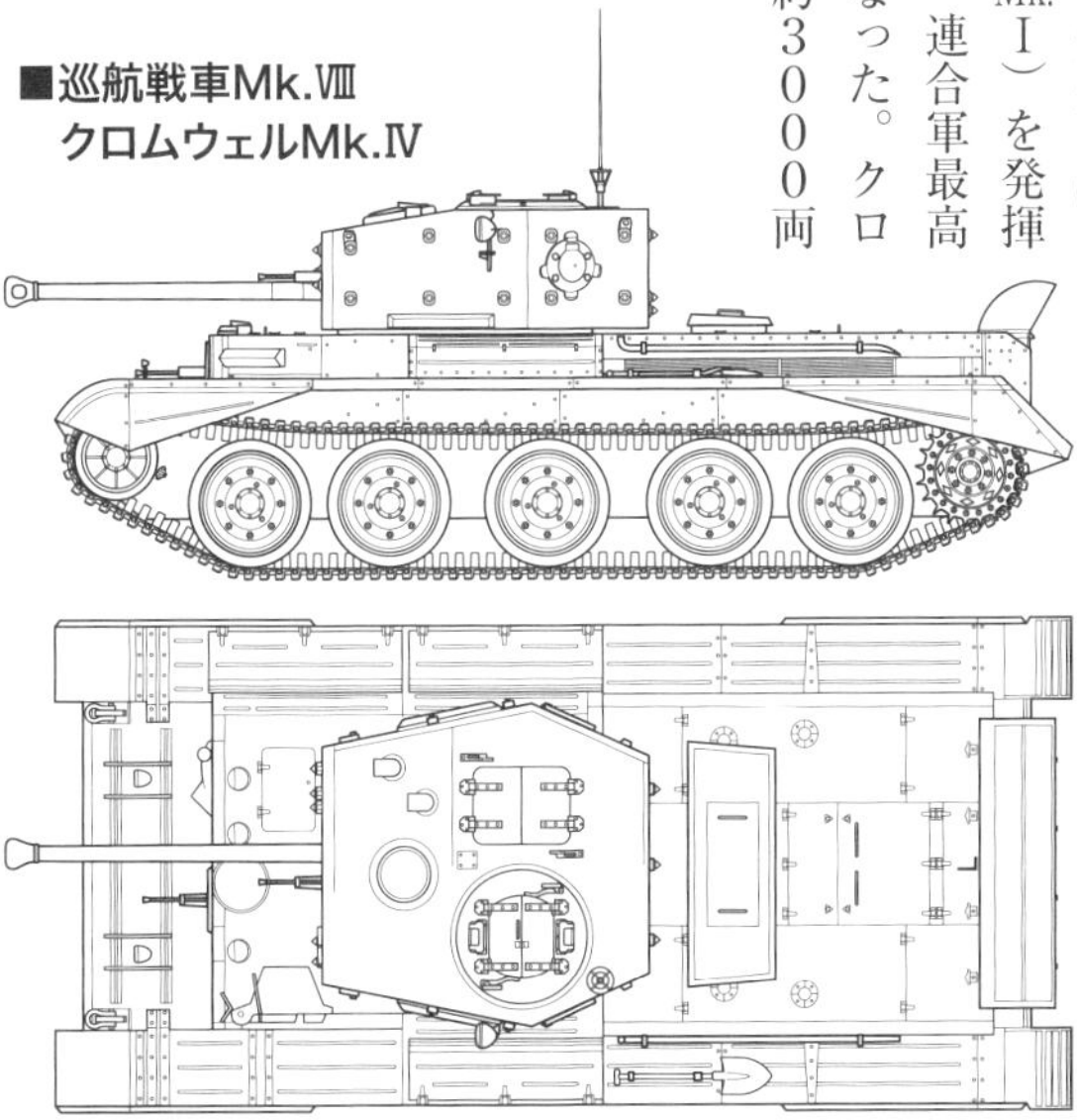

■巡航戦車Mk.Ⅷクロムウェル（A27M）Mk.Ⅰ

重量	27.942トン	全長	6.35m
全幅	2.908m	全高	2.489m
エンジン	ロールス・ロイス ミーティア 液冷ガソリン1基		
エンジン出力	600hp	最高速度	64.37km/h
行動距離	278km		
兵装	6ポンド砲（57mm／43口径または50口径）1門、7.92mm機関銃2挺		
装甲厚	6～64mm	乗員	5名

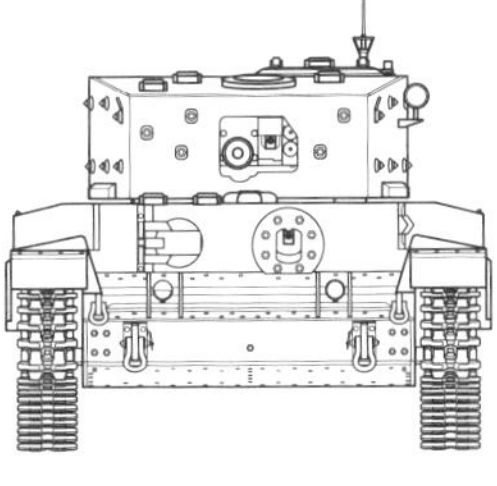

イギリス

チャレンジャー／コメット巡航戦車

■クロムウェルを原型とする巡航戦車二型式
■17ポンド砲搭載の巡航戦車チャレンジャー
■車体・砲塔を改修、77㎜砲搭載のコメット

チャレンジャー巡航戦車の開発

第二次世界大戦におけるイギリス軍の戦車にはいろいろな問題があったが、その中でも最大の問題が主砲の選択であった。大戦初期のイギリス戦車は、巡航戦車、歩兵戦車に限らず2ポンド砲（40㎜）を搭載していたが、緒戦期はともかくとして同砲は威力不足なのは明らかだった。代わって6ポンド砲（57㎜）が採用されたが、これも実戦配備は遅れ、実際に搭載される頃にはすでに威力不足となっていた。

北アフリカに長砲身75㎜砲を搭載したⅣ号戦車、イギリス軍に言わせると「マークⅣスペシャル」が出現したことで、イギリス軍戦車の劣勢は決定的となり、巡航戦車の火力強化が図られることになった。

切り札となったのが、17ポンド砲（76・2㎜）であった。1942年春、同砲の開発が開始されたが、当時開発中だったクロムウェルの車体では幅が狭すぎ、そのままでは17ポンド砲の搭載は困難だった。

そこでクロムウェルの車体を元に、車体長と中央部の幅を拡大し、これに応じて転輪を片側6個に増やした車体が製作された。そして、砲塔は巨大な17ポンド砲／砲弾の操作スペースの確保と俯仰角を確保するため、特に背が高いものが用意された。その結果、機動性が悪化したため、さらに装甲を薄くし、弾薬搭載のために車体機関銃を廃止するといった変更が加えられ、ようやく巡航戦車チャレンジャー

クロムウェルの車体を延長し、背の高い砲塔に17ポンド砲を搭載したチャレンジャー巡航戦車。生産が始まった頃にはシャーマン ファイアフライが配備されており、生産数は200両にとどまった。

■チャレンジャー巡航戦車（A30）

重量	33.022トン	全長	8.147m
全幅	2.908m	全高	2.775m
エンジン	ロールス・ロイス ミーティア 液冷ガソリン1基		
エンジン出力	600hp	最高速度	51.5km/h
行動距離	193㎞		
兵装	17ポンド砲（58.3口径76.2mm）1門、7.62mm機関銃1挺		
装甲厚	10～102mm	乗員	5名

として制式化された。

チャレンジャーは200両が発注され、1944年3月に生産車が完成し、8月から部隊配備が開始された。チャレンジャーは兵站《へいたん》上の都合からクロムウェルの戦車部隊に配備され、クロムウェルに遠距離から対戦車支援を与えるのが任務とされた。

コメット巡航戦車の開発

しかし、結局チャレンジャーは、とても成功作とは言えなかった。代わってクロムウェルそのものを再設計して、17ポンド砲を搭載するタイプが開発された。これがコメットである。

実際には搭載された砲は17ポンド砲を軽量化、短砲身化したものであった。威力はわずかに劣るものの遜色《そんしょく》はなく、兵站上の区別のため、77㎜HV砲（※）と呼ばれた。車体にはターレットリング径を拡大し、装甲を強化するなど多くの変更が加えられ、重量増加に合わせてサスペンションも強化されている。砲塔は完全に新型デザインとなっており、結局、クロムウェルとの部品の共通性は40％程度にとどまった。

試作車は1944年2月に完成し、コメットとして制式化された。部隊への引き渡しは同年9月に開始され、快速で操縦性も良く、何より「戦える戦車」として好評を博した。ただし、実戦に参加したのは1945年春で、実際には戦闘らしい戦闘は行っていない。コメットは1945年5月までに約1200両が生産され、1960年まで現役にあった。

■コメット巡航戦車

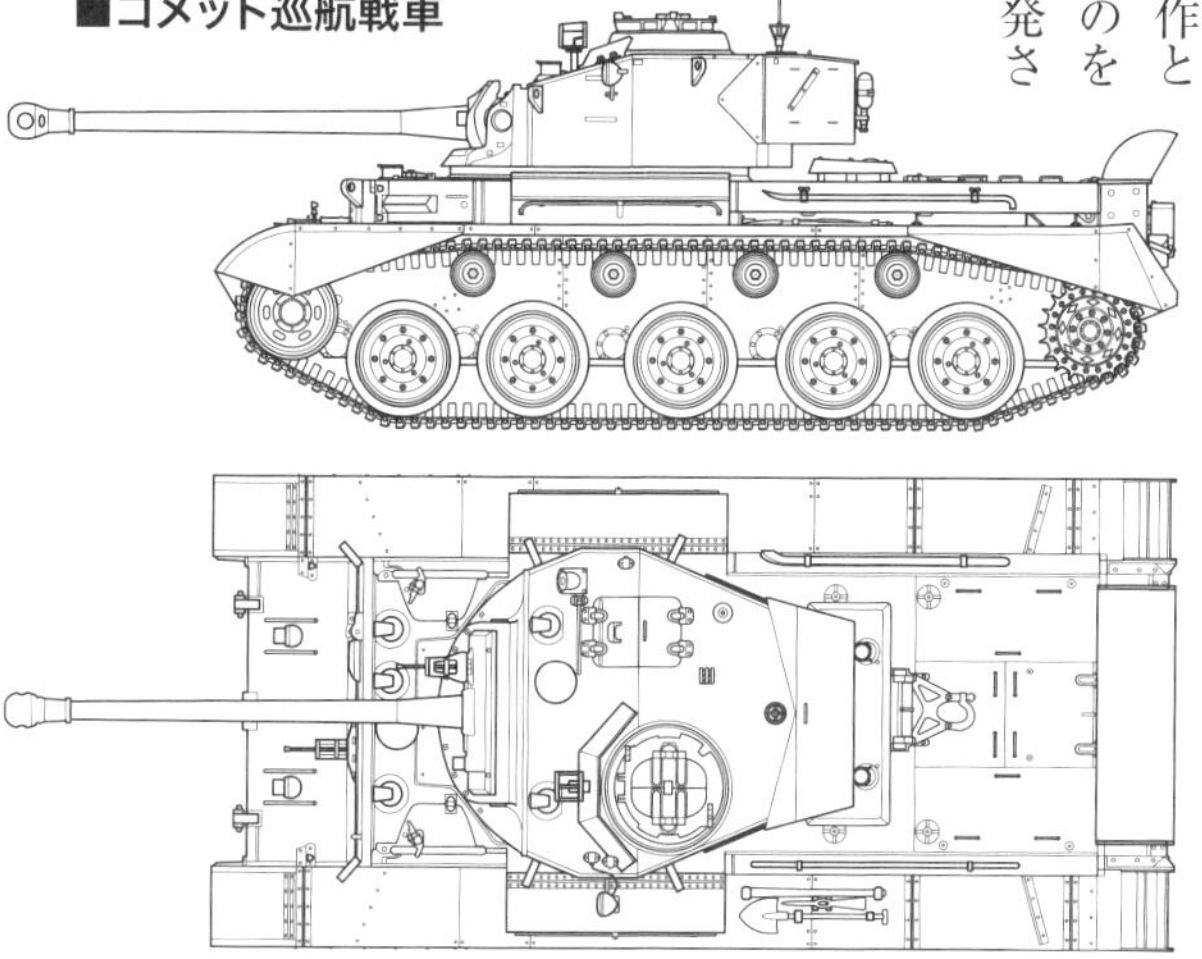

ドイツ本土ペータースハーゲンにおける第11機甲師団のコメット巡航戦車。1945年4月7日撮影。

■コメット巡航戦車（A34）

重量	35.696トン	全長	7.658m
全幅	3.048m	全高	2.68m
エンジン	ロールス・ロイス ミーティアMk.Ⅲ 液冷ガソリン1基		
エンジン出力	600hp	最高速度	46.67km/h
行動距離	198㎞		
兵装	50口径77mm砲1門、7.92mm機関銃1挺		
装甲厚	14〜102mm	乗員	5名

（※）HVは「High Velocity」＝高初速の略。

イギリス

センチュリオン重巡航戦車

- ティーガーに対抗可能な重装甲の巡航戦車
- 17ポンド砲搭載、装甲は厚く速力は控えめ
- 世界各国へ輸出、派生型車両は現在も現役

ティーガーに対抗しうる重巡航戦車の開発

1943年夏、イギリスでは戦車開発者と戦車部隊指揮官の意見交換を通じて、将来の戦車開発の方針が検討された。当時イギリス軍は、北アフリカに出現したドイツ軍のティーガーIに衝撃を受けていた。ここで出た結論は、武装強化を重点とした重巡航戦車と、さらに装甲を強化した重歩兵戦車の開発を進めるというものだった。

このうちの重巡航戦車として開発されることになったのが、センチュリオンである。ただし、センチュリオンの開発はそれほど急ピッチで進められず、最初の試作車が完成したのは1945年4月のことであった。そして終戦までに、さらに6両の試作車が完成したにとどまる。実戦での運用試験のため、ヨーロッパに送られたものの、輸送途上で終戦となった。

センチュリオン巡航戦車の試作車で、左ページの図面と同じ車両の写真。Mk.I量産車では廃止された、砲塔左側の20mm機関砲を搭載している。

センチュリオンは武装には17ポンド砲を搭載し、装甲防御力はティーガーの8・8cm砲に耐えることを目標とした。当初、その重量は40トンまでとされていたが、これは後に緩和され最終的に47トンとなった。このため、クリスティ式サスペンションの強化が必要となり、結局これはホルストマン式に換えられた。

その車体は、これまでの巡航戦車シリーズに比べるとず

写真は量産型のセンチュリオンMk.II（後にMk.2）。本型では砲塔が鋳造製に変更された。以後、センチュリオンはMk.13に至るまで各型が開発・生産されている。

いぶん違って見えるが、イギリス人に言わせると、デザインにはどこも革新的なところはなく、これまでの実績から確立されたものだという。確かにコメットとの共通性が見られると言えなくもない。目立つ相違点は車体前面が傾斜装甲になったことぐらいだろうか。

一つ試作車で特異なのは、ソフトターゲット用に20㎜機関砲を搭載したことだが、実際にはこれはメリットよりはデメリットの方が大きく、すぐに普通の機関銃に変更されてしまった。

エンジンはこれまで通りミーティア・エンジンで、重量増加によって当然ながら機動力は低下していた。しかし、「巡航戦車」としては不思議だが、もはや機動力はそれほどには重視されておらず、実際その最高速度は34・3㎞／hにとどまっている。むしろ重視されたのは、路外での平均的機動速度や信頼性、耐久性であった。

センチュリオンの生産と戦後

センチュリオンの生産は1945年末に開始された。これはMk.ⅠとMk.Ⅱで、両者は砲塔の設計が異なっていた。1948年からはより威力の大きい20ポンド砲を搭載したMk.Ⅲ（同年末から数字の3となった）の生産が開始された。Mk.3は初期のセンチュリオンの完成型となり、ベストセラー戦車となって世界各国に輸出され、朝鮮戦争やスエズ紛争など、各地の紛争で使用されている。

その後もセンチュリオンは多数の改良型が開発生産され、いくつかの国では派生型が現在でも現役として使用されている。

■センチュリオン重巡航戦車（A41）

重量	48.77トン	全長	8.839m
全幅	3.353m	全高	2.921m
エンジン	ロールス・ロイス ミーティアMk.ⅣA 液冷ガソリン1基		
エンジン出力	600hp	最高速度	34.3km/h
行動距離	96.5㎞		
兵装	17ポンド砲（58.3口径76.2mm）1門、20mm機関砲1門、7.92mm機関銃1挺		
装甲厚	17～121mm	乗員	4名

■センチュリオン重巡航戦車

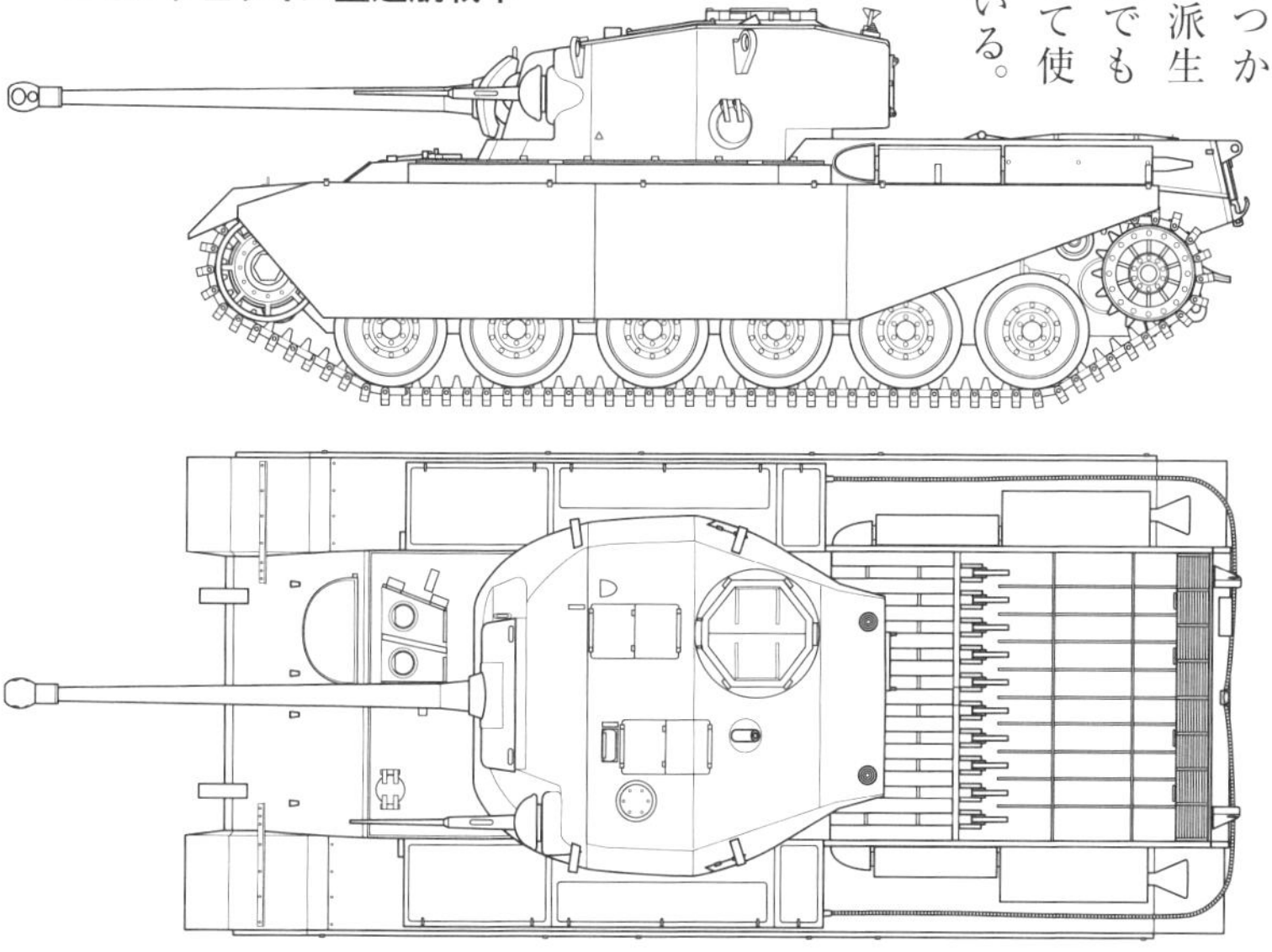

イギリス

シャーマン ファイアフライ

- 17ポンド砲を搭載したM４中戦車シャーマン
- シャーマンの砲塔後部を改修して主砲を換装
- ノルマンディー後に戦線投入され、活躍する

17ポンドをM4シャーマン中戦車に搭載

第二次世界大戦中、イギリスはレンドリースでアメリカ製の戦車を多数使用した。その中でも主力となったのは、M４シャーマン中戦車であった。シャーマンは１９４２年10月のエル・アラメインの戦いを皮切りに、北アフリカでのイギリス軍の勝利に貢献した。

シャーマンは優れた機動性や信頼性を有していた。そして、「戦う」上で重要なことに、イギリス戦車の2ポンド砲や6ポンド砲と異なり、対戦車用の徹甲弾と対歩兵や砲兵用の榴弾、双方を撃つことのできる75㎜砲を装備していたのである。

しかし、ドイツ戦車の性能強化、特に１９４２年11月のティーガーIの登場（※）によって、その主砲威力の不足が懸念されることになった。この頃、イギリス軍ではすでに強力な威力を誇る17ポンド砲を完成させており、既述のように17ポンド砲を搭載した巡航戦車としてチャレンジャーが開発されている。だが、王立砲術学校のブライティー少佐とウィスリッジ少佐は、17ポンド砲搭載戦車にはシャーマンがふさわしいと考えたのである。

１９４３年6月に提案されたプランは戦車局によって中止させられたが、王立戦車軍団総監のブリッジス将軍の尽力によって、ようやく開発が認められた。木製モックアップは10月末には完成し、11月末には実車の改造が開始されている。

バルジの戦いの際、フランス・ナミュールをパトロールするシャーマン ファイアフライ。ファイアフライは「ホタル」の意（欧米でホタルは獰猛な肉食昆虫と見なされている）。

シャーマン ファイアフライは他のシャーマンより優先してドイツ戦車に狙われたため、写真の車両では主砲が短く見えるよう、先端から中程まで迷彩を施している。

（※）ティーガーI自体の初陣は1942年9月の東部戦線においてだが、英連邦軍が初めて対峙したティーガーIは、1942年11月23日にチュニジアに揚陸された第501重戦車大隊の所属車両だった。

■シャーマンVC ファイアフライ

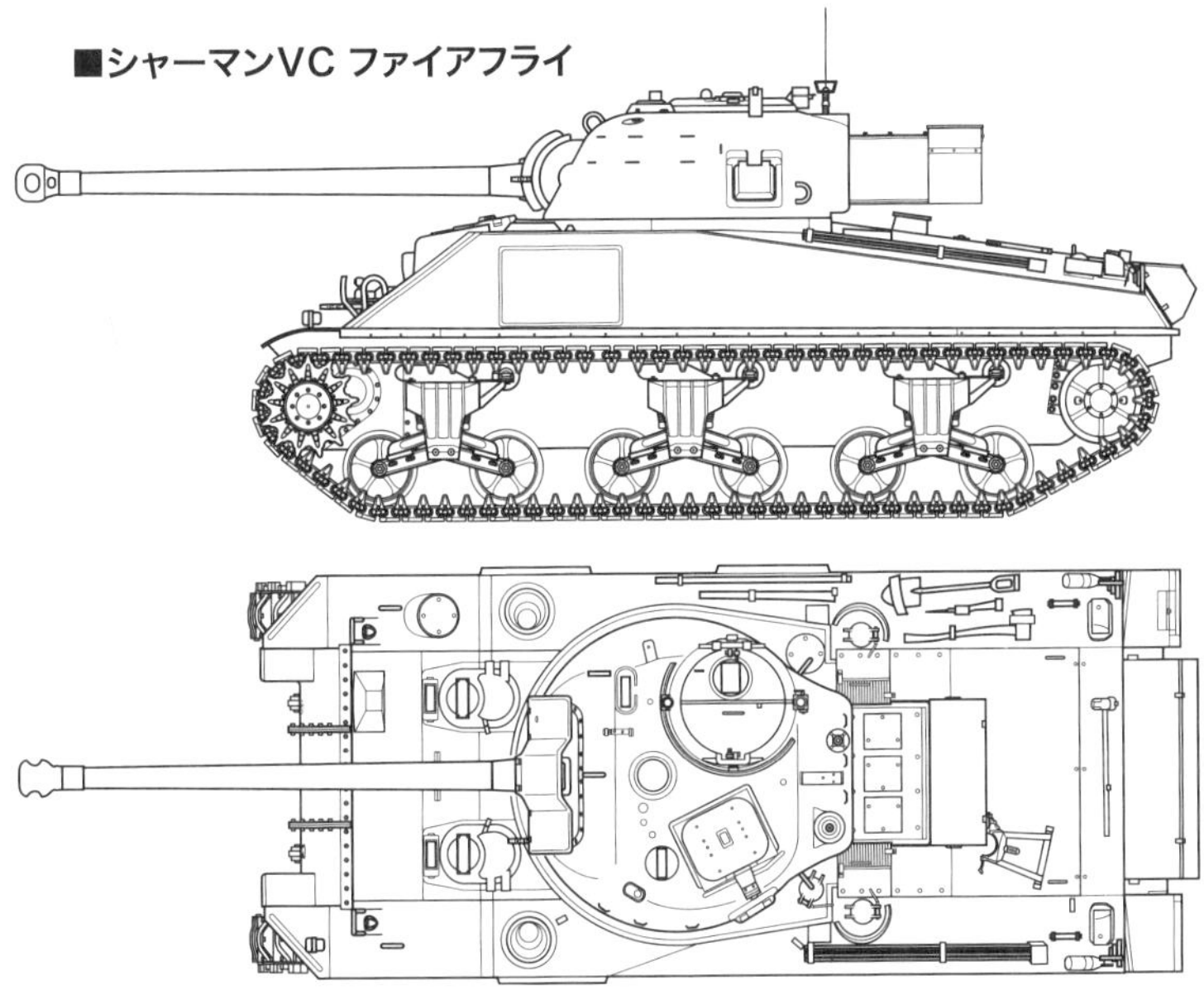

■シャーマンVC ファイアフライ

重量	32.4トン	全長	7.85m
全幅	2.67m	全高	2.74m
エンジン	クライスラー A57 液冷ガソリン1基		
エンジン出力	425hp	最高速度	40.23km/h
行動距離	161km		
兵装	17ポンド砲(58.3口径76.2mm)1門、12.7mm重機関銃1挺、7.62mm機関銃1挺		
装甲厚	12.7〜88.9mm	乗員	4名

1944年1月には、試作車が部隊に引き渡されて試験が開始。これらの試験の結果を受けて、2100両もの改造要求が出された。そして、1944年夏に予定されているヨーロッパ反攻作戦に間に合わせるべく、大量の改造が開始されたのである。

シャーマン ファイアフライの構造

17ポンド砲を搭載したシャーマンは、シャーマン ファイアフライと呼ばれた。改造のベースとなったのはM4(イギリスではシャーマンI)とM4A4(シャーマンV)がほとんどで、ごく少数、他の型式も交じっている。

車体、砲塔ともに基本的には原型のままだが、車体は弾薬搭載のため、前方機関銃が廃止されている。砲塔は長大な17ポンド砲の後座スペース確保のため、後部の無線機が取り外され、後面板を切り欠いて砲塔後方に追加した装甲ボックスの内部に移設されている。原型では、砲塔上面には装填手用ハッチはなかったが、17ポンド砲を搭載した結果、装填手が車長用ハッチを使用できなくなったため、角形のハッチが追加された。

ファイアフライのうち、ノルマンディー上陸作戦に間に合ったと言えるのは342両であった。しかし、1944年7月には完成数は699両に増え、最終的には2139両もの多数が完成した。イギリス軍だけでなくアメリカ軍もファイアフライに注目し、改造をイギリスに発注していたが、これは戦争には間に合わず、ほんの数両が試験用に引き渡されたに留まった。

イギリス

マチルダⅠ／マチルダⅡ歩兵戦車

■歩兵支援を主任務とする、重装甲の歩兵戦車
■独対戦車砲が撃破不能な装甲を持つマチルダⅡ
■西部戦線、北アフリカ戦線で独軍を悩ませる

歩兵戦車マチルダⅠの開発

第一次世界大戦で戦車が初めて開発された時、その役目は歩兵を支援することであった。この考え方はその後も長く受け継がれたが、それを体言したのがイギリス陸軍であった。イギリス陸軍は１９３０年代初めに新たな戦車の開発区分を定めたが、そこで採用されたのが歩兵戦車であった。１９３６年、最初の歩兵戦車として完成したのが、歩兵戦車Mk.Ⅰマチルダ（Ａ11）であった。

この戦車はまさに歩兵戦車を体現する戦車であった。操縦手と車長のみのわずか二人乗り、しかもその体が収まるだけの小型戦車で、武装は旋回砲塔に機関銃１挺のみ、そして速度は歩兵に追従できるだけの低速でしかなかった。その一方で、当時の対戦車砲ではほとんど貫徹不能な分厚い装甲を持っていた。本車は１９３７年４月に採用され、１９３９年２月から１９４０年８月までに１３９両が完成した。

マチルダⅡの開発・生産と戦歴

１９３６年９月、イギリス軍の二番目の歩兵戦車として開発されたのが、歩兵戦車Mk.Ⅱマチルダ Ⅱ（Ａ12）であった。本車は前者よりはもう少し戦車らしい戦車で、重装甲と低い速度は同様な、いかにもな歩兵戦車だったが、車体がはるかに大型化されていて、主砲には対戦車戦闘も可能な２ポンド砲（口径40㎜）

マチルダⅠ歩兵戦車の試作車。車体前部の操縦手用ハッチを開放した状態。乗員は砲塔に搭乗する車長と車体に搭乗する操縦手の二人で、武装は7.7mmまたは12.7mm重機関銃1挺のみだった。

1940年12月19日、北アフリカ・キレナイカ地方における英連邦軍の反撃「コンパス」作戦に参加するマチルダⅡ歩兵戦車。北アフリカでの活躍ぶりから、本車は「砂漠の女王」とも称された。

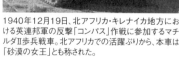

を搭載していた。

マチルダⅡの装甲はマチルダⅠよりさらに強化されており、前面装甲は78㎜もあった。これは当時の対戦車砲では撃ち破ることがほとんど不可能で、ドイツ軍が8・8㎝対空砲の水平射撃で対抗したのは有名な話である。

武装は当時のイギリス軍の標準対戦車砲である2ポンド砲が搭載されており、十分な威力を有していた。ただし、この砲には榴弾が用意されておらず、火力支援射撃ができない（自らも対戦車砲相手に撃てない）という大きな欠点があった。

機動力は歩兵を支援できればいいという考えから軽視されており、最大速度はわずか24㎞／hでしかなかった。走行装置もいかにも古臭い設計で、側面装甲板は防御面ではいいが、泥がつまりやすく整備にも不便だった。エンジンは当初、AECディーゼルエンジン2基、後にレイランド・ディーゼルエンジン2基が搭載された。生産は1938年6月に開始され、1943年8月までに2987両（20両の増加試作型を含む）が生産された。

マチルダⅠは大戦初期にフランスに展開し、ドイツ軍と戦った。その装甲防御力はドイツ軍を驚嘆させたが、武装が機関銃だけでは戦闘価値は低かった。一方、マチルダⅡも同様にフランスに展開し、特にアラスの戦いではロンメル率いる装甲師団を痛撃、ドイツ側は8・8㎝砲の水平射撃で対抗せざる得なかった。そしてさらに北アフリカでも、ロンメルのドイツ・アフリカ軍団の前に立ちはだかり、度々その心胆を寒からしめたのである。

■歩兵戦車Mk.ⅡマチルダⅡ

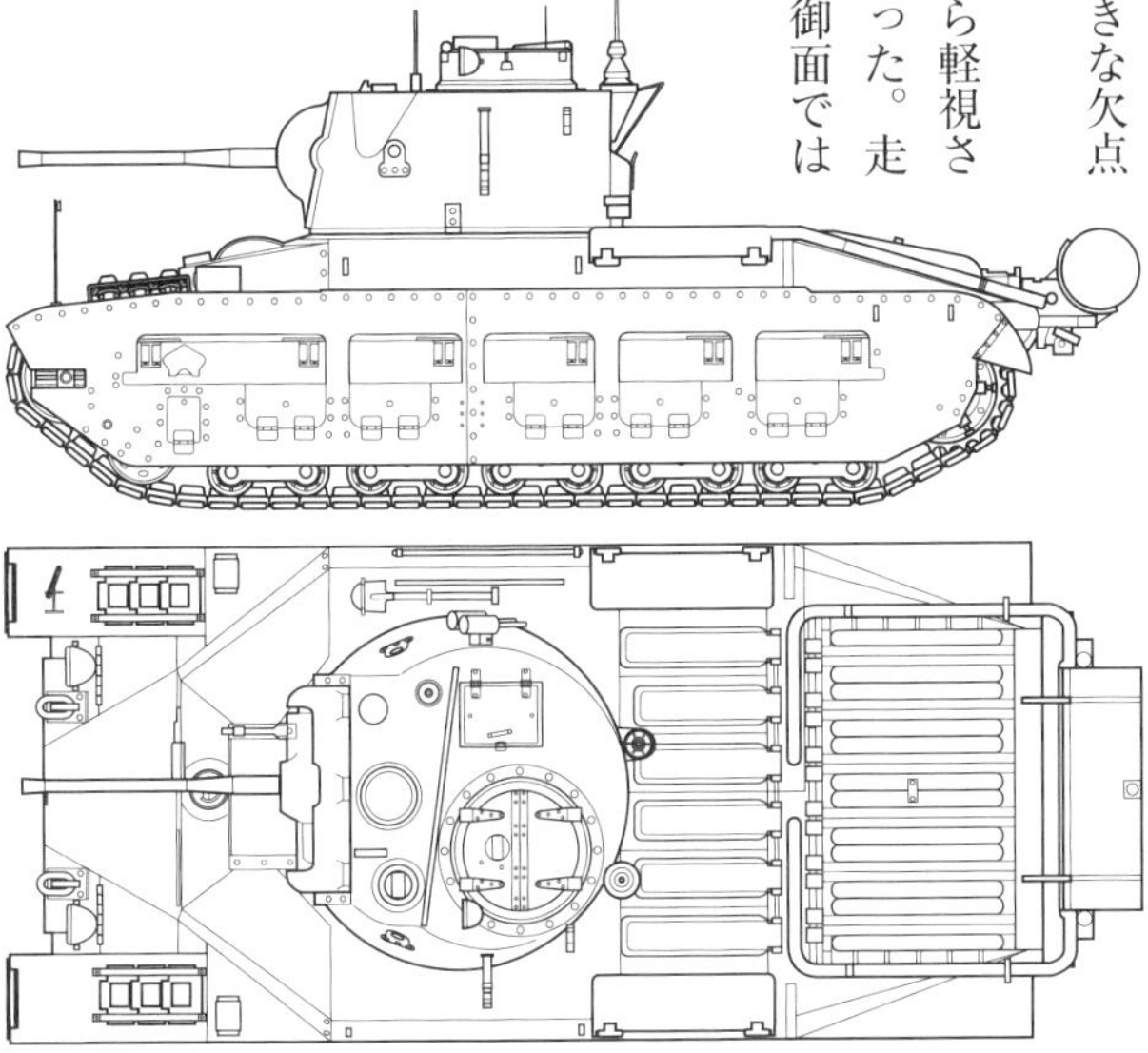

■歩兵戦車Mk.ⅠマチルダⅠ(A11)

重量	11.177トン	全長	4.851m
全幅	2.286m	全高	1.867m
エンジン	フォード モデル79 液冷ガソリン1基		
エンジン出力	70hp	最高速度	12.87km/h
行動距離	129㎞		
兵装	7.7mm機関銃1挺または 12.7mm重機関銃1挺		
装甲厚	10〜65mm	乗員	2名

■歩兵戦車Mk.ⅡマチルダⅡ(A12)

重量	26.926トン	全長	5.613m
全幅	2.591m	全高	2.515m
エンジン	レイランド E148または E149 液冷ディーゼル2基		
エンジン出力	190hp	最高速度	24.14km/h
行動距離	257㎞		
兵装	2ポンド砲（50口径40mm）1門、 7.92mm機関銃1挺		
装甲厚	13〜78mm	乗員	4名

イギリス

ヴァレンタイン歩兵戦車——

- 巡航戦車を元に開発された、鈍足の歩兵戦車
- 戦車不足のため、8000両以上量産される
- 高い信頼性を評価され、北アフリカ戦線で活躍

生産性を重視した3番目の歩兵戦車

　1938年初め、ヒトラーの台頭に脅威を覚えたイギリス陸軍は、不足する戦車の穴埋めのため、ヴィッカース社に歩兵戦車の量産を求めた。これに応えて、ヴィッカース社が急ぎ開発したのが歩兵戦車Mk.Ⅲヴァレンタインであった。ヴァレンタインは開発を急ぐため、それまでヴィッカース社が開発してきた、巡航戦車Mk.Ⅰ（A9）、Mk.Ⅱ（A10）をベースに開発されていた。

　装甲厚の増大による重量増加を抑えるため、車体はできるだけ小型化が図られた。特に車幅が抑えられた関係で、砲塔リング直径は127㎝しかなかった。これは当初の武装、2ポンド砲の搭載には問題がなかったが、後の武装強化の際に問題となった（それでも最終的に75㎜砲まで搭載された）。その装甲厚は、車体は前側後面すべて60㎜、砲塔は全周で65㎜であった。これはマチルダの前面にこそ劣るものの、当時としては充分以上のものだった。

　開発期間の短縮のため、エンジン、駆動機構、走行装置等は可能な限り巡航戦車Mk.Ⅱと共通化されていた。エンジンはAEC A189 6気筒ガソリンエンジン（出力135馬力）で、戦闘重量17・3トンの車両には非力だった。懸架装置はスローモーション式と呼ばれるもので、大転輪一つと小転輪二つを一つのボギーに取り付け、コイルスプリングで緩衝していた。最大速度が24㎞/hというのは低く思えるが、歩兵戦車であるから問題とはされなかった。もちろん戦闘能力としては劣るというべきだろうが。

北アフリカ戦線におけるヴァレンタイン歩兵戦車と戦車兵たち。

ダンケルク撤退後、大量産される

　ヴァレンタインは設計作業も終わらない1939年4月

■歩兵戦車Mk.ⅢヴァレンタインMk.Ⅱ

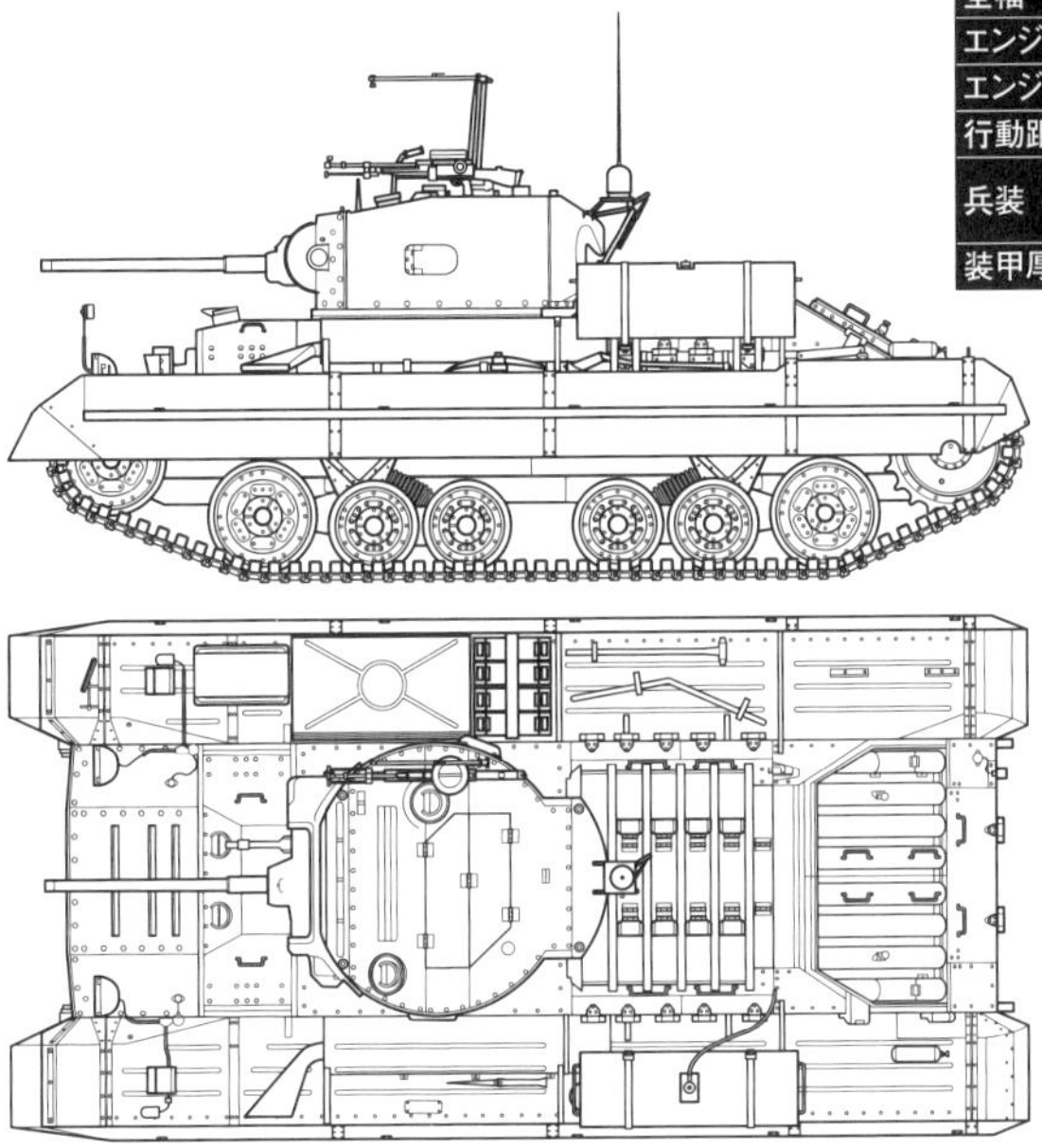

■歩兵戦車Mk.ⅢヴァレンタインMk.Ⅱ(A12)

重量	16.0トン	全長	5.41m
全幅	2.629m	全高	2.273m
エンジン	AEC A190 液冷ディーゼル1基		
エンジン出力	131hp	最高速度	24.14km/h
行動距離	145km		
兵装	2ポンド砲(50口径40mm)1門、7.92mm機関銃1挺		
装甲厚	7〜65mm	乗員	4名

に生産発注され、1940年6月より軍への引き渡しが開始された。元々は間に合わせのストップギャップのはずだったが、フランスの敗北、ダンケルクからの撤退で戦車不足に悩むイギリスはヴァレンタインの生産に拍車をかけた。

最終的にカナダを含めて、1944年半ばまでに戦車型だけで7315両（さらに自走砲その他が985両）が生産されたのである。これは第二次世界大戦中のイギリスの全戦車生産数の実に30%にもなる数であった。

戦線投入は北アフリカ戦線を皮切りに始まり、マチルダⅡに代わって配備が進められた。初陣はトブルク包囲戦（「クルセイダー」作戦）で、以後、ドイツ・アフリカ軍団に押しまくられる英連邦軍の戦線を支えた。将兵たちからは高い信頼性が評価されている。

1943年1月には主砲を6ポンド砲に強化したMk.Ⅸが投入されたが、その頃にはイギリス軍の主力はシャーマンとなっていた。その後、イギリス軍ではヴァレンタインは、主として各種の支援車両型に改造されて使用された。

従来の車長+砲手の二人乗り砲塔から、装填手を追加して三人乗り砲塔としたヴァレンタインMk.Ⅲ。砲塔内スペース確保のため、砲の取り付け位置を前進させ、砲塔後部に張り出し部を設けている。さらに、砲塔重量の増大に対応して、側面装甲を薄くしている。

イギリス

チャーチル歩兵戦車

■超壕性と登坂力に優れる、四番目の歩兵戦車
■分厚い装甲で歩兵の先頭に立ち、各戦線で活躍
■火炎放射型、戦闘工兵型など派生車両も開発

チャーチル首相が開発を推進した歩兵戦車

イギリス軍は歩兵戦車の開発を続けたが、1939年9月に第二次世界大戦の勃発し、ドイツとの新たな戦争が始まったことによって、その必要性がより高まった。その結果、すでに開発されている歩兵戦車に加えて、新たな歩兵戦車の開発が開始される。それが四番目の歩兵戦車A20であった。

イギリス陸軍は今度の大戦も第一次世界大戦のような塹壕戦になると考えた。そのため、構想された新型歩兵戦車は、まさに昔の菱形戦車のような代物だった。履帯は車体全体を走り巡り、武装は左右のスポンソンに装備されていたのである。試作車ではもう少しましな設計となったが、結局、1940年6月に本車の量産は拒否された。

しかし、ダンケルク撤退によってイギリス軍は、破滅的な戦車不足の危機に陥った。まさにどんな戦車であっても必要となり、このため、A20の軽量小型化型が提案された。これなら、完成まで時間がかからないこともあり、A22として開発が進められることになった。そして同年11月には歩兵戦車Mk.Ⅳとして採用され、500両が発注された。ちなみに、チャーチル首相がこの戦車の量産を強く推進したことから、その功にちなんで本車はチャーチルと命名された。

6ポンド砲と鋳造製砲塔を装備したチャーチルMk.Ⅳ。写真は戦後の1946年7月、ほぼ垂直の崖を落下させる実験に供されているシーン。

チャーチル歩兵戦車の構造と戦歴

チャーチルは、菱形戦車に砲塔を乗せたような戦車だった。車体は超壕幅を稼ぐために長い一方で、幅は狭かった。当初、その武装は砲塔に2ポンド砲、車体に3インチ(76・2㎜)砲を装備していたが、後の型では砲塔のみの装備に改められた。

■歩兵戦車Mk.ⅣチャーチルMk.Ⅲ

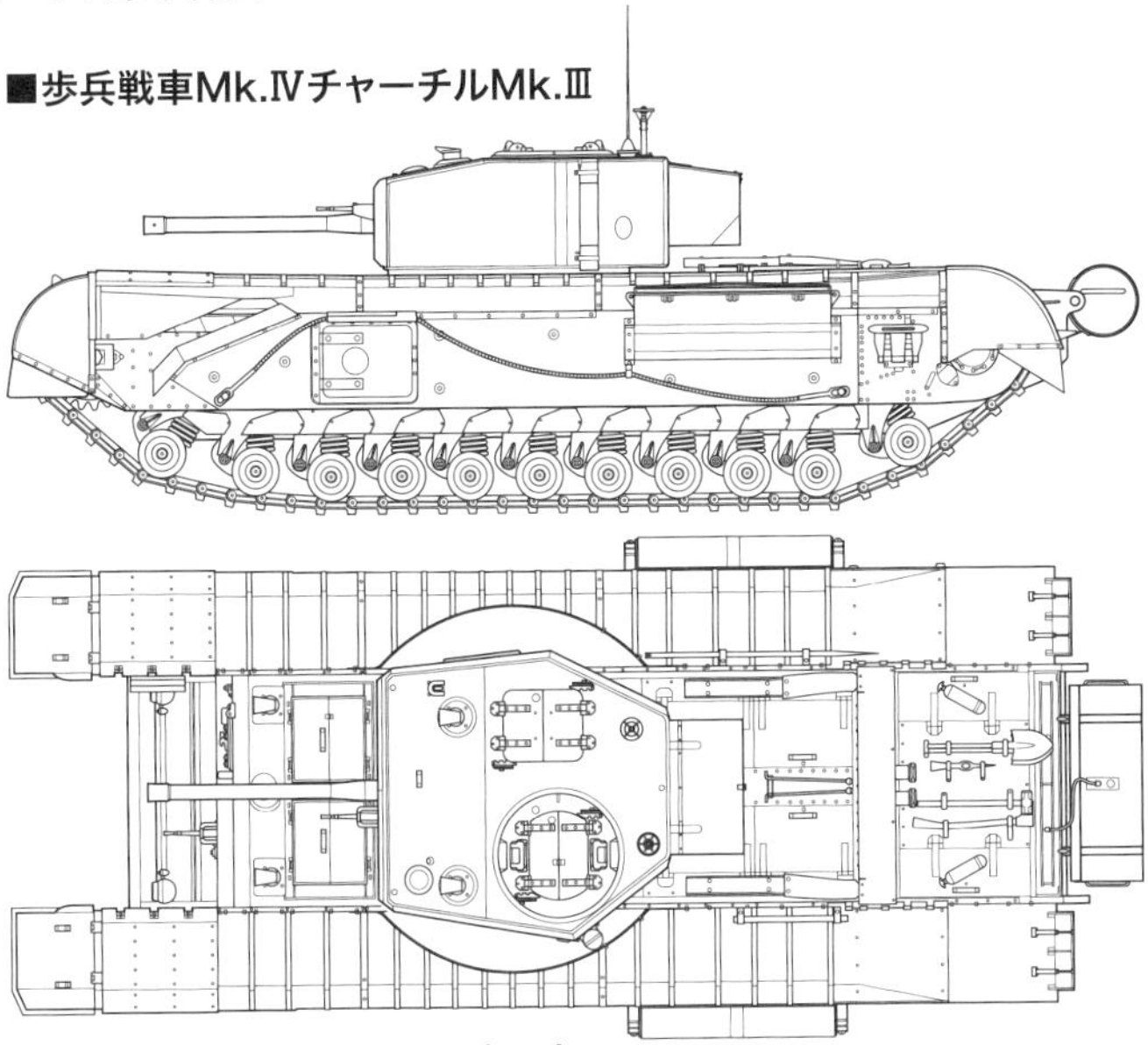

■歩兵戦車Mk.ⅣチャーチルMk.Ⅳ（A22）

重量	39.626トン	全長	7.442m
全幅	3.251m	全高	2.489m
エンジン	ベッドフォード ツイン・シックス 液冷ガソリン1基		
エンジン出力	350hp	最高速度	24.94km/h
行動距離	193㎞		
兵装	6ポンド砲（57mm／43口径または50口径）1門、7.92mm機関銃2挺		
最大装甲厚	101.6mm	乗員	5名

エンジンはトラック用のエンジンを改良したものを搭載していた。約40トンの車体にわずか350馬力と、出力不足が指摘されるものの、意外とトルクが大きく登坂力に優れていたという。ただし、最大速度は24・92㎞／hと低かった。これは歩兵戦車としては問題ないだろう。

チャーチルの試作車は1941年3月に完成し、量産型の引き渡しは6月から開始された。その総生産数は5640両にも上った。

初陣となったのは、1942年8月のディエップ上陸作戦であった。続いてエル・アラメインの戦場に投入され、以後、チュニジア、イタリア、ノルマンディーとイギリス軍の戦うすべての戦場に投入された。

チャーチルはとにかく装甲が分厚く、撃たれ強い戦車だった。そして常に歩兵の先頭に立って進む、歩兵の頼もしい味方であった。

その武装は漸次強化が進められ、6ポンド砲から最後は75㎜砲が装備された。特殊な工兵車両のベースともなり、特にノルマンディー上陸作戦では、火炎放射型や戦闘工兵車型など各種特殊型が第79機甲師団に配備され、「（ホバーツ・）ファニーズ」として活躍した。

チャーチルMk.Ⅶの車体機関銃の代わりに火炎放射器を搭載した火炎放射戦車、チャーチル・クロコダイル。他に、チャーチルを利用した架橋戦車など多種の戦闘工兵車が開発・運用されている。

イギリス

イギリス軍の軽戦車

■Mk.Ⅰ～Mk.Ⅷ軽戦車をヴィッカース社が開発
■多数生産されたのは、Mk.ⅥとMk.Ⅶ、Mk.Ⅷ
■Mk.Ⅶテトラークは空挺戦車として実戦参加

軽戦車Mk.Ⅰ～Mk.Ⅵの開発・生産

イギリス軍はカーデン・ロイド豆戦車を歩兵部隊用に調達する一方で、同社（カーデン・ロイド社は１９２８年にヴィッカース社に吸収合併された）に対して戦車部隊向けの偵察用軽戦車の開発を求めた。

この車両は、カーデン・ロイド豆戦車の車体を改良し、7・7㎜ヴィッカース重機関銃を装備した銃塔を載せたもので、いくつかタイプが試作され、１９２９年にカーデン・ロイドMk.Ⅷが軽戦車Mk.Ⅰとして採用された。Mk.Ⅰは4両、Mk.ⅠAは5両が製作された。

より戦車らしいデザインとなったのが、１９２９年から生産されたMk.Ⅱだった。Mk.Ⅱは16両、改良型のMk.ⅡAが29両、さらなる改良型のMk.ⅡBが21両生産されている。Mk.Ⅲではさらに車体が大型化され、サスペンションの設計が変更された。Mk.Ⅲは１９３３年までに36両が生産された。

１９３４年に開発されたのがMk.Ⅳで、車体の構造や配置が変更されていた。１９３５年に採用されたのがMk.Ⅴで、三人乗りとなり、武装が強化され、7・7㎜機関銃に加えて12・7㎜機関銃が追加された。生産数は22両。

一連の軽戦車シリーズの最終発展型が、Mk.Ⅵであった。特筆すべきはこのシリーズとして、初めて大量に生産されたことであった。１９３６年から１９４０年にかけて約１４００両が完成したのだ。本車は本格的に戦線投入され、フランス、北アフリカでドイツ、イタリア軍と、そして極

1942年3月、マルタ島の演習場における軽戦車Mk.Ⅵ。砲塔および車体に、レンガ模様のような独特の迷彩が施されている。

■軽戦車Mk.Ⅵ

重量	4.8トン	全長	4.013m
全幅	2.083m	全高	2.261m
エンジン	メドウズ ESTL 液冷ガソリン1基		
エンジン出力	88hp	最高速度	56.33km/h
行動距離	209㎞		
兵装	12.7mm重機関銃1挺、7.7mm重機関銃1挺		
装甲厚	4～15mm	乗員	3名

東で日本軍と戦火を交えた。

軽戦車Mk.Ⅶ～Mk.Ⅷの開発・生産

しかし、改良、発展が続けられたとはいえ、1930年代後半ともなると、これらの軽戦車シリーズは明らかに火力、防御力とも劣り、性能不足であった。ヴィッカース社は自社資金で2ポンド砲を搭載した新型軽戦車を開発し、本車は1938年7月に軽戦車Mk.Ⅶとして採用、70両が発注された（後に発注数は220両に増やされたが、完成数は177両）。1941年9月以降、本車は軽戦車Mk.Ⅶテトラークと呼ばれている。

工場の被爆もあって、テトラークの生産は遅れた。この結果、性能不足となった同車に代わる改良型が、1941年に再びヴィッカース社の自己資金で開発された。設計案は9月に採用され、1000両が発注された。本車は1942年6月に制式に軽戦車Mk.Ⅷとなり、ハリー・ホプキンスという愛称もつけられた。

しかし、実のところ、本車には使い道がなく、最終的に案出されたのは空挺戦車であった。問題となったのは本車の重量だった。イギリス軍は空挺用にハミルカー・グライダーを使用したが、本車は重すぎたのだ（軽戦車Mk.Ⅷが搭載可能な機体は開発中止となった）。

このため、空挺戦車としてはより軽いテトラークが使われることになり、ノルマンディー上陸作戦やライン渡河作戦等に投入された。

軽戦車Mk.Ⅶテトラーク。写真の車両は2ポンド砲の砲口に「リトルジョン・アダプター」を装着している。これは通常の2ポンド砲を口径漸減砲とするもので、タングステン弾芯の特殊な砲弾を用い、高初速で撃ち出して高い装甲貫徹力を発揮する（ただし、砲身寿命は短くなる）。

■軽戦車Mk.Ⅶテトラーク（A17）

重量	7.62トン
全長	4.115m
全幅	2.311m
全高	2.121m
エンジン	メドウズ MAT 液冷ガソリン1基
エンジン出力	165hp
最高速度	64.37km/h
行動距離	225km
兵装	2ポンド砲（50口径40mm） 1門、7.92mm重機関銃1挺
装甲厚	4～14mm
乗員	3名

軽戦車Mk.Ⅷハリー・ホプキンス。テトラークを代替すべく、防御力の高い軽戦車として開発されたが、重量増によりハミルカー・グライダーで空輸できなくなってしまった。

■軽戦車Mk.Ⅷハリー・ホプキンス（A25）

重量	8.637トン
全長	4.267m
全幅	2.705m
全高	2.108m
エンジン	メドウズ 液冷ガソリン1基
エンジン出力	148hp
最高速度	48.28km/h
行動距離	201km
兵装	2ポンド砲（50口径40mm） 1門、7.92mm重機関銃1挺
装甲厚	6～38mm
乗員	3名

現存するWWⅠ・WWⅡイギリス戦車

イギリス戦車といえば、当然ながらイギリスにある。イギリスは戦勝国であり、その戦車はそのまま本国に残されている。イギリスの戦車博物館といえば、これまでも何度か名前の出た、ボービントン戦車博物館であるが、ここに名前の出た戦車は、ほとんどすべてをここボービントンで見ることができる。航空博物館のダックスフォードにもいくつかのイギリス戦車が展示されている。

それ以外となると、イギリスと密接な関係にあった同盟国アメリカだ。アバディーン／フォートノックスで、主要タイプは見つけられるはずだ（Mk.Ⅳ戦車、マチルダ、ヴァレンタイン、チャーチル、Mk.Ⅵ軽戦車、ファイアフライ）。また、英連邦であったカナダやオーストラリアにも、いくつか現存している（マチルダ、ヴァレンタイン）。

ロシアは、古いところでは革命干渉戦争の置き土産があり、大戦中にレンドリースで各種のイギリス戦車を受け取っていたことから、クビンカにはやはり今回紹介した戦車のほとんどが揃っている。フランスのソミュールにもやはりいくつかのタイプがある（チャーチル、コメット、センチュリオン）。

オランダのオーバールーン戦争博物館は、実際に戦場となった場所で、まさに当時ここで戦ったイギリス戦車が展示されている（クロムウェル、チャレンジャー、チャーチル）。フィンランドのパロラ戦車博物館にはコメットがあるが、これは戦後フィンランド軍が採用したためだ。

英連邦の一員として第二次大戦で大きな役割を担ったオーストラリアにも、多数の英戦車が残されている。写真はオーストラリア陸軍戦車博物館に展示されている軽戦車Mk.ⅥA（写真／bukvoed）

フランス軍の戦車

フランスはイギリス、ドイツとともに第一次大戦に自国製戦車を投入した国であり、中でもルノー FT-17は、そのデザインが世界の戦車の雛形となった傑作車だった。フランスは戦間期にも多様な車両を開発したが、第二次大戦の対独戦（西方戦役）に敗れて降伏。その戦車開発史は突如絶たれ、一部車両が細々と開発継続されるのみにとどまっている。

シュナイダーCA1

- ホルト・トラクターがベースの仏初の戦車
- 超壕性の高い、長い車体と箱型戦闘室を持つ
- 初陣で半数以上が撃破される大損害を負う

フランス初の戦車の開発経緯

世界最初の戦車を開発した国といえば、イギリスであることは良く知られている。

しかし、実は当時フランスでもほとんど同時に、戦車の開発構想が生まれていた。膠着《こうちゃく》した第一次世界大戦の状況を好転させるべく、フランス軍、そして民間企業、発明家は、各種の塹壕突破車両の開発を模索していたのである。そのフランスが最初に実用化して戦場に投入したのが、シュナイダーＣＡ１突撃戦車であった。

シュナイダーＣＡ１の開発のキーパーソンとなったのは、フランス陸軍のエチエンヌ大佐（当時）とシュナイダー社のブリエ技師であった。彼らはそれぞれ別に、砲兵牽引車として使われていた履帯式のホルト・トラクターに注目し、これを不整地突破用の戦闘車両、後の戦車として開発することを構想したのである。

１９１５年12月、エチエンヌは総司令部にホルト・トラクターをベースにした戦車開発プランを提出、さらにブリエと会談した。翌年１月初め、陸軍総司令官ジョフレ陸軍大将は同意し、ついにこの戦車、シュナイダー戦車４００両が発注されたのである。

シュナイダーCA1の戦闘室は厚さ11.5mmの装甲板で囲われ、装甲板は箱型（船型）を成していた。車体先端には、塹壕を突破する際に使用するワイヤーカッターが装備されている。

シュナイダーCA1の構造と戦歴

この車両は、現在の戦車のデザインとはかなり異なるもので、装軌式のホルトトラクターの車台に装甲板で囲まれ

た箱型の戦闘室が載せられていた。さながら、移動できる箱である。さらにその先端は船の舳先《へさき》のように前方に伸び、後ろには尾橇《びぞり》が取り付けられていたが、これはそもそもの開発目的、超壕幅を稼ぐためであった。

武装は車体右前方に75㎜短砲身シュナイダーカノン砲、車体左右には8㎜オチキス機関銃が装備されていた。これは塹壕を掃討するためである。エンジンは本車用に開発された、シュナイダー製4気筒エンジン（出力55馬力）が搭載された。重量12・5トンの車体は8㎞／hの速度しか出なかったが、塹壕突破用兵器としては十分だろう。

しかし、技術的トラブルや他の兵器の製造に忙しかったことなどでその生産は遅れ、最初のバッチ200両の生産が進み、出動準備が整うのは1917年初めになってしまった。

初陣は、4月16日のシュマン・ド・ダムの戦いだったが、132両が投入され、127両が戦闘参加、うち76両が失われてしまった。この戦いの後、シュナイダー戦車には改良が施されたが、より実用的なルノーFT-17の出現で、その生産は打ち切られた。残る車両は停戦まで使用が続けられた。

■シュナイダーCA1

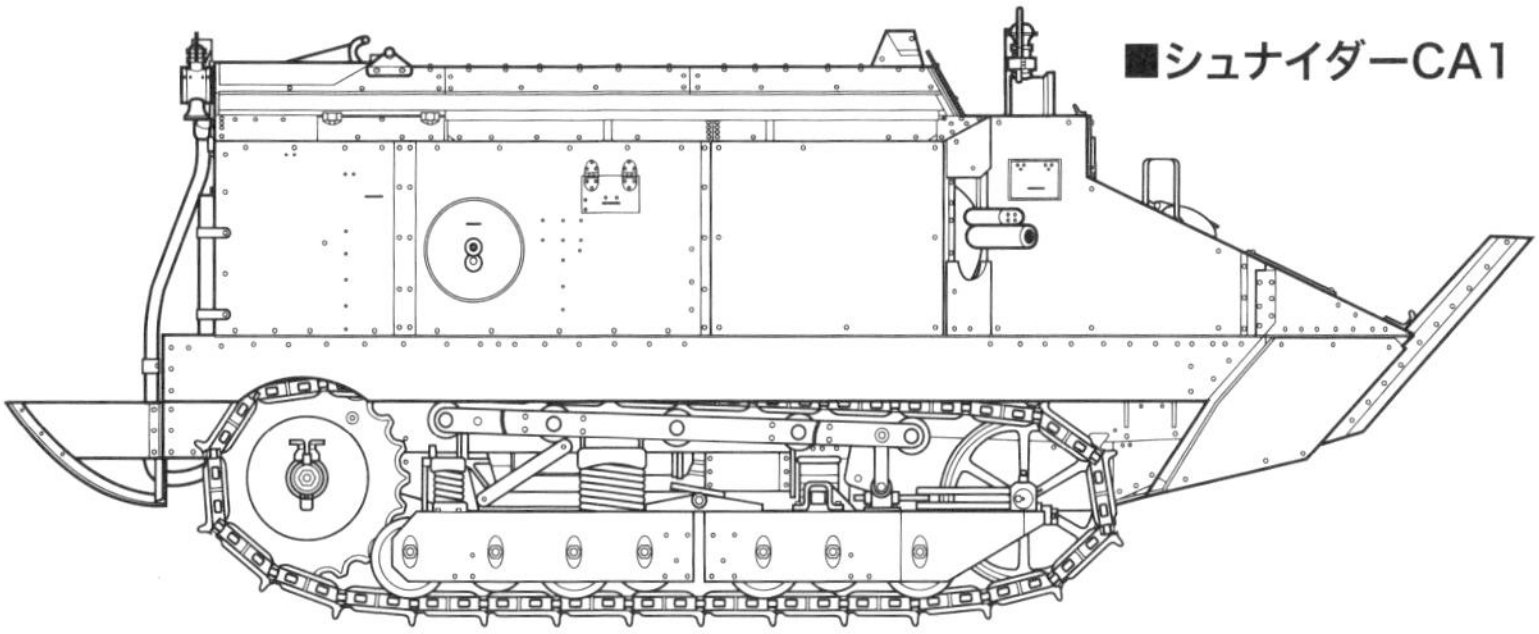

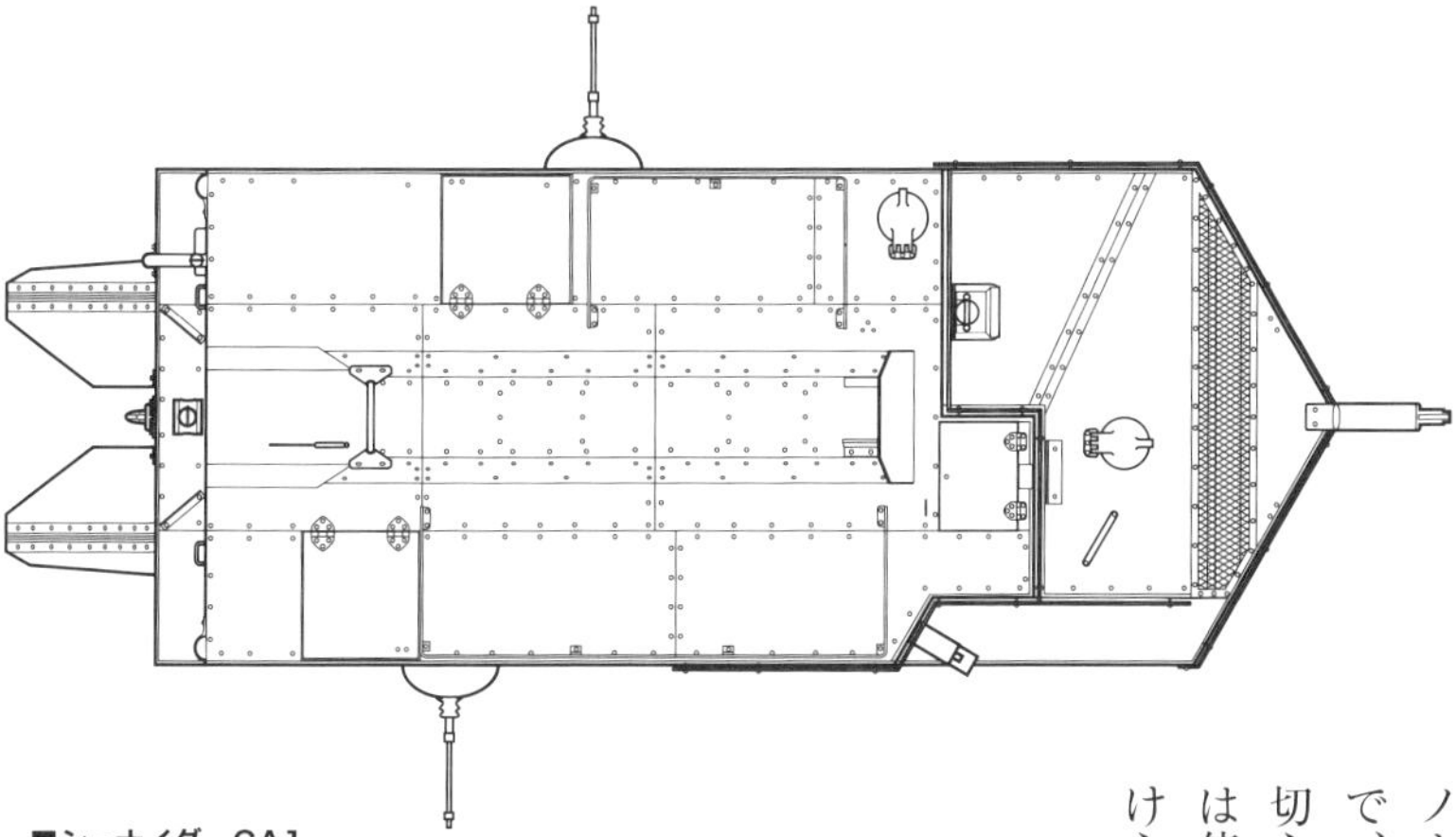

■シュナイダーCA1

重量	13.5トン	全長	6.32m
全幅	2.06m	全高	2.30m
エンジン	シュナイダー4気筒 液冷ガソリン1基		
エンジン出力	55hp	最高速度	8km/h
行動距離	38.6km		
兵装	9.5口径75mmカノン砲1門、8mm重機関銃2挺		
装甲厚	5.5〜11.5mm	乗員	6名

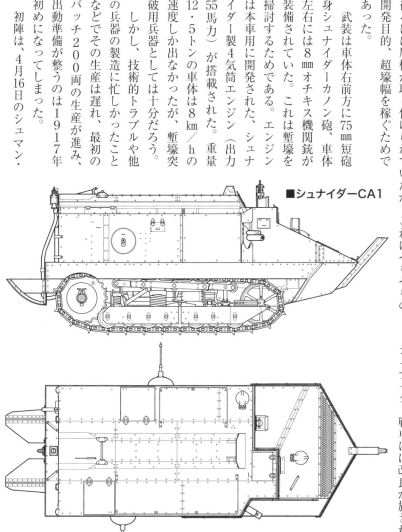

フランス

サン・シャモン突撃戦車

■仏軍の正式なルートを通じて、FAMH社が開発
■シュナイダーよりさらに長大な車体を持つ
■車体先端に75㎜速射砲（後にカノン砲）を装備

“正式な”ルートで開発されたフランス戦車

シュナイダー戦車が量産化された一方で、フランスではもう一つの戦車が開発されることになる。それがサン・シャモン戦車であるが、これはまた奇妙ないきさつで開発された。

そもそもが、シュナイダー戦車が開発されることになった経緯は、軍としての正式のチャンネルを通じたものではなく、これが同じように装甲車両の開発を模索していた自動車技術局を怒らせたのである。

同局長のムレー将軍は、FAMH社（同社はサン・シャモンに所在し、これが本車両の名前となった）の技術顧問をしていたメルー中佐に命じて、新型戦車を開発させた。この戦車はシュナイダー戦車の武装を強化し、超壕能力を高めることを開発の主眼としていた。このため、本車両はシュナイダー戦車よりはるかに長大な車体を持ち、その先端にはより強力な75㎜野砲を装備していた。

サン・シャモン戦車はプロトタイプは1916年1月に完成し、2月にシュナイダー戦車との比較試験が行われた。その結果、シュナイダー戦車の追加発注分400両が振り替えられる形で生産が決定された。しかし、その生産はシュナイダー戦車と同様に遅れ、最初の引き渡しは1917年5月になってしまった。

サン・シャモンの構造と性能

サン・シャモンは、シュナイダー同様にホルト・トラクターの車台に装甲板で囲まれた箱型の戦闘室を載せていた。箱はシュナイダーよりさらに巨大で、前後に大きくオーバーハングしている。武装は車体前方に12口径75㎜サン・シャモン速射砲（後に長砲身の36口径75㎜カノン砲M1897に換装）、車体各部に8㎜オチキス機関銃4挺が装備されていた。

エンジンはパナール製4気筒エンジン（出力85馬力）が搭載されていたが、特異なのが電動だったことだ。つまりエンジンで電気を作って、その電力でモーターを回すので

■サン・シャモン突撃戦車

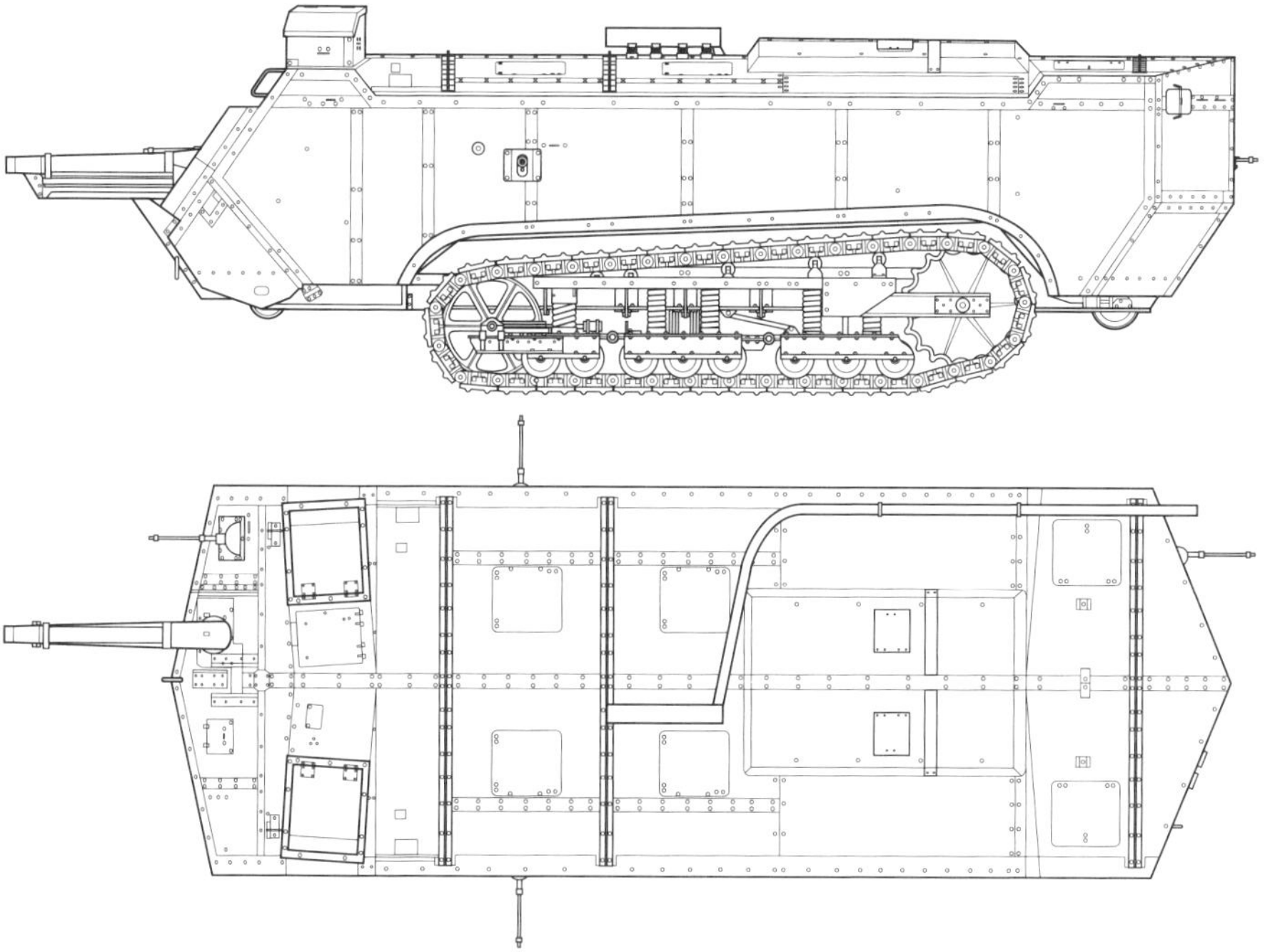

■サン・シャモン突撃戦車

重量	22.0トン	全長	8.83m
全幅	2.67m	全高	2.36m
エンジン	パナール4気筒 液冷ガソリン1基		
エンジン出力	85hp	最高速度	8.5km/h
行動距離	20〜30km		
兵装	12口径75mm速射砲1門、8mm重機関銃4挺		
装甲厚	5〜17mm	乗員	8名

高い超壕性の実現を狙い、足回りから前後がオーバーハングするほど長い車体を持ったサン・シャモン突撃戦車。だが実戦では、履帯長が短いため塹壕に引っ掛かり、多くの車両が行動不能に陥っている。

ある。これは当時、このような巨大な車両（重量22・0トン）で使用できる機械式変速・操向機構を作れなかったからだった。本車の最大速度は8・5km／hである。

　1917年5月5日、サン・シャモン戦車は初めて実戦に投入された。しかし、なんと16両のうち15両が塹壕につっかえて動きが取れなくなってしまったのである。その性能はシュナイダー戦車と比べても、とても満足できるものではなかった。それどころか改良したはずの点は皮肉にも欠点となった。超壕能力は高まるどころではなかったのだ。

　結局、サン・シャモン戦車も、最初の400両の発注だけで生産は中止された。

フランス

ルノーFT-17

■内部で三分割された車体と全周旋回砲塔を持つ
■小型軽量で運用性・走行性能・生産性に優れる
■世界各国で採用され、現代戦車の始祖となる

大量生産されたルノー製の新型戦車

フランスが最初に実用化したシュナイダーCA1やサン・シャモン突撃戦車は、イギリスの菱形戦車と同様の、陸上戦艦ともいうべき鉄製の巨獣であった。しかし、その大量生産は当時のフランスの工業力には重荷だった。このため、フランスの工業力に見合った、より小型で軽装甲の機関銃運搬車が構想された。1916年7月、エチエンヌ将軍は、その開発を自動車メーカーとして有名なルノーに依頼した。

ルノーは実は、エチエンヌがサン・シャモンの開発前に戦車開発を打診した際、これを断っていた。今度も当初は渋ったものの、結局引き受けると、大車輪で仕事を進めた。早くも10月にはモックアップが完成し、軍により限定生産が命じられた。翌1917年1月には試作車が完成。これがルノーFT-17である。

しかし、軍内部の政治的軋轢《あつれき》から、大量生産の決定はなかなかなされなかった。ようやく5月にエチエンヌの説得により大量生産が命じられ、後に発注数は飛躍的に増大。最終的な発注数は7800両にもなったが、戦争終結によって取り消され、戦後も含めて完成した車両数は約4500両であった。

優れたレイアウトで高い運用性・機動性を発揮

ルノーFT-17はそれまでの陸上軍艦と異なり、本当の意味での〝世界最初の戦車〟、現代戦車の先祖となった車両であった。

なんといっても画期的なのがそのデザインであった。これまでのただの箱だった車体は、操縦室、戦闘室、そしてエンジン室に分離され、その左右に走行装置が取り付けられていた。そして画期的だったのは、武装（機関銃ないし37㎜プトー半自動砲）を全周旋回式の砲塔に装備していることだった。エンジンにはルノー4気筒エンジン（出力35馬力）が搭載され、最大速度は7・5㎞／hであった。

ルノーFT-17は完成してみると、走行性能、旋回性

■ルノー FT-17

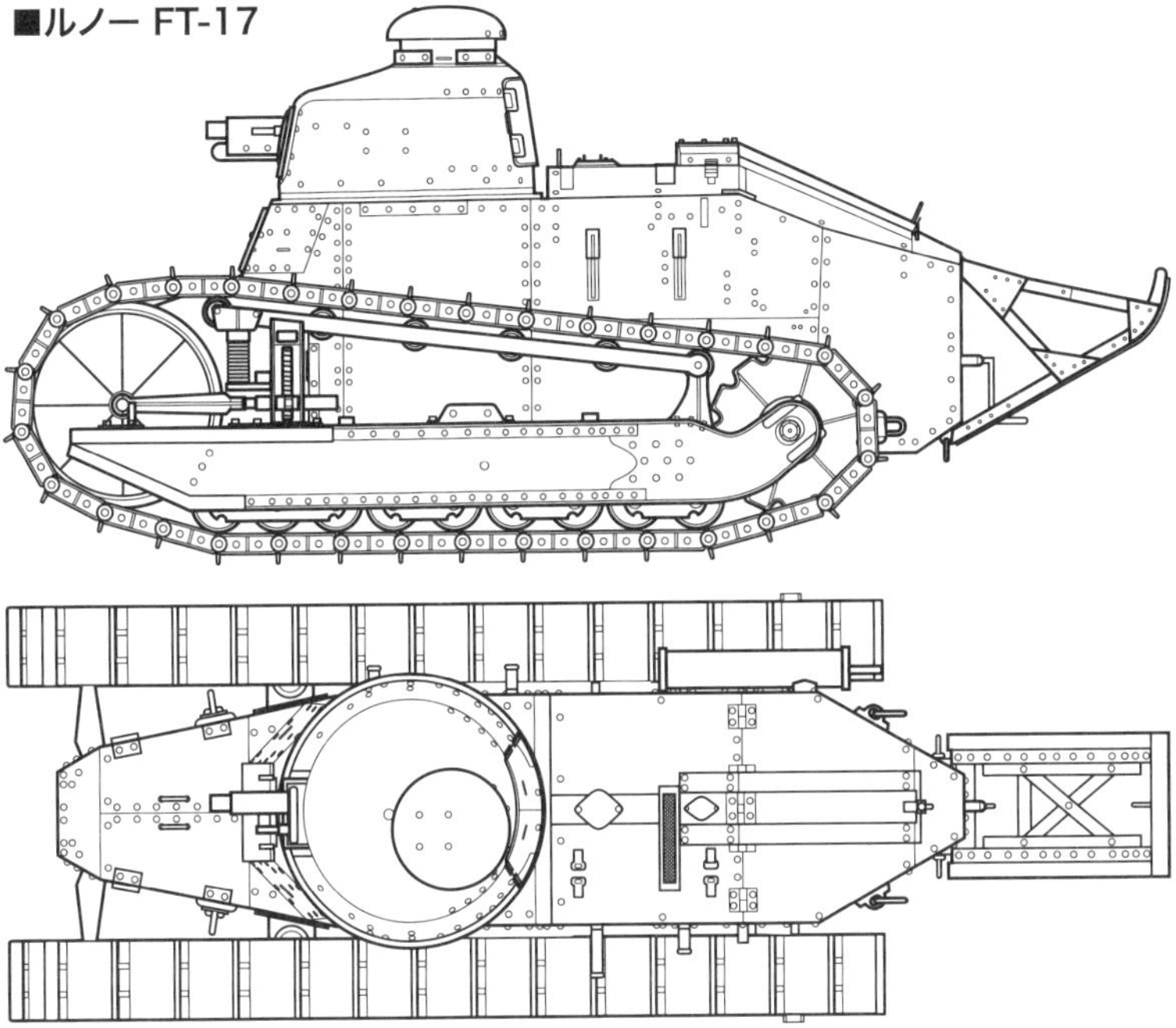

も良好で、軽量小型で大量生産に向いているなど、いいこと尽くめだった。何より全周旋回式砲塔に武装を装備したことで、これまでの巨大な戦車よりはるかに運用の柔軟性が高くなった。当初、ルノーFT-17は補助的な戦車となるはずだったが、フランス軍は当初のもくろみとは異なり、本車両を戦車部隊の主力として使用することにした。

ルノーFT-17は1918年5月末、レッツの森での防衛戦闘に使用されたのを皮切りに、6月から11月にかけて行われた連合軍の防衛戦闘で活躍し、ドイツ軍の攻勢意図を打ち砕き、連合軍の勝利に大きく貢献したのである。

さらにルノーFT-17は、戦後フランスで余剰となったこともあり、世界各国に供給されてベストセラー戦車となる。そして世界に、戦車がどういうものかを教育する役割を果たしたのである。

■ルノー FT-17

重量	6.5トン（機関銃搭載型） 6.7トン（戦車砲搭載型）		
全長	4.88m	全幅	1.74m
全高	2.14m		
エンジン	ルノー4気筒 液冷ガソリン1基		
エンジン出力	35hp	最高速度	7.5km/h
行動距離	20〜35km		
兵装	8mm重機関銃1挺（機関銃搭載型） 21口径37mm砲1門（戦車砲搭載型）		
装甲厚	8〜22mm	乗員	2名

前から操縦室、戦闘室、エンジン室と内部が三分割され、戦闘室上部に全周旋回砲塔を備えるルノー FT-17。これが現代戦車にも受け継がれる、戦車レイアウトの基本形となった。

フランス

ルノーAMR33／AMR35

■騎兵部隊向け装甲車両のうち、偵察用のＡＭＲ
■最高速度54㎞／hを発揮するが、機械的に脆弱
■エンジン配置などを変更した改良型・ＡＭＲ35

騎兵部隊向けの、三種類の装甲車両

フランス軍では、戦車は基本的に歩兵支援兵器として発達し、騎兵部隊の装甲兵器への関心はあまり高くなかった。しかし、ようやく１９３１年に騎兵部隊の機械化の検討が始まり、１９３２年、騎兵総監部によって騎兵部隊向けの装甲車両の調達計画が開始された。

捜索用装甲車両のＡＭＤ、偵察用装甲車両のＡＭＲ、戦闘用装甲車両のＡＭＣの三種類である。このうちＡＭＤは装輪式装甲車であり、いわゆる戦車型だったのは、ＡＭＲとＡＭＣであった。

ＡＭＲは、小型の二人乗りの機関銃装備の軽装甲車両で、高速性能と不整地走行能力が要求されていた。これに対して、ルノー社は１９３２年に装甲補給／輸送車のＵＥ装甲車をベースに、ＶＭ型と呼ばれる車両を開発した。主に走行装置の仕様の異なる複数の試作車が製作され、このうち、転輪をシザーズ型ベルクランクを介して水平ラバー・スプリングで緩衝する型式のサスペンションのものが採用されて、ＡＭＲ33として制式化された。

ＡＭＲ33と改良型ＡＭＲ35

ＡＭＲ33は当時世界各国で流行った、いわゆるタンケッテ型の小型装甲車体に、全周旋回式の機関銃塔を搭載した小型戦車と考えればいいだろう。箱型の装甲車体はリベット留めで組み立てられ、装甲厚は最大13㎜だった。エンジンは車体中央右寄りに配置され、その左側に操縦手が位置した。戦闘室上の全周旋回式の小機関銃塔には、７・５㎜ＭＡＣ31機関銃１挺が装備されていた。

重量は５・５トンと計画より増大したが、エンジンに84馬力のガソリンエンジンを搭載し、最高速度はなんと54㎞／hを発揮できた。サスペンションは四つの中型転輪をアームに取り付け、水平配置のゴムの緩衝装置を挟む込むようになっていた。しかし、不整地走行能力は限定的で、機械的に脆弱《ぜいじゃく》だったため、路上や良好な地面でなければ運用できなかった。

AMR33は1933年から35年にかけて123両（試作車含む）が生産された。このうち最後に生産された5両には、後述のAMR35で採用される、ゴムブロック式のサスペンションが装着されていた（後にオーバーホールで工場に戻された一部車両にも装備された）。AMR33は騎兵連隊や偵察部隊で使用され、優れた高速性能を発揮したものの、それでも装甲の薄さを補うことはできなかった。

その改良型となったのがAMR35であった。AMR33の最大の不満はそのエンジン配置のまずさだった。当初、ルノーは小規模な改造を行うつもりだったが、結局、エンジンを車体後部に移設し、車体全長も拡大、前述の走行装置の変更等、全く別の車両となった。武装も13・2㎜機関銃に強化されたが、半数は7・5㎜機関銃のままだった。装甲の厚さは変わらない。

AMR35は176両が生産されたが、騎兵部隊にオチキスH35が装備されたことで、1936年以降、AMRの大量生産計画は打ち切られた。

ルノーが開発した偵察用装甲車両、AMR33。車体右側がエンジン、左側が操縦手席で、その後方が車長の位置する戦闘室となっていた。砲塔は車体に対してやや左にオフセット配置されている。

AMR33の発展型（ZT型）として開発されたAMR35。7.5mm機関銃または13.2mm重機関銃を備えるZT1型、47.2口径25mm戦車砲を備えるZT2型、25mm戦車砲を密閉式戦闘室に備えるZT3型が開発されている。

■ルノー AMR33

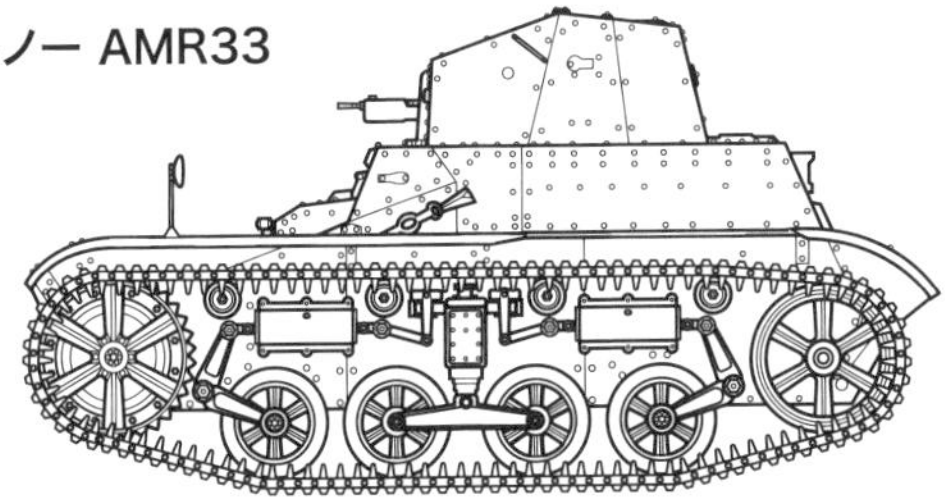

■ルノー AMR33

重量	5.5トン	全長	3.50m
全幅	1.60m	全高	1.73m
エンジン	レイナステラ V型8気筒 液冷ガソリン1基		
エンジン出力	84hp	最高速度	54km/h
行動距離	200km		
兵装	7.5mm機関銃1挺		
装甲厚	5〜13mm	乗員	2名

■ルノー AMR35（ZT1）

重量	6.5トン	全長	3.84m
全幅	1.76m	全高	1.88m
エンジン	ルノー 447 液冷ガソリン1基		
エンジン出力	82hp	最高速度	60km/h
行動距離	200km		
兵装	7.5mm機関銃1挺 （または13.2mm重機関銃1挺）		
装甲厚	5〜13mm	乗員	2名

フランス

ルノーAMC34／AMC35

■騎兵部隊向けの装甲車両のうち、戦闘用のAMC
■AMC34と、エンジン出力を強化したAMC35
■機械的信頼性が低く、失敗作と見なされてしまう

戦闘用装甲車両・AMCの開発

AMC、戦闘用装甲車両とは、AMRとの相違が分かりにくいが、要するに騎兵部隊向けの、より重装甲、重武装の装甲戦闘車両であった。当初の要求は、重量7・5～9トン、装甲厚20㎜、不整地走行能力と鉄条網の啓開能力、1mの幅の塹壕を超える能力、そして路上速度30㎞／h、乗員は3名（反転操縦装置付の装輪装甲車なら4名）、このうち砲塔内2名というものであった。

これに対してルノーは、1933年に試作型のルノーYRを完成させた。これは基本的にAMR33の車体を強化したもので、武装についてはとりあえずルノーFTの砲塔を搭載していた。試験の結果、この車両はエンジン出力が不足し、接地圧も高すぎたため、不整地走行能力の不足が明らかとなった。本車はAMC34として、12両が試験用に生産された（プトーAPX1砲塔／47㎜砲装備型6両と、APX2砲塔・25㎜砲装備型6両）。

機械的トラブルに見舞われたAMC34／35

ルノーはこの結果を受けて、改良型としてYRを発展させたAGCを開発した。AGCでは車体が大型化され、中央にあって使い勝手の悪かったエンジンを後方に移設していた。車体の装甲厚は25㎜に増大され、砲塔には47㎜砲と機関銃を装備したAPX2砲塔が搭載された。

重量は15トンに増大していたが、それを補うため、エンジン出力を180馬力に増大させていた。

ルノーで製作されたAMC34の試作車。足回りにはAMR33と同じ、転輪をシザーズ（ハサミ）型ベルクランク（写真の「く」の字型の部品）を介して水平置きのラバー・スプリングで緩衝する型式のサスペンションが採用されている。

ルノー AMC34／AMC35

走行装置はこれまで通りのラバー・スプリング式サスペンションであったが、全長が増したことで、転輪は5個に増えた。

本車両は1934年9月に、なんと試作車の段階を飛ばして、新型AMCとして量産が命じられた。試作車は1936年3月から37年1月にかけて試験が行われたが、その結果は散々だった。多数の不具合、機械的トラブルが噴出したのである。

それでも本車はAMC35として量産された。生産は当初はルノー社が受け持ったが、後にAMX社に引き継がれた。原型のACG1が47両生産され、武装を75㎜砲に変更したACG2が30両が完成した。

AMC35は改修によってどうにか使えるものになりはしたものの、失敗作という汚名は返上できなかった。実際、本車は1939年9月の開戦時には、「役立たず」と評価されており、実戦使用が考慮されていなかったという。

これらの車両は対独戦の前には実戦部隊に配備されておらず、1940年5月の危機的状況下で、ごく少数が臨時編成の部隊に配備されて実戦投入されたにとどまった。

47mm戦車砲を搭載するAMC35(ACG1)。他に75mm砲を搭載するACG2が開発されたが、生産数は30両にとどまった。また、ACG1の一部の初期生産型には25mm砲を搭載していたものもあった。

■ルノー AMC34

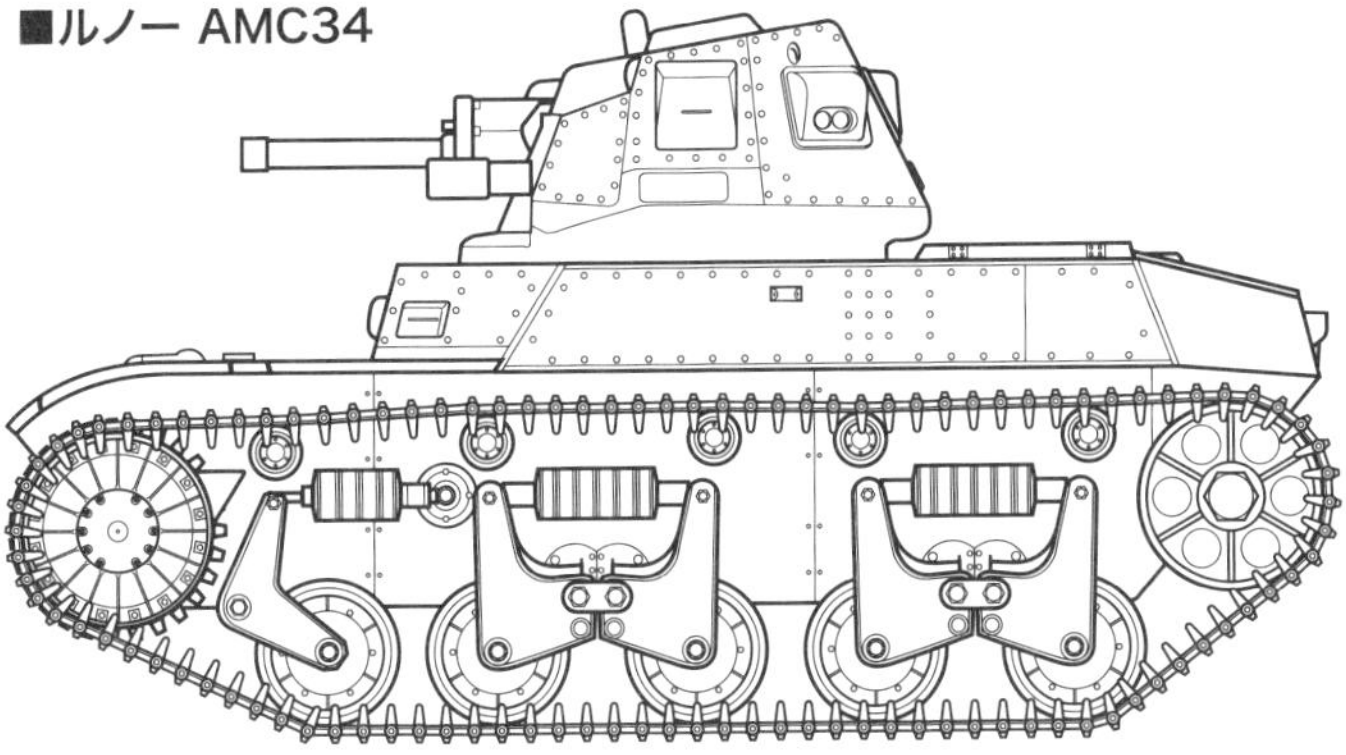

■ルノー AMC34

重量	9.7トン	全長	3.98m
全幅	2.07m	全高	2.10m
エンジン	ルノー4気筒 液冷ガソリン1基		
エンジン出力	120hp	最高速度	40km/h
行動距離	200km		
兵装	27.6口径47mm砲1門、7.5mm機関銃1挺		
装甲厚	5～20mm	乗員	3名

■ルノー AMC35(ACG1)

重量	14.5トン	全長	5.38m
全幅	2.12m	全高	2.62m
エンジン	ルノー4気筒 液冷ガソリン1基		
エンジン出力	180hp	最高速度	40km/h
行動距離	125km		
兵装	32口径47mm砲1門、7.5mm機関銃1挺		
装甲厚	5～25mm	乗員	3名

フランス

ルノー R35

- 歩兵随伴を主任務とする、FT-17の後継軽戦車
- 装甲は厚いが鈍足。対戦車戦闘は考慮されない
- 一人乗り砲塔のため車長が指揮に専念できない

FT-17を代替する新型軽戦車

第一次世界大戦後のフランスの戦車開発は、傑作戦車ルノーFT-17の大量配備もあり、停滞した。1930年代になると、さすがにFT-17は骨董品《こっとうひん》に過ぎ、その後継戦車計画が持ち上がった。1933年、陸軍総司令部は、オチキス社から新型軽戦車の設計案を提示されたことをきっかけに、各メーカーに新型軽戦車の設計案を募った。

要求された内容では対戦車能力は求められておらず、FT-17と同等の内容で装甲と機動力を強化した、FT-17の発展・近代化版に過ぎなかった。ルノーは先行するオチキスに逆転するため、開発を急ぎ、1934年12月にプロトタイプを引き渡した。試作車にはまだ不足の部分も多かったが、国際情勢の悪化により早急に戦車を揃えることが優先された。まだ試験が続けられる中、若干の改良を盛り込むことで、1935年4月にはルノー R35として300両の量産が命じられた。

ルノー R35の構造と生産

R35はルノーが騎兵部隊用に開発していたAMC35を参考に設計され、足回りには同様の水平ラバー・スプリングのサスペンションが採用されていた。車体そのものは完全に新型で、圧延鋼板製の下部車体に、三分割して鋳造された車体上部がボルトで結合されていた。砲塔には鋳造製のプトーAPX R砲塔を搭載していた。

装甲は40㎜（砲塔の最厚部で45㎜）、車体、砲塔とも鋳造製で丸みを帯びており、避弾経始という点でも優れていた。主砲はFT-17と同じ旧式な37㎜SA18砲で、歩兵支援ならまだ十分だったが、対戦車任務を果たすのはほとんど不可能だった。1940年に改良のため、33口径と長砲身の37㎜戦車砲SA38が搭載されたが、一部の車両にとどまった。

さらに問題なのは、砲塔内部が一名のみだったことで、車長が一人で武器の操作、外部の観察、操縦手への指示、車両間の連絡といった、すべての任務を同時に行うのは不

可能だった。エンジンはルノー4気筒ガソリンエンジン（出力82馬力）が装備され、最大速度は20・5㎞／hであった。これは歩兵随伴戦車というその性格に見合ったものだったが、時代遅れであったことは否定できない。

ルノー R35は1936年の軍備拡張プログラムによって、FT-17を代替するため大量生産が行われることになった。総発注数は2300両にもなり、このうち1940年6月までに約1600両が完成した（海外輸出分を含む）。

ルノー R35は1940年の対独戦時には、フランス軍で最大の戦車戦力となっていた。本車は主に独立戦車大隊に配備され、歩兵部隊を支援して戦った。例外的に戦車部隊に配属された例もあり、ド・ゴールの第4予備機甲師団による、アブヴィルでのドイツ軍に対する反撃に参加したことが知られる。

短砲身の37mm砲を搭載し、歩兵に随伴してその支援を行うルノー R35。40mm（一部45mm）という厚い装甲が特徴だ。多数生産され、対独戦ではフランス戦車部隊の数の上での主力となった。

■ルノー R35

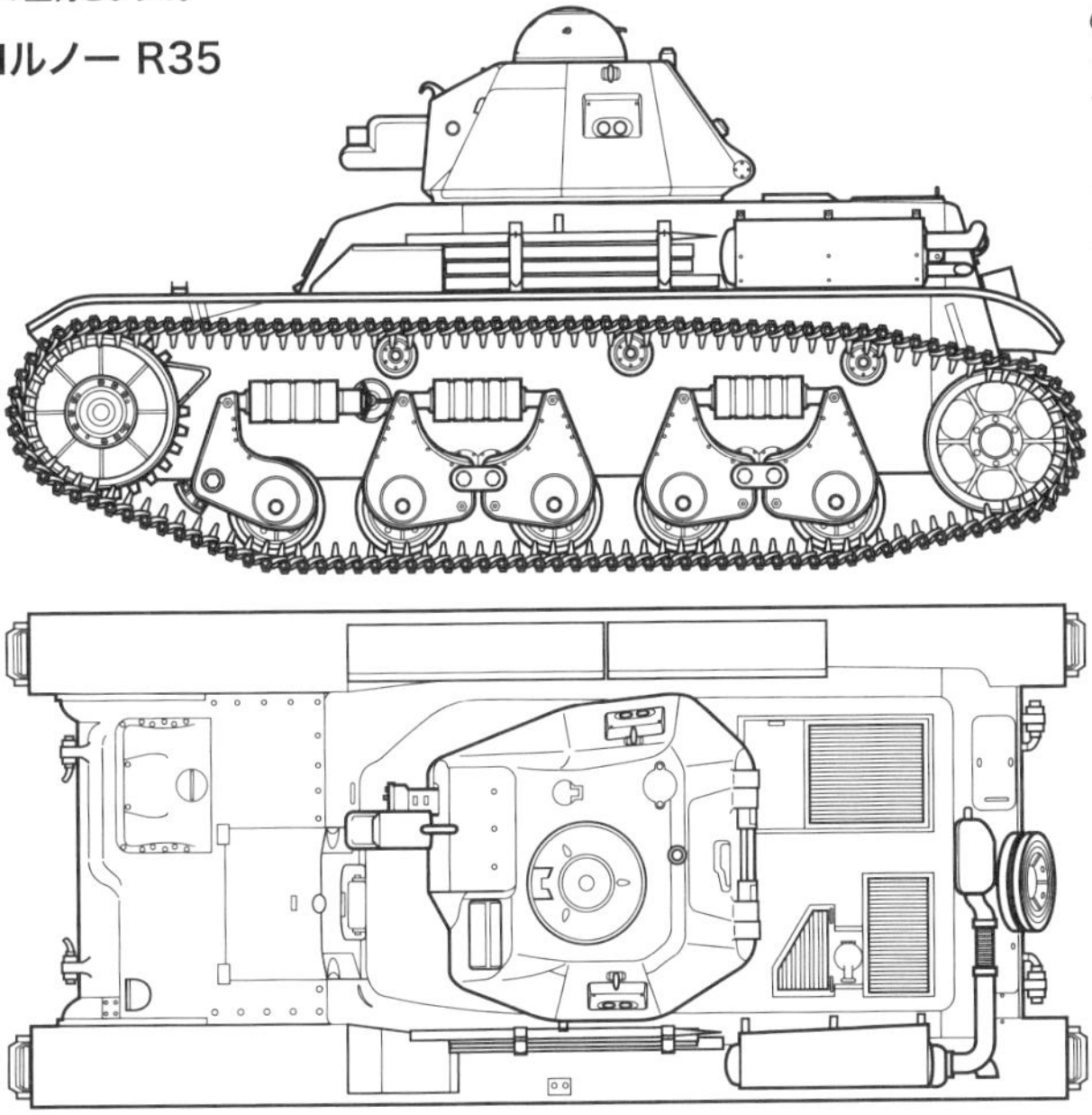

■ルノー R35

重量	9.8トン	全長	4.02m
全幅	1.85m	全高	2.11m
エンジン	ルノー447 液冷ガソリン1基		
エンジン出力	82hp	最高速度	20.5km/h
行動距離	138km		
兵装	21口径37mm砲1門、7.5mm機関銃1挺		
装甲厚	12～45mm	乗員	2名

フランス

オチキスH35

- オチキス社が提案した軽戦車で、騎兵部隊が採用
- R35と同様に装甲が厚いが、速力ではやや勝る
- エンジンを換装したH35M39も多数生産された

オチキス社が提案した新型軽戦車

フランスでは1926年の歩兵支援戦車計画により、ルノーD1が開発されたが、この車両は失敗作に終わった。これを受けて1933年、オチキス社は独自に陸軍総司令部に対して歩兵支援用の新型軽戦車を提案した。オチキスには3両の試作車の製作が発注されたが、陸軍はフランス国内の各メーカーにも比較案を募ることとした。その結果、採用されたのは既述のように、ルノーR35であった。同時に陸軍は、オチキスのプロトタイプに所要の改良を施した車両の開発継続を認めた。

1934年8月に完成した車両は、騎兵部隊向けにオチキスH35として採用された。これには事情があった。実は当時、騎兵科では軽機械化師団向けの戦車の調達を急いでいた。しかし、主力となるべきソミュアS35の生産ペースが上がらなかったため、オチキスが開発していた新型戦車を穴埋めとしたのである。

H35は騎兵部隊向けに300両が発注され、それだけでなく、歩兵部隊向けとしても100両が発注された。

オチキスH35の構造と改良型

オチキスH35はルノーR35とかなり類似した構造で、車体は鋳造製で足回りも同じく水平ラバー・スプリングのサスペンションが採用されていた。ただし、もちろん車体、足回りともにオチキス社で独自に開発されたものである。砲塔は全く同じプトーAPX R砲塔で、主砲も同じ37mm戦車砲SA18であった。装甲厚も同じく、最大45mmであった。なお、オチキスH35で

歩兵支援用軽戦車としては不採用で、騎兵科に拾われた格好となったオチキスH35だが、対独戦では活躍を見せている。写真はH35の主砲とエンジンを換装したH35M39（H35／39もしくはH39とも表記）。

もルノー R35と同様、主砲は1940年初めより長砲身の37㎜戦車砲SA38に変更された。新規生産車両については4月からSA38が標準装備となったが、それ以前の車両も順次新型砲に換装が進められていった。エンジンはオチキス6気筒ガソリンエンジン（出力75馬力）が装備され、最大速度は27・3km／hを発揮できた。

R35に比べて速い最大速度が、本車が騎兵戦車に選ばれた理由の一つと言えよう。しかし、それでも騎兵部隊ではこの速力は不満とされた。このため、エンジン出力を120馬力に強化した改良型が開発された。改良型は、重量が12トンに増大していたにも関わらず、最大速度は36・5km／hに向上した。試験結果は上々で、オチキスH35M39（1939年改型。H35／39、H39とも表記）として採用された。H35M39は休戦までに約710両が生産された。

本車は、騎兵から転じた機甲部隊である軽機械化師団と軽騎兵師団、そして自動車化歩兵師団の歩兵師団偵察グループに配備された。このうちの第2軽機械化師団、第3軽機械化師団は、1940年5月12日～14日のベルギーのジャンブルー・ギャップの戦いで、ドイツ軍の第3、第4装甲師団を迎え撃って善戦したことで知られる。

■オチキス H35M39

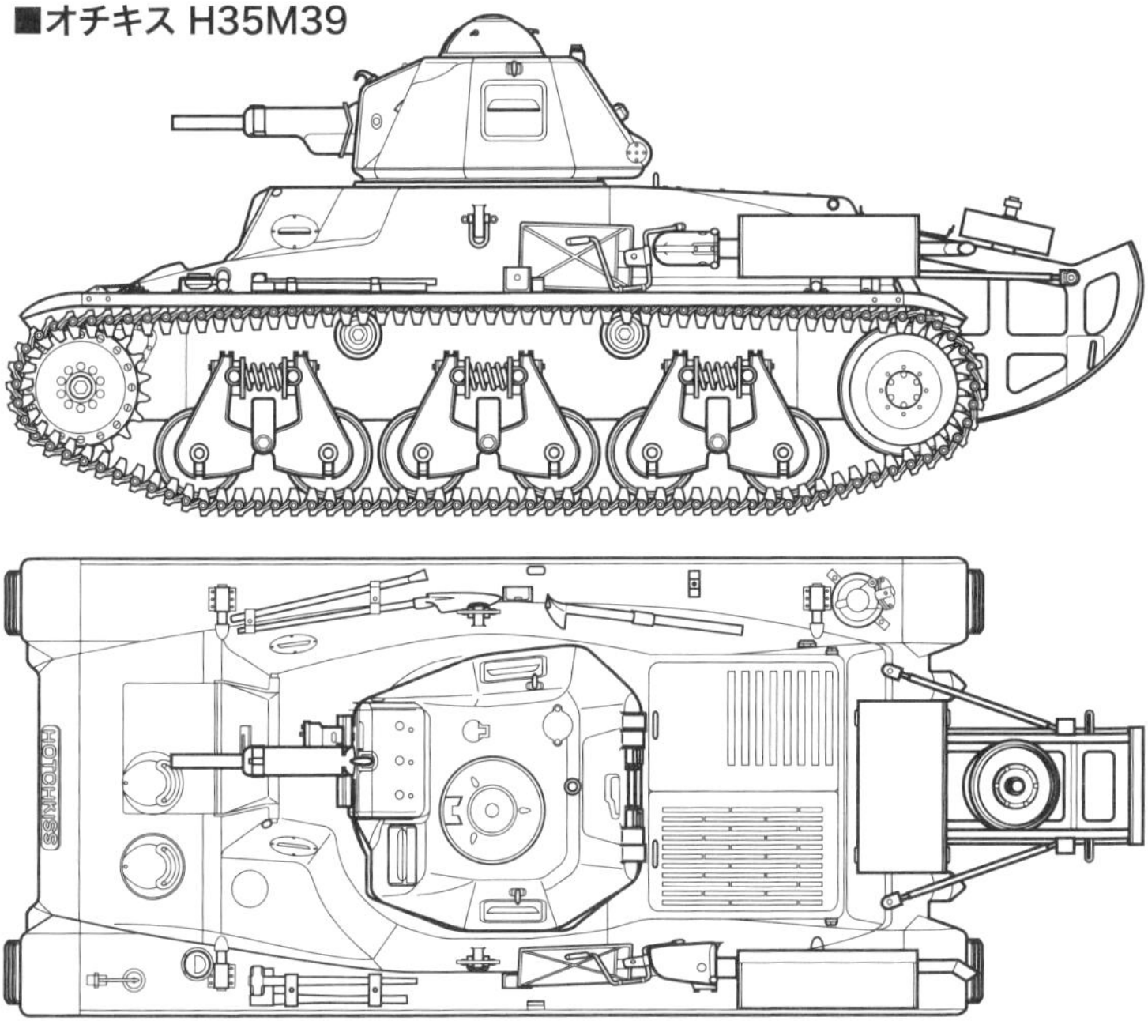

■オチキス H35

重量	10.6トン	全長	4.215m
全幅	1.853m	全高	2.134m
エンジン	オチキスM1935 液冷ガソリン1基		
エンジン出力	75hp	最高速度	27.3km/h
行動距離	240km		
兵装	21口径37mm砲1門、7.5mm機関銃1挺		
装甲厚	12～45mm	乗員	2名

■オチキス H35M39

重量	12.0トン	全長	4.215m
全幅	1.853m	全高	2.134m
エンジン	オチキスM1938 液冷ガソリン1基		
エンジン出力	120hp	最高速度	36.5km/h
行動距離	150km		
兵装	33口径37mm砲1門、7.5mm機関銃1挺		
装甲厚	12～45mm	乗員	2名

フランス

ソミュア S35

ドイツ戦車に対して攻守で勝る本格的な騎兵戦車
無線手が装填手を兼ねる一人半用砲塔を搭載
コスト高で生産が遅れるも、対ドイツ戦で奮戦

騎兵部隊向け新型戦車の開発

１９３０年代、フランス陸軍騎兵部隊は騎兵部隊向け戦車の開発を進めたが、敵の装甲車両と渡り合う軽戦車、ＡＭＣとして開発されたルノーＡＭＣ34は、小型で非力過ぎて不評だった。このため、同軍では１９３４年6月にＡＭＣに対する仕様を改め、より本格的な戦車を開発することとした。

仕様変更の通達に先立ち、フランス陸軍はシュナイダーの子会社で同社の車両設計部門と言えるソミュア社に接触しており、試作車の製作が開始された。基本設計は１９３４年中に完了し、１９３５年4月には試作車が完成。その後、増加試作車の製作、試験を経て、１９３６年3月25日に騎兵部隊向けの最初の生産ロット50両が発注された。制式名称はシャール（＝戦車）１９３５Ｓだが、一般的にはソミュアＳ35と呼ばれる。

ソミュア S35の構造・性能と戦歴

ソミュアＳ35は、車体、砲塔の大部分を鋳造製としていたことが最大の特徴であった。車体の基本装甲厚は40㎜あり、丸みを帯びた形状のおかげもあって、当時の戦車としては非常に強靭《きょうじん》な装甲防御力を有していた。何より、これは当時のドイツ軍主力の37㎜対戦車砲では容易に貫徹できない厚さだった。

砲塔はルノーＢ1と同系のＡＰＸ １ＣＥ砲塔が採用された。砲塔の装甲厚は最大56㎜。砲塔は一人用だが、従来型より砲塔リングが拡大されており、必要に応じて無線手が装填手として車長に協力する「一人半」用砲塔として使用できた。主砲には新型の32口径47㎜戦車砲ＳＡ35が搭載されたが、この砲は実際的な交戦距離で、ドイツ戦車を容易に撃破できた。

足回りはチェコのシュコダ社の開発したＬＴｖｚ.35（ドイツ軍名称：35（ｔ）戦車）に範を取ったものだった。エンジンにはソミュア8気筒ガソリンエンジン（出力１９０馬力）が装備されていた。最大速度は40・７㎞／ｈで、当時としては騎兵戦車と呼ばれるにふさわしい性能だろう。
S35はコスト高で発注がしぼられ、また、鋳造車体の生産の都合から完成は遅れた。そのため、既述のようにオチキスH35が穴埋めとなったのである。最終的に700両が発注されたが、結局、全車がフランス降伏までに完成することはなかった。戦前・戦中に完成したものを合計して、最終生産数は427両と言われる。

ソミュア S35は騎兵部隊の主力戦車として、主に軽機械化師団に配備された。このうち第2、第3軽機械化師団の車両は、オチキス H35とともにジャンブルー・ギャップの戦いに参加した。また、第1軽機械化師団の一部車両は、イギリス軍によるアラスでの反撃に加わった。そして第3胸甲騎兵連隊の所属車両は、ド・ゴールの5月19日のクレシーへの攻撃に加わったのである。

■ソミュア S35

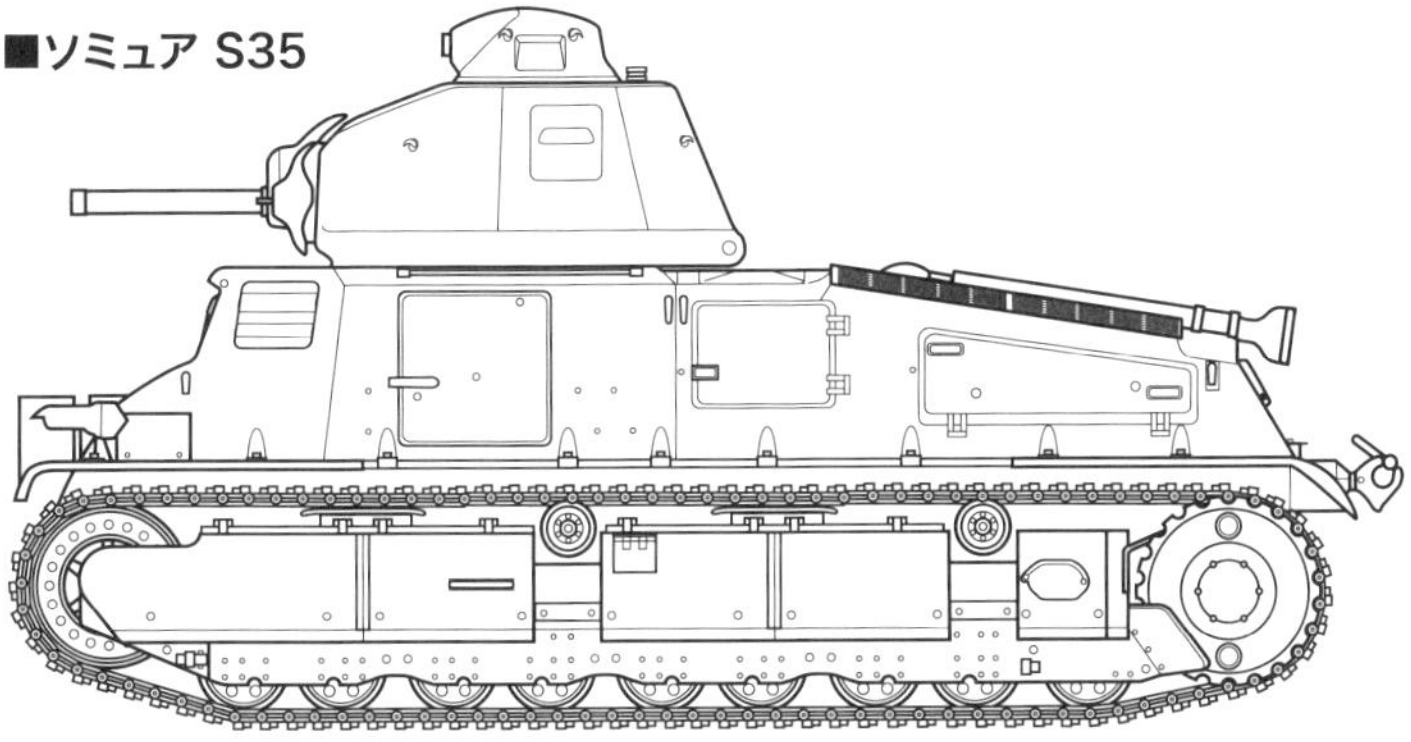

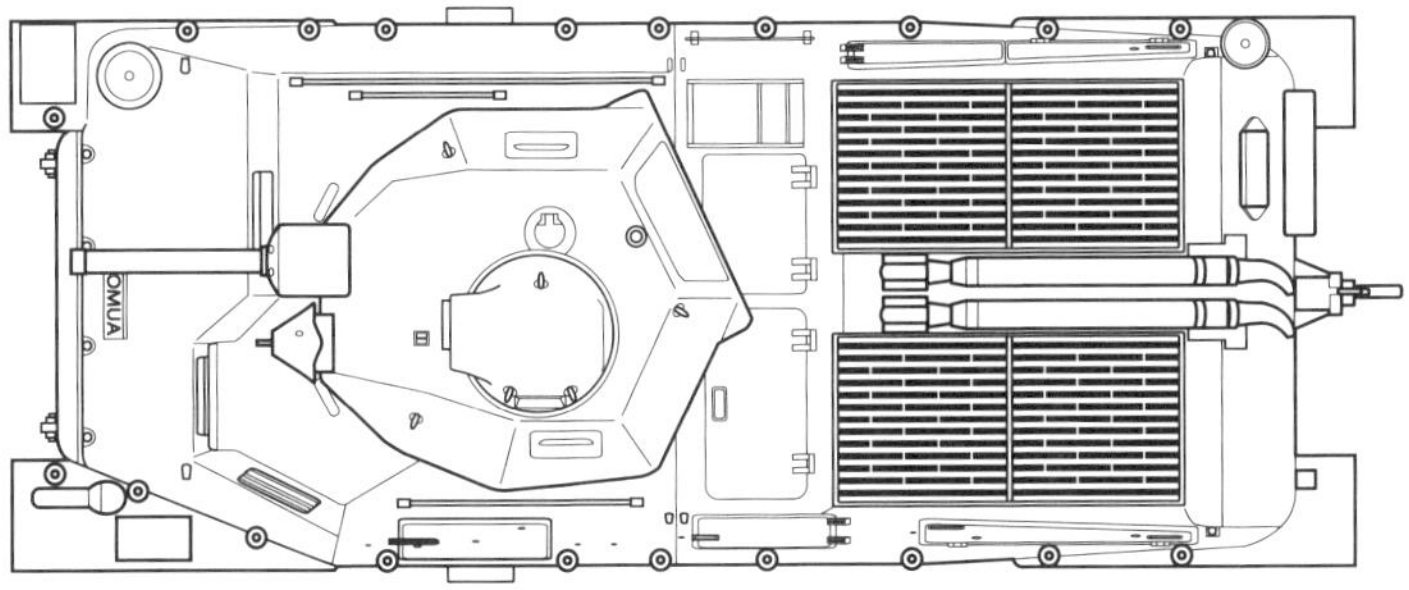

■ソミュア S35

重量	19.7トン	全長	5.38m
全幅	2.12m	全高	2.62m
エンジン	ソミュア8気筒 液冷ガソリン1基		
エンジン出力	190hp	最高速度	40.7km/h
行動距離	260km		
兵装	32口径47mm砲1門、7.5mm機関銃1挺		
装甲厚	20〜56mm	乗員	3名

高い速力と攻防能力を兼ね備える騎兵戦車、ソミュアS35。第二次大戦期のフランス戦車で最良の性能を持つとも評される車両で、対独戦でも活躍を見せたが、生産遅延の影響で生産数は発注数に満たなかった。

フランス

ルノーB1

- 戦間期の構想に基づいて設計された突破用重戦車
- 車体と砲塔に二種の砲を搭載。重装甲かつ低速
- エンジンを換装し、装甲を強化したB1bis

敵陣突破と対戦車戦闘用の重戦車

フランス軍は第二次世界大戦において、これまで見たような歩兵戦車、騎兵戦車と並んでもう一つ、重装甲重武装の重戦車を開発・配備した。その開発の歴史をたどると、１９１９年のエチエンヌ将軍の「戦闘戦車」構想までさかのぼることができる。これは敵陣を突破して敵の陣地や火点を撃滅し、敵戦車と戦う車両であった。１９２１年、この構想に基づき、正式な戦車開発プログラムが動き出した。

しかし、開発構想は二転三転し、ようやくプロトタイプが発注されたのは１９２７年3月のことであった。さらに各社のプロトタイプが引き渡されたのは１９３０年のことで、試験が開始されたが、それにも時間がかかった。その結果、最初のロットの7両がルノーに発注されたのは１９３４年7月となってしまった。

ルノーB1の構造と改良型

ルノーＢ１の車体は、長さの割に幅が狭く、車高が高い箱型で、平面の装甲板が鋲接接合されていた。装甲は最大40㎜で、重量は28トンにもなった。走行装置は転輪がムカデのように多数並び、車体の側面一杯に取り巻くように配置され、防護装甲板も取り付けられ、菱形戦車を彷彿《ほうふつ》とさせる。

武装は車体前面右側に固定式の75㎜戦車砲、砲塔に47㎜戦車砲を装備していた。

特徴的なのは、車体の75㎜砲は車体を旋回させて照準するようになっていたことだ。つまり、砲手は操縦手ということになる。

重装甲を誇るルノー B1bis。本車両の活躍として、1940年5月15日、セダン近郊のストンヌ村での戦いが知られている。1両のB1bis「ウール（Eure）」号がストンヌを占領したドイツ軍を攻撃、Ⅳ号戦車2両とⅢ号戦車11両を撃破した。「ウール」号は140発もの戦車砲弾や対戦車砲弾を受けたが、その装甲を貫徹されることはなかった。

その必要から、操向装置には油圧機構を組み込んだダブル・ディファレンシャルが取り付けられ、軽快に旋回できるようになっていた。

改良型となったのがルノーB1bisで、装甲厚は60㎜に強化され、砲塔は装甲が強化されたAPX 4砲塔に、武装も長砲身の47㎜戦車砲SA35に変更されていた。重量が32トンに増加したため、エンジンが出力307馬力のルノー6気筒ガソリンエンジンに強化され、最大速度は28㎞／hを維持していた。欠点は行動距離がわずか180㎞と短いことだった。

B1は1935年12月から生産が開始されたが、当初はゆっくりとしたペースで生産された。1937年7月以降はB1bisに生産がスイッチされ、1940年6月25日までに377両（B1からの改修型を含む）が生産された。戦車師団に配備されたが、フランス軍ではドイツ軍のような攻撃の主力ではなく、予備部隊として敵が突破した時などに反撃のため投入される部隊として使用された。

ルノーB1bisは撃たれ強く、ドイツ軍を驚かせたが、フランス軍の運用がまずく、有効な反撃を行うことはできなかった。

■ルノー B1bis

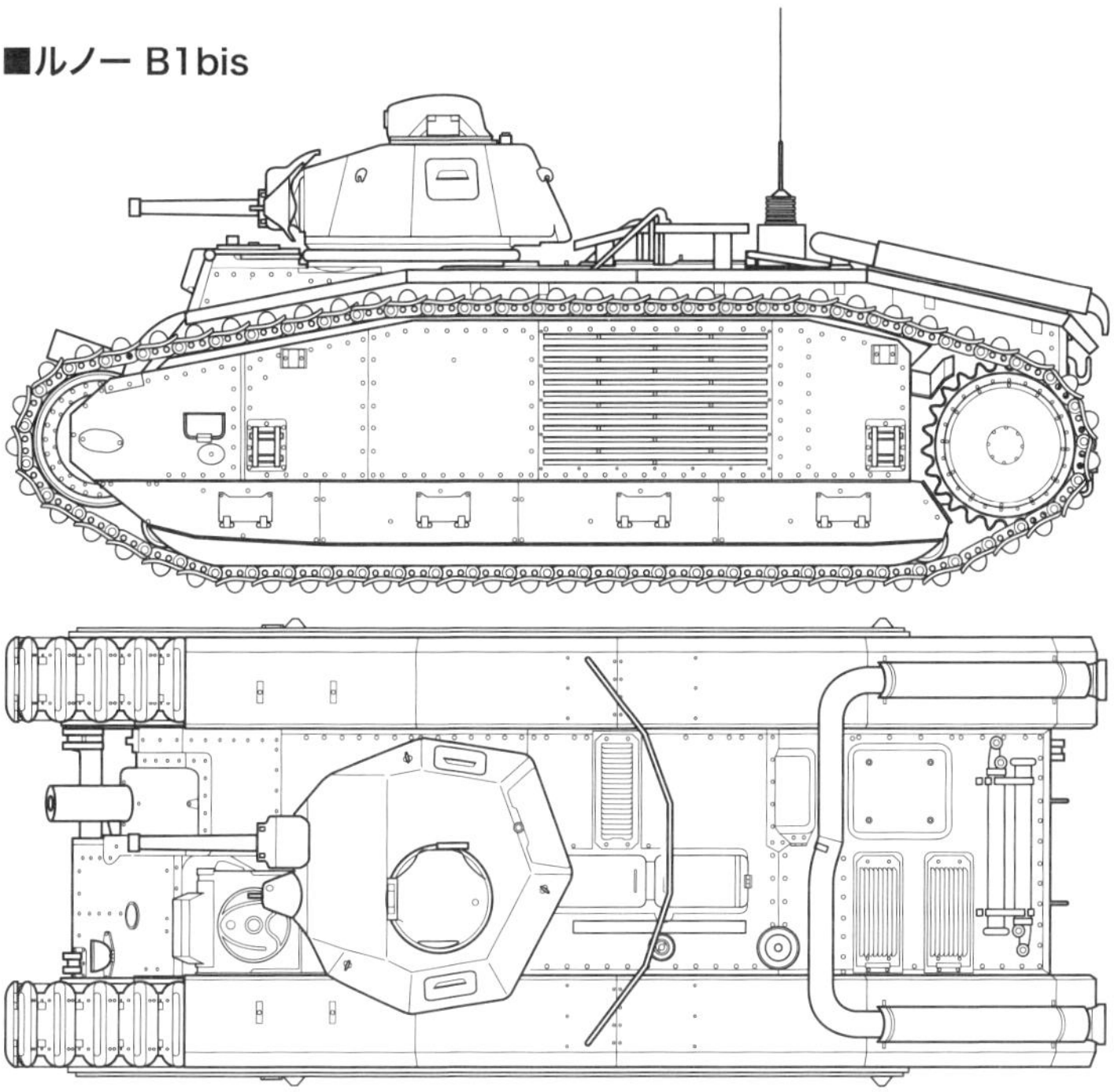

■ルノー B1

重量	28.0トン	全長	6.376m
全幅	2.49m	全高	2.807m
エンジン	ルノー6気筒 液冷ガソリン1基		
エンジン出力	250hp	最高速度	27.6km/h
行動距離	180km		
兵装	17.5口径75mm砲1門、27.6口径47mm砲1門、7.5mm機関銃2挺		
装甲厚	20～40mm	乗員	4名

■ルノー B1bis

重量	31.5トン	全長	6.383m
全幅	2.494m	全高	2.795m
エンジン	ルノー6気筒 液冷ガソリン1基		
エンジン出力	307hp	最高速度	27.6km/h
行動距離	180km		
兵装	17.5口径75mm砲1門、32口径47mm砲1門、7.5mm機関銃2挺		
装甲厚	20～60mm	乗員	4名

ARL44

■フランス解放後に開発推進された国産戦車
■独戦車に対抗できる長砲身90㎝砲を搭載
■エンジンは強力だが、足回りの設計が旧式

独軍占領下でも継続された重戦車開発

１９４４年6月、ノルマンディー上陸作戦によって、連合軍はフランスの解放の道筋をつけた。8月にパリが解放されると、フランス陸軍総司令部は早くも国産戦車の開発に着手した。

これは自由フランス軍を率いる、ド・ゴール自らの意向と言われる。自由フランス軍はアメリカ製の戦車を装備していたが、ド・ゴールは国産戦車を装備することを願ったのだ。現在の知識では、戦争はそれから一年経たずに終わってしまったわけだが、当時は戦争はまだまだ続くと考えていたということだろう。

この戦車の雛形《ひながた》となったのは、ＡＲＬ40と呼ばれる車両だった。これは戦前の１９３８年までさかのぼることができる。この頃、Ａ.Ｒ.Ｌ.工廠はルノーＢ1重戦車を元に、全周旋回式砲塔に75㎜砲を搭載する新型戦車の開発研究を行っていた。その結果、予備的な設計案としてまとめられたのがＡＲＬ40であった。

結局、フランスの降伏によって、この車両は製作されることはなかったが、フランス人技術者達はドイツ軍の目を逃れて、密かに研究を続けていたのである。

終戦により実戦投入されず

そして１９４４年11月、戦争中に進められたこの設計案を元に新型戦車が開発されることになった。開発作業は信じられないほど急ピッチで進んだ。ほとんどの作業は１９４５年末までに終わり、１９４６年3月には、プロトタイプがブルージュにその勇姿を現したのである。ただ、もちろん周知のように、戦争は１９４５年5月に終わり、ド・ゴールの希望は叶わなかったのだが……。

本車両はルノーＢ1を元にしており、特にムカデのように小転輪が並んだ足回りにはその特徴が見られる。しかし、設計そのものは完全に新しいものだ。車体、砲塔共に、パンター、ティーガーⅡといったドイツ戦車を参考にした、避弾経始が取り入れられていた。接合も鋲接から溶接に進

化し、その前面装甲は120㎜もあった。

主砲は対空砲から転用された長砲身の90㎜カノン砲が装備されており、ドイツ戦車に負けない高い装甲貫徹力を実現していた。エンジンは、なんとドイツのマイバッハHL230液冷ガソリンエンジン（出力575馬力）を搭載していた。ただ、重量がパンターと同レベルなのに、最大速度は37㎞／hしか発揮できなかったのは、サスペンションや履帯がルノーB1と同じものだったからか。

本車はARL44と名付けられ、600両の生産が企図された。しかし、元々暫定戦車という位置づけであり、結局1947年から49年にかけて60両が完成したにとどまった。これらの車両は1950年より第503戦車連隊に配備されたが、運用期間は短かった。そして、退役後はそのほとんどが、標的として破壊されてしまったのである。

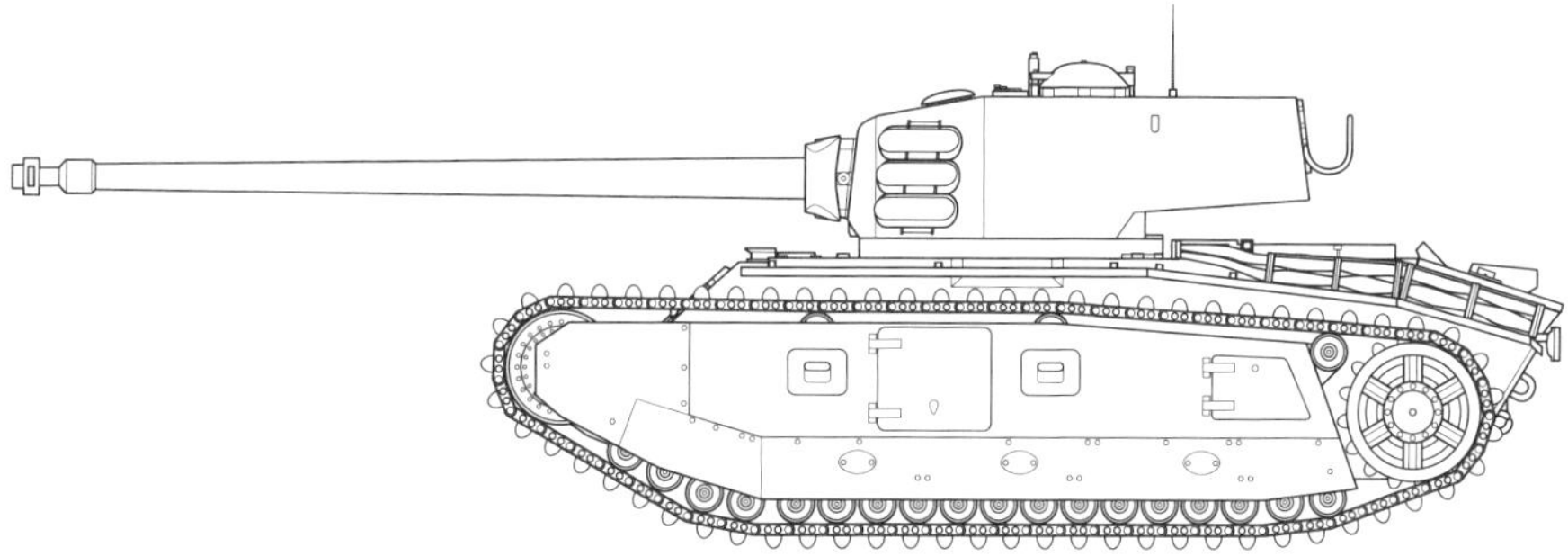

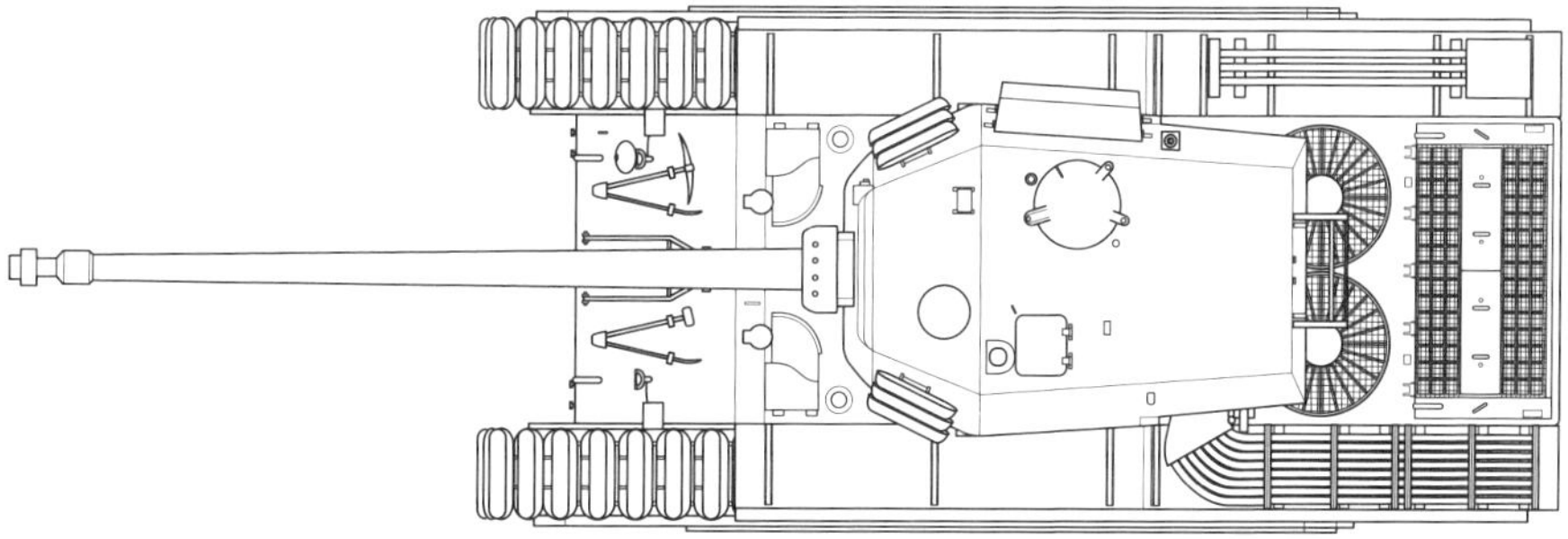

ソミュール戦車博物館に展示されているARL44。本車が搭載したドイツ製のHL230は、本来は最高馬力690hpを発揮するガソリンエンジンだが、ドイツが過熱問題に悩まされていたことを加味し、ARL44では575hpに出力を落として運用されたという。（写真／斎木伸生）

■ARL44

重量	50.0トン	全長	10.53m
全幅	3.40m	全高	3.20m
エンジン	マイバッハHL230P30 液冷ガソリン1基		
エンジン出力	575hp	最高速度	37km/h
行動距離	350km		
兵装	65口径90mm砲1門、 7.5mm機関銃2挺		
装甲厚	10〜120mm	乗員	5名

現存するWWⅠ・WWⅡフランス戦車

フランス戦車といえば、世界中に現存しているのが、第一次世界大戦の傑作戦車ルノーFT-17だ。これは主要国のみならず、フィンランド、ベルギー、ポーランドといった国にも現存している。100年前の戦車があちこちにあるのは感動物だ。第二次世界大戦というもう一つの世界大戦も経て、よく現存しているものである。日本軍も使っていたのだが、存在しないのはやはり敗戦国の悲哀か。

第二次世界大戦当時のフランス戦車は、実はそれほど多くは残っていない。これはやはり、フランスが早々に敗北したせいだろう。残存した車両も、占領や続く戦争の中で失われた。それでも、アバディーンやボービントン、クビンカといった、米英ロの連合国諸国の戦車博物館には現存している。変わったところでは、ノルウェーのナルヴィクにもあるが、これはフランス戦車を鹵獲使用したドイツ軍の置き土産だ。

最も精力的に収集し、またレストアに努めているのが、やはり本国フランスのソミュール戦車博物館だ。今回紹介した主要フランス戦車、シュナイダーCA1、ルノーFT-17、ルノーR35、オチキスH35／39、ソミュアS35、そしてルノーB1bis等は、すべてこの博物館に揃っている。サン・シャモンもあるが、これはアメリカから譲ってもらったものだ。

本文では紹介しなかったFCM36も、ソミュール戦車博物館に展示されている。本車はルノー R35やオチキスH35と同時期に開発された重量12.35トンの軽戦車で、21口径37mm戦車砲1門と7.5mm機関銃1挺を装備し、装甲厚は最大40mm、乗員は2名だった。避弾経始を取り入れた車体・砲塔が特徴的だが、火力不足と最高速度が24km/hにとどまる点が欠点だった。他戦車の生産の兼ね合いもあり、生産は100両で打ち切られた。（写真／斎木伸生）

ソ連軍の戦車

ソ連は戦間期にイギリスやアメリカから戦車に関する技術導入を図り、各種の戦車と装甲戦闘車両を開発・生産した。第二次大戦の独ソ戦(大祖国戦争)の前には、高い攻防能力を持つT-34中戦車、KV重戦車を揃え、ドイツ側にショックを与えている。独ソ戦中にもソ連戦車の改良と発展はとどまるところを知らず、大戦勝利の大きな原動力となった。

ソ連

BT快速戦車

- ライセンス生産のクリスティー戦車から発展
- 機動力が高く、履帯を外して高速走行も可能
- BT-2、BT-5、BT-7と発展し、多数生産される

クリスティー戦車をライセンス生産

第一次世界大戦中、ロシアは国産戦車を開発することはなかった。ロシアの大地を踏んだ最初の戦車は、対ソ干渉戦争（1918年～20年）に参加した英仏戦車であった。

干渉戦争の結果、これら英仏戦車のいくつかが鹵獲《ろかく》され、ソ連側はそれをベースに国産戦車の開発を図ったが、当時の工業技術水準の限界から暗礁に乗り上げた。行き詰まりを打開するため、ソ連は外国へ調査団を派遣し、戦車の導入を図った。こうして導入された戦車の一つが、アメリカの発明家J・W・クリスティーが開発した戦車であった。

当時のソ連軍では、ミハイル・トハチェフスキーが提唱した「縦深打撃作戦理論」が採用されていたが、同理論では前線突破後に高速機動を行える戦車が必要とされた。クリスティ戦車はこれにうってつけだった。その走行装置は、大直径転輪とストロークの長いコイルスプリングの懸架装置を持ち、機動性が良好だった。また、履帯だけでなく転輪で走行するユニークなシステムを備え、高速で走行することができた。

実際、最高速度は履帯で51・6km／h、転輪で72km／hに達した（BT-2）。生産ライセンスが獲得され、1931年にBT-2快速戦車として制式化された。クリスティー戦車はまた、装甲防御力を増すため、傾斜装甲と呼ばれる概念（ただし13㎜の厚さでは大した効果はないが）を取り入れており、これも後の赤軍の戦車に大きな影響を与え

BT-2の45口径37mm戦車砲を、46口径45mm戦車砲に換装したBT-5。スペイン内戦（1937年）、ノモンハン事件（1939年）、第二次大戦、冬戦争（第一次ソ・フィン戦争）などに参加した。

V-2ディーゼルエンジンに換装したBT-7M（Mは改良を意味する言葉の頭文字）。写真は履帯を外した装輪状態であり、この状態でBT-7は72km/h、BT-7Mは86km/hの最高速度を発揮できた。

た。ＢＴ－２は１９３３年までに、37㎜砲装備型２０８両、そして主砲の不足から機関銃装備型４１２両が生産された。

ＢＴ－５およびＢＴ－７の開発

ＢＴ－２は十分優れた戦車であったが、火力の不足が指摘された。このため開発されたのがＢＴ－５である。より対戦車、対人・陣地攻撃力の高い45㎜砲を採用し、砲塔、車体に所要の改良が施されていた。１９３３年後半より生産が開始され、１９３４年までに通常型１６２１両と無線機搭載型２６３両が完成した。日本人にとっては、特にノモンハン事件で活躍した戦車として記憶されるだろう。

さらなる武装強化型として開発されたのがＢＴ－７であった。当初、76・2㎜砲の搭載が模索されたが、搭載は困難で、元通りの45㎜砲型にまとめられた。装甲も最大20㎜に強化されている。改良された部分は主に機動力の向上で、エンジンを信頼性の高いものに変更し、燃料搭載量を増して航続力を高めている。

１９３５年より生産が開始され、１９３９年までに通常型２５９６両と無線機搭載型２０１７両が完成した。なお、１９３７年からは砲塔形状を変更して傾斜を持たせた、円錐砲塔型が生産されている。さらなる改良型がディーゼルエンジン装備のＢＴ－７Ｍで、１９４０年までに７８８両が生産された。

ＢＴ戦車シリーズは第二次世界大戦に至るも多数が現役で、ドイツ軍を相手に奮戦した。さらに一部は、１９４５年の満州侵攻にも参加している。

■BT-7

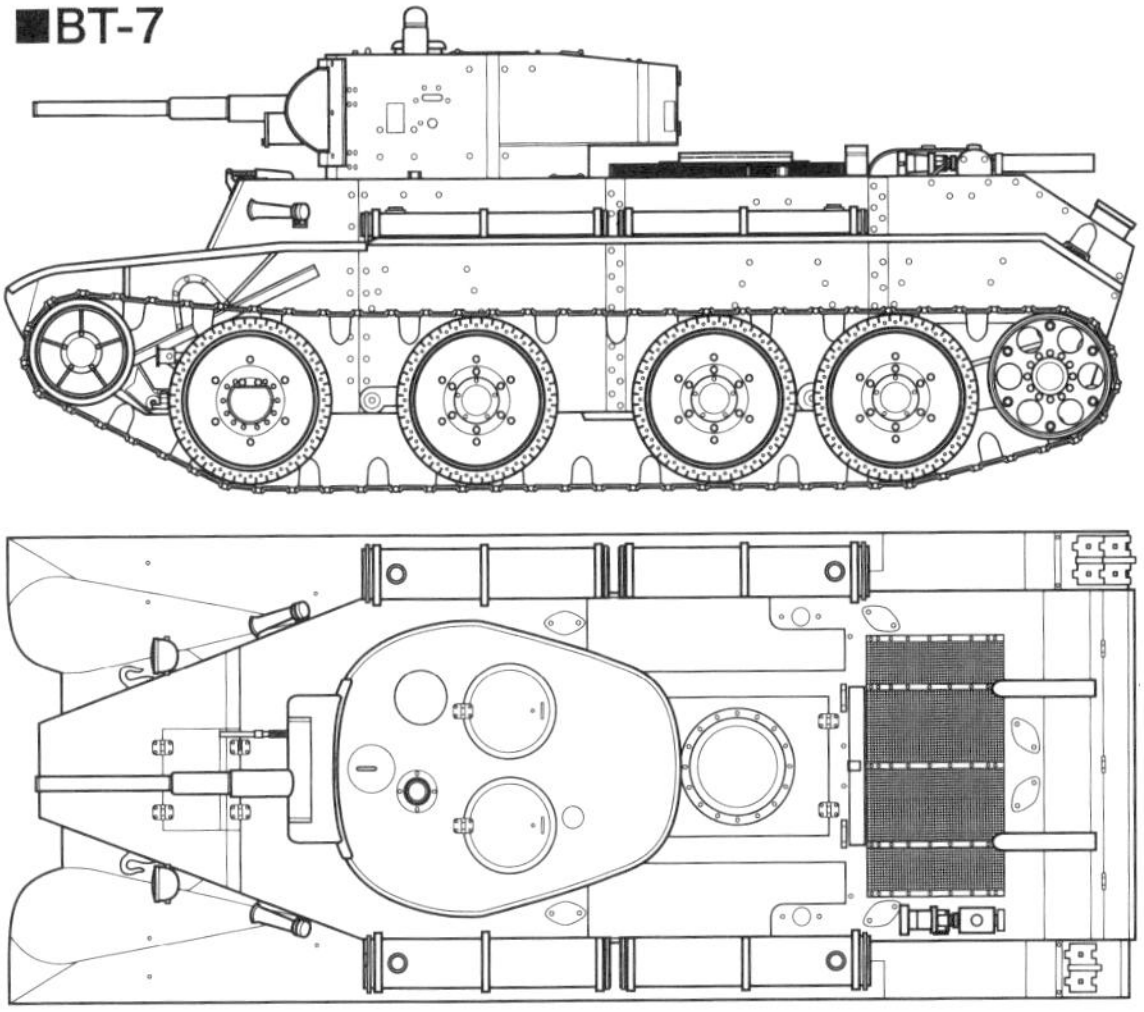

■BT-5快速戦車

重量	11.5トン	全長	5.50m
全幅	2.23m	全高	2.20m
エンジン	M-5 液冷ガソリン1基		
エンジン出力	400hp		
最高速度	52km/h(装輪72km/h)		
行動距離	150km(装輪250km)		
兵装	46口径45mm戦車砲1門、7.62mm機関銃1挺		
装甲厚	6～13mm(1933年型) 6～25mm(1934年型)		
乗員	3名		

■BT-7快速戦車

重量	13.0トン	全長	5.645m
全幅	2.23m	全高	2.40m
エンジン	M-17T 液冷ガソリン1基		
エンジン出力	450hp		
最高速度	52km/h(装輪72km/h)		
行動距離	350km(装輪500km)		
兵装	46口径45mm戦車砲1門、7.62mm機関銃2挺		
装甲厚	6～20mm		
乗員	3名		

ソ連

T-26軽戦車

- ヴィッカース6トン戦車から発展した軽戦車
- 双銃塔型と単砲塔型が開発・生産される
- 型式ごとに改良、総生産数は1万2000両

ヴィッカース6トン戦車をライセンス生産

クリスティー戦車と並んで、ソ連が外国から導入した戦車がT‐26であった。これはすでにイギリスの章で書いたように、イギリスのヴィッカース社が開発した輸出用戦車で、豆戦車と中戦車の間に位置する、安価で使いやすい軽戦車として開発されていた。当時としては高速で、武装の選択肢も広く、何より信頼性が高かった。

生産ライセンスが獲得され、1931年よりT‐26として生産が開始された。車体構造等はヴィッカース6トン戦車のページを参考にされたい。

最初の生産型は左右に銃塔が並んだ双銃塔型で、これは機関銃で歩兵を掃討する塹壕戦用戦車だった。武装は7.62㎜機関銃2挺で、一部は右側の機関銃を37㎜砲に変更している。最大装甲は13㎜。1931年型として知られるこの車両は、1934年までに2038両が生産された（T‐26戦車の各型の生産数は資料によって異なる）。このうち、37㎜砲搭載型は500両＋であった。

ライセンス生産権を獲得したヴィッカース6トン戦車の双銃塔型（タイプA）に独自の改良を加えたT-26軽戦車（1931年型）。機関銃はソ連製のDT（DP28軽機関銃の車載型）とされている。

1932年に37㎜砲と機関銃を同軸に装備した（これは当時、画期的な発明だった）、単砲塔型が開発された。このタイプは少数が製作されたのみで、1933年より主砲を45㎜砲に強化したタイプの生産が開始された。これがT‐26で最も多数が生産された、いわゆる1933年型である。本型は1938年までに4685両＋（1938年生産分）生産された。このうちの2503両＋には無線機が搭載されており、砲塔回りに特徴的な鉢巻きアンテナが装備された。

傾斜装甲を持つ1938年型／1939年型

T‐26はそもそもが歩兵を相手とし、対機関銃防御しか

持たない戦車だった。そこで、少しでも防御力を強化し、また改良による重量増大に対処すべく開発されたのが、いわゆる1938年型であった。傾斜装甲とした円錐型砲塔が採用され、エンジンが強化されている。本型は1938年に716両生産された（ただし1933年型も混じっている。すべて無線機搭載）。本型は1939年にも生産されているはずだが、これはやはり1939年型と混じっている。

1939年からは、さらに車体にも傾斜装甲を取り入れたタイプが生産された。これがいわゆる1939年型で、1939年中に1295両生産された（1938年型も混じった生産数。うち無線機搭載型は350両）。

T-26は1940年から41年にかけても生産されたが、その生産数ははっきりしない。

T-26はスペイン内戦や冬戦争で使用され、第二次世界大戦期にはすでに旧式戦車となっており、あまり評価は芳しくない。しかし、その生産総数は約1万2000両にもなり、これは戦間期の戦車の生産数としては圧倒的だ。何よりもソ連軍の機械化に果たした役割は、極めて大きかったのである。

砲塔・車体に傾斜装甲を取り入れたT-26軽戦車（1939年型）。傾斜装甲は垂直装甲より、実質的な装甲の厚みを増すことができる（避弾経始）が、10〜25mm程度の装甲厚では効果は少なかったとされている。

■T-26軽戦車（1933年型）

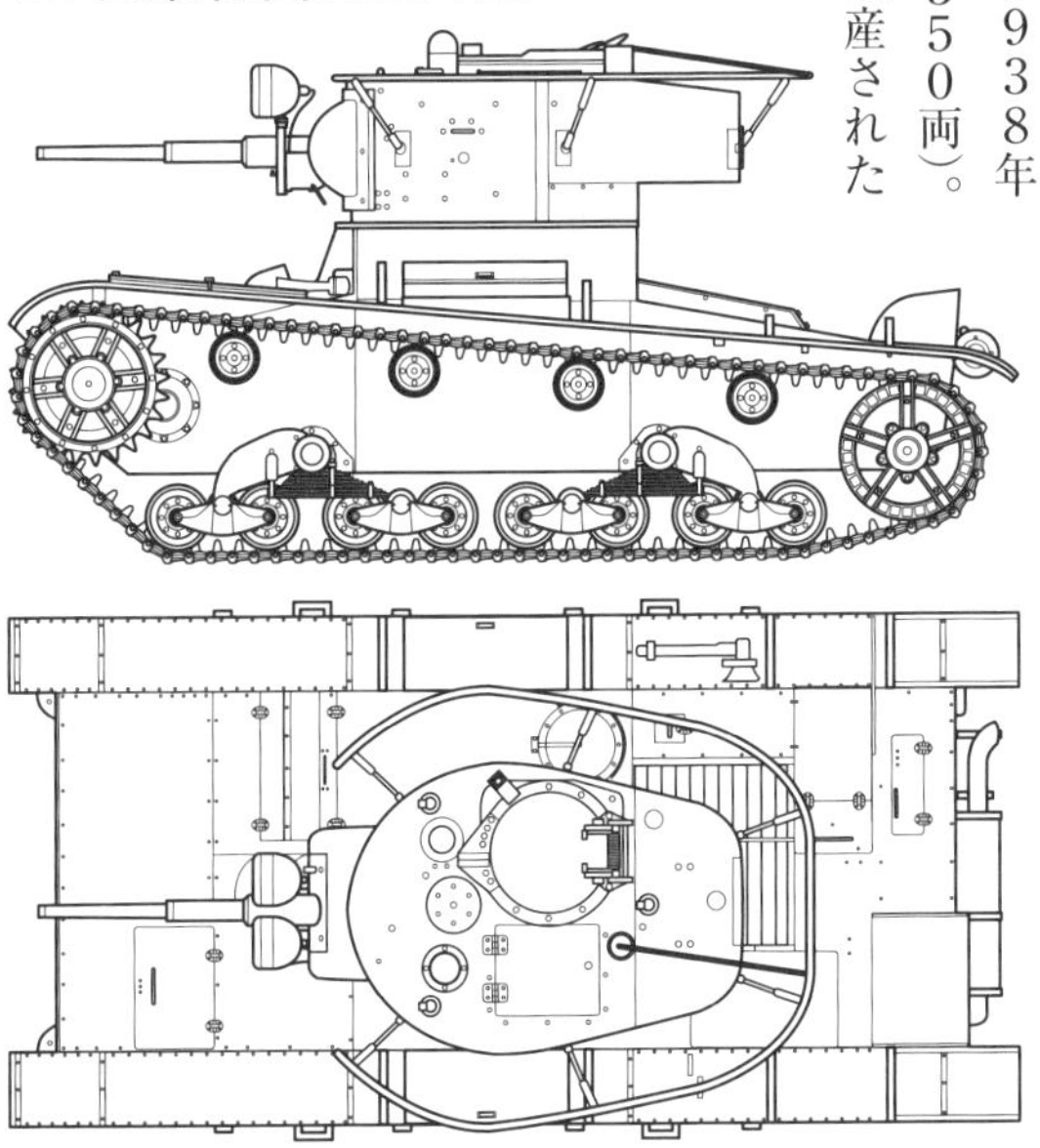

■T-26軽戦車（1931年型）

重量	8.0トン	全長	4.62m
全幅	2.44m	全高	2.19m
エンジン	GAZ T-26 空冷ガソリン1基		
エンジン出力	90hp	最高速度	28.4km/h
行動距離	140km		
兵装	7.62mm機関銃2挺（双銃塔型）／21口径37mm戦車砲1門、7.62mm機関銃1挺（単砲塔型）		
装甲厚	6〜13mm	乗員	3名

■T-26軽戦車（1938年型）

重量	10.3トン	全長	4.62m
全幅	2.445m	全高	2.33m
エンジン	GAZ T-26 空冷ガソリン1基		
エンジン出力	95hp	最高速度	30km/h
行動距離	240km		
兵装	46口径45mm戦車砲1門、7.62mm機関銃3挺（1939年型:2〜3挺）		
装甲厚	10〜25mm	乗員	3名

ソ連

T-28中戦車／T-35 T-100／SMK重戦車

■長い車体に76.2㎜砲と銃塔二つを持つT-28
■76.2㎜砲と45㎜砲を持つ多砲塔戦車T-35
■不採用に終わった二砲塔のT-100、SMK

複数の砲塔・銃塔を備える重戦車群

イギリス・ヴィッカース社の6トン戦車はT-26として大量生産されたが、この時、ソ連調査団はA6中戦車にも興味を示していた。これは赤軍の考える機動中戦車に最適と判断されたものの、条件が折り合わず、ライセンス生産権は取得できなかった。このため、A6を範として独自に新型中戦車を開発した。

これがT-28であった。T-28は長大な箱型車体に、76.2㎜砲を装備した主砲塔と二つの機関銃塔が装備された巨大な戦車だった。最大装甲厚は30㎜。1933年に生産が開始されたが、複雑かつ高価な戦車で、1940年までに503両の生産に止まった。T-28は独立重戦車旅団に配属され、フィンランドとの冬戦争（1939年11月～1940年3月）で活躍したが、装甲防御力の低さも問題となった。

イギリスでソ連の代表団が注目したもう一つの戦車が、巨大な多砲塔戦車インディペンデント戦車であった。このコンセプトにのっとり開発されたのがT-35である（インディペンデント戦車の直接の影響を否定する意見もある）。T-35は全長10m近い巨大な車体を持ち、中央に76.2㎜砲を装備した主砲塔、前後に45㎜砲を装備した副砲塔、機関銃塔を配置。その様は、まさに陸上戦艦であった。最大装甲厚は50㎜。

T-35は1933年に生産が開始されたが、T-28以上

砲塔に76.2mm戦車砲と7.62mm機関銃を装備、車体前部の2基の銃塔にもそれぞれ7.62mm機関銃を備えるT-28中戦車。写真はソ・フィン戦争でフィンランド軍に鹵獲された車両。（写真／SV-kuva）

重量:25.2トン／全長:7.36m／全幅:2.87m／全高:2.62m／エンジン:M-17T 液冷ガソリン1基／エンジン出力:450hp／最高速度:42km/h／行動距離:180km／兵装:16.5口径76.2mm戦車砲1門、7.62mm機関銃3～4挺／装甲厚:8～30mm／乗員:6名

に複雑高価な車両であり、1939年までに59両が生産されたにとどまった。

T-35はわずか1個の独立重戦車旅団にのみ配属され、ドイツ軍のソ連侵攻の際に実戦参加した。だが、戦闘そのものよりも、不利な情況での長駆行軍によりほとんどの車両が失われた。

1930年代終わりには、T-35に代わる重戦車の開発が開始された。新型重戦車は三つの砲塔を持ち、60㎜の装甲厚を備えるものとされたが、それは不可能で、二砲塔にまとめられた。ボリシェビーク工場が開発した車両がT-100、キーロフスキー工場が開発した車両がSMKであった。

しかし、新型重戦車に採用されたのは単一砲塔のKVで、T-100、SMKともに試作で終わった。

T-35重戦車は主砲塔に76.2mm戦車砲1門、車体前部右側と後部左側の副砲塔に45mm戦車砲各1門、前部左側と後部右側の銃塔に7.62mm機関銃を搭載した。

重量:50.0トン／全長:9.72m／全幅:3.20m／全高:3.43m／エンジン:M-17L 液冷ガソリン1基／エンジン出力:500hp／最高速度:28.9km/h／行動距離:100km／兵装:16.5口径76.2mm戦車砲1門、46口径45mm戦車砲2門、7.62mm機関銃5挺／装甲厚:10〜50mm／乗員:10名

主砲塔に76.2mm戦車砲、車体前部の副砲塔に45mm戦車砲を搭載するT-100重戦車。本車やSMKを見たスターリンは「戦車で『ミュール&メリリズ』を作るべきではない」と、複雑な構造で多目的の多砲塔戦車を、百貨店に例えて批判したという。

重量:58.0トン／全長:8.495m／全幅:3.40m／全高:3.43m／エンジン:GAM-34BT 液冷ガソリン1基／エンジン出力:850hp／最高速度:35.7km/h／行動距離:160km／兵装:30.5口径76.2mm戦車砲1門、46口径45mm戦車砲1門、7.62mm機関銃3挺／装甲厚:20〜60mm／乗員:8名

側面から見たSMK重戦車。上段の主砲塔には76.2mm戦車砲と、後部に12.7mm機関銃を備える。下段の副砲塔には45mm戦車砲を装備。SMKの名は、暗殺されたソ連共産党レニングラード州委員会第一書記、セルゲイ・ミローノヴィチ・キーロフのイニシャルにちなむ。

重量:55.0トン／全長:8.75m／全幅:3.40m／全高:3.25m／エンジン:GAM-34BT 液冷ガソリン1基／エンジン出力:850hp／最高速度:34.5km/h／行動距離:280km／兵装:30.5口径76.2mm戦車砲1門、46口径45mm戦車砲1門、12.7mm機関銃1挺、7.62mm機関銃4挺／装甲厚:20〜75mm／乗員:7名

ソ連

T-37/T-38/T-40軽浮航戦車

- 湿地や河川の多い地形に適した水陸両用戦車
- 機関銃1挺装備のT-37およびT-38を生産
- 12.7㎜機関銃を追加したT-40には陸上型も

ヴィッカース水陸両用戦車が原型

ロシア、特に北西ロシアには湿地帯や河川が多い。イギリスのヴィッカース水陸両用戦車に興味を示した赤軍は、これに範を取った車両を開発した。最初の車両はほとんどコピーのようなT-33であったが、採用はされなかった。改良型として車体容積を増したT-41が開発されたが、性能不良で不採用に終わった。

さらなる改良型が開発され、T-37として採用、１９３３年から生産が開始された。次いで車体を延長したT-37Aに生産が移行し、１９３６年までに通常型１９０９両、無線機搭載型６４３両が完成した。T-37Aの車体は低平な箱型をしていて、これで浮力を得ていた。車体左側に操縦手席、右側に機関銃塔を配置、武装はこの銃塔に備える7・62㎜機関銃のみで、装甲も薄かった。走行装置はペアにした転輪を、水平に配置したコイルスプリングで緩衝したもの。後部にはスクリューが装備されていた。

T-37Aは量産されたものの、多くの問題点があり、それを改良すべく開発されたのがT-38であった。できるだけT-37Aのコンポーネントが流用され、車体は幅が広げられた一方、長さは縮められた。目立つのは操縦手席が右側、銃塔が左側に変更されたことだ。１９３６年から生産が開始され、１９３９年までに１２１７両が完成した。さらに無線機搭載型は１６５両生産された。

機関銃塔前面のボールマウント銃架に7.62mm機関銃を備えるT-37A軽浮航戦車。写真はソ・フィン戦争でフィンランド軍に鹵獲された車両。(写真/SA-kuva)

改良を経たT-40は陸上型も生産

T-38は登場した段階からすでに非力すぎ、性能的限界は明らかだった。問題の一つは防御力で、最低限、重機関銃弾および大きな弾片に堪える装甲防御が必要とされた。だが、水陸両用性能との関係からむやみに装甲厚を増すことはできず、傾斜装甲が多用されることとされた。もう一つは火力の増大で、大口径機関銃が搭載されることとなった。

本車はT-40として採用され、1940年8月に生産が開始された。しかし生産は順調には進まず、独ソ開戦時に軍に配備されていたのはわずか132両だけだった。増産のため、陸上型軽戦車が生産されることになり、水上航行機能を省いた車両（非公式にT-40Sと呼ばれた）と、車体後部を再設計したT-30が生産された。T-40シリーズはこれらを合計して277両が生産された。

T-37／T-38は、狙撃兵、騎兵、機械化部隊の偵察車両として配備された。冬戦争やポーランド侵攻、独ソ戦初期まで使用されたが、基本的に戦闘能力に乏しく、目立つ活躍はしていない。T-37Aで面白いのは、空挺戦車としての使用が模索されたことだ。爆撃機の腹に取り付けて、低空から湖上への投下試験が行われたが、失敗して車両は水没してしまった。

T-40は独ソ戦初期に、偵察用車両としてでなく戦車の穴埋めとして戦線投入され、多数が空しく失われた。

■T-40軽浮航戦車

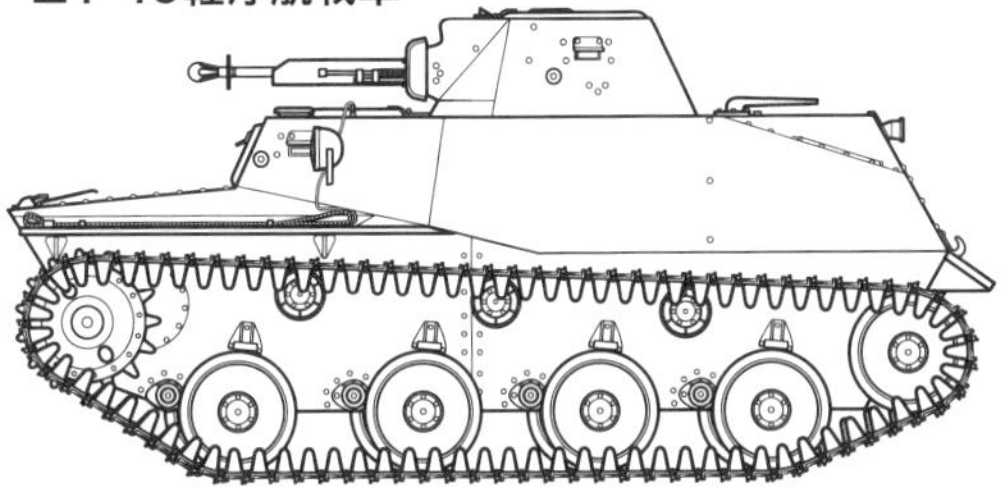

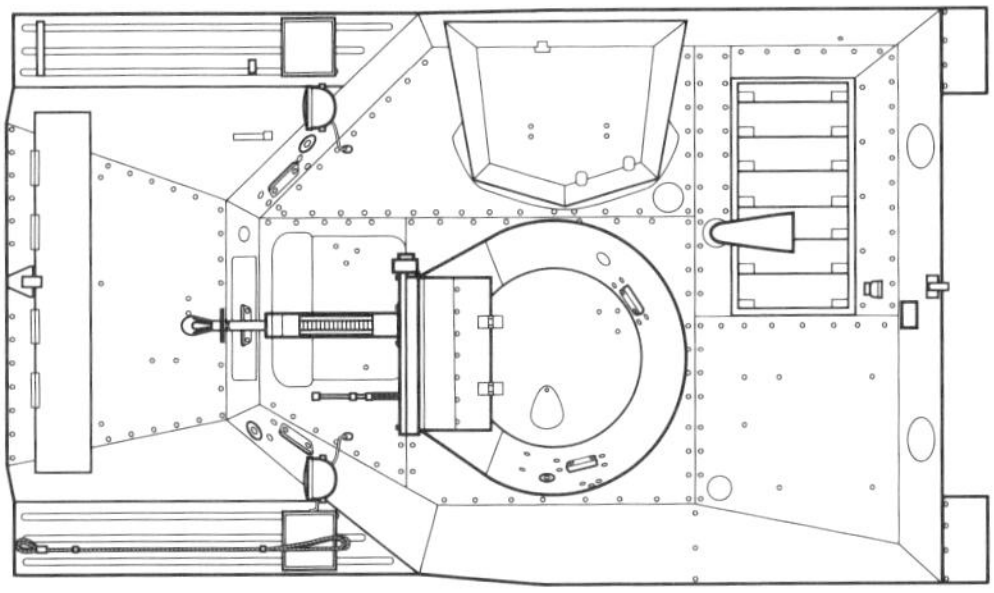

■T-37A軽浮航戦車

重量	3.2トン	全長	3.73m
全幅	1.94m	全高	1.84m
エンジン	GAZ-AA 液冷ガソリン1基		
エンジン出力	40hp		
最高速度	38〜40km/h（水上浮航6km/h）		
行動距離	185〜230km		
兵装	7.62mm機関銃1挺		
装甲厚	6〜9mm	乗員	2名

■T-40軽浮航戦車

重量	5.5トン	全長	4.11m
全幅	2.33m	全高	1.905m
エンジン	GAZ-11 液冷ガソリン1基		
エンジン出力	85hp		
最高速度	45km/h（水上浮航6km/h）		
行動距離	300km		
兵装	12.7mm機関銃1挺、7.62mm機関銃1挺		
装甲厚	6〜13mm	乗員	2名

T-37Aを改良したT-38を、さらに改修したT-40軽浮航戦車。傾斜装甲を取り入れ、武装は12.7mm機関銃と、同軸の7.62mm機関銃各1挺となっている。

ソ連

T-60／T-70軽戦車

■軽浮航戦車から水上航行能力を省いた軽戦車
■T-40ベースのT-60と、その強化型のT-70
■大損害を負った戦車部隊の穴埋めとして運用

T-40の浮航能力を省いた軽戦車

ソ連軍の新型水陸両用戦車T-40は、独ソ戦緒戦でほぼ全てが失われた。装備の穴埋めを図る上では、複雑高価な水陸両用戦車はもはや不要だった。

このため、T-40をベースにした陸上型の軽戦車が開発されることになった。これがT-60軽戦車で、１９４１年10月に制式化された。T-60はT-40と同サイズで、おおむねT-40のスクリュー等水上浮航機構を省いただけと言ってよかった。ただし、武装は20㎜機関砲に強化され、装甲も若干強化されている。もっとも、これは滲炭《しんたん》処理の手間を省いた均質圧延鋼板で同程度の防御力を得るため、厚さを増したものだった。

T-60は12月から量産が開始され、１９４２年秋までに６０４５両もが生産された。これは戦車部隊の穴埋めのため、ともかく何でも必要だったからだ。本車が一旦壊滅したソ連軍戦車部隊の、再建の大きな柱となったことは間違いないだろう。しかし、一方でその戦闘能力には限界があった。

強化されたとはいえ貧弱な武装、薄い装甲、そして軽戦車ながら実はその機動力は、グランドクリアランスが低いことがあり、T-34中戦車に劣るとされていた。このため前線での評価は低く、ドイツ軍からも与《くみ》しやすい敵とされた。もっともこれは、そもそも軽戦車の限界でもあり、気の毒と言う気もする。ただ、同じ軽戦車のドイツのII号戦車より性能が劣っていたのは否定できない。

T-40軽浮航戦車の浮航能力を省き、そのまま陸上戦車化したようなT-60軽戦車。ただし武装は20mm機関砲1門、7.62mm機関銃1挺に強化されている。

T-60の武装と装甲を強化したT-70

このように非力なT-60の性能強化は、その生産開始後すぐに始められていた。当初、T-60にそのまま新型の37

mm砲を搭載する形での武装強化が試みられたが、同砲の調達が難しかったため、新たに45mm砲が装備されることになった。砲塔は大型化され、車体も新型化される方向で開発が進められたが、新型戦車の供給が急がれたため、T-60車体を改良する方向に改められた。

こうして開発された新型戦車は、最終的に1942年初夏にT-70として制式化された。車体は大型化され、砲塔の武装は45mm砲、装甲も前面35〜45mmで、傾斜装甲のお陰もあり、ほぼT-34中戦車並と言えた。エンジンは馬力強化のため2基が搭載された。当初は2基が別々に左右の走行装置を駆動したが、後に直列配置に改められ、この車両はT-70Mと呼ばれるようになった。

45mm戦車砲を搭載する砲塔(車体左側にオフセット配置)を持つT-70軽戦車。T-37Aで1.94mだった全幅が2.42mまで拡大された。また、本車を車台を利用し、39.3口径76.2mm対戦車砲を搭載したSU-76軽対戦車自走砲も開発され、14,292両が生産された。

T-70の生産は1942年夏に開始され、1943年10月までにT-70Mと合わせて8226両が完成した。1943年頃には戦車旅団の戦力の3分の1がT-70だったというから、その存在意義は大きかった。ただし、T-70は軽戦車としては優秀であっても、やはりその戦闘力は限られていた。T-70の存在の重要性は、その車台がSU-76自走砲のベースとなったことにあると言えるかも知れない。

■T-70軽戦車

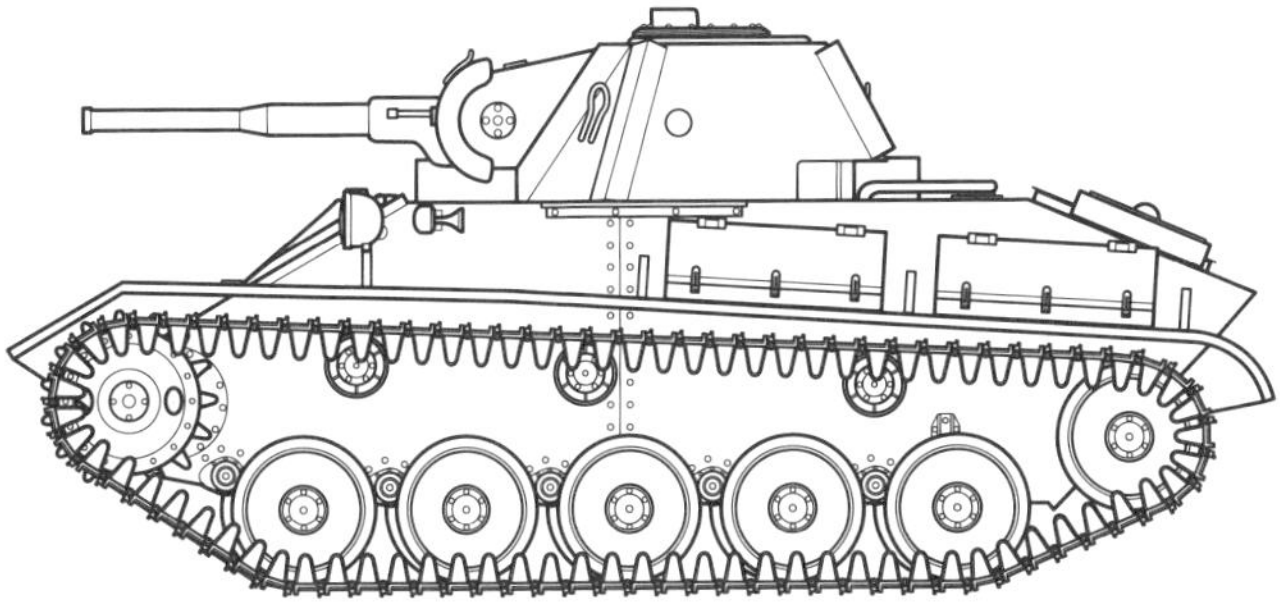

■T-60軽戦車

重量	5.8トン(後期型6.4トン)		
全長	4.10m	全幅	2.392m
全高	1.75m		
エンジン	GAZ-202 液冷ガソリン1基		
エンジン出力	70hp	最高速度	45km/h
行動距離	450km		
兵装	20mm機関砲1門、7.62mm機関銃1挺		
装甲厚	10〜20mm(後期型10〜35mm)		
乗員	2名		

■T-70軽戦車

重量	9.2トン(T-70M:9.8トン)		
全長	4.285m	全幅	2.42m
全高	2.04m(T-70M:2.045m)		
エンジン	GAZ-202 液冷ガソリン2基 (T-70M:GAZ-203 液冷ガソリン2基)		
エンジン出力	140hp(T-70M:170hp)		
最高速度	45km/h	行動距離	350km
兵装	46口径45mm戦車砲1門、 7.62mm機関銃1挺		
装甲厚	10〜60mm	乗員	2名

ソ連

T-34中戦車

- 高い砲威力、傾斜装甲、良好な機動性を兼備
- 85㎜砲と三人用砲塔を備えるT-34-85も開発
- 5万7000両以上を生産、ソ連戦車部隊の主力に

BT快速戦車から発展した新型中戦車

１９３８年、ＢＴ-７の後継となる快速戦車の開発が開始された。元々の要求はＢＴ戦車の発展改良型で、当初ＢＴ-20、後にＡ-20と呼ばれた。武装には45㎜砲、前面装甲25㎜、装輪装軌式の走行装置を備えた機動力を重視した車両で、１９３９年に試作車が完成した。最大の特徴は、ＢＴ戦車の傾斜装甲の概念をさらに発展させ、車体・砲塔ともに、これまでにない先進的なデザインにまとめられていたことであった。

Ａ-20はＢＴ-７と同様、装輪装軌式の走行装置を備えていたが、これが必要かどうかが議論となった。それを確認するために並行して開発されたのが、装軌式のみとしたＡ-32であった。基本的にＡ-20と同様のデザインにまとめられているが、車体は若干大型化し、砲塔には76・２㎜砲が装備されていた。Ａ-20とＡ-32の比較試験の結果は甲乙つけがたいもので、一時は両者の並行生産も予定された。

決め手となったのは、将来の発展余裕、すなわち装甲厚を45㎜へ強化できる点だった。Ａ-32が勝者となり、さらに装甲を強化したＡ-34が製作され、そして１９４０年３月、Ｔ-34として量産することが決定されたのである。Ｔ-34は重量の増大により、ランク的に中戦車となった。そして快速戦車だけでなく、歩兵支援戦車をも兼ねる車両となったのである。

T-34の構造と各タイプ

Ｔ-34の特徴は何と言っても、全面が傾斜装甲で形成されたスマートなデザインだった。その装甲厚はほぼ全周で45㎜あり、その上、傾斜装甲のため数字以上に強靭《きょうじん》だった。砲塔も同様に傾斜面で構成されたスマートなものであった。そこに装備された主砲は76・２㎜砲で、当時としては非常に強力だった。そして機動力は強力なディーゼルエンジンとＢＴ譲りのクリスティー式サスペンションを備え、極めて良好だった。

1940年末にはT-34の量産が開始された。ただし、その装備化は必ずしも順調に進んだわけではなかった。T-34の設計にはまだ多くの不満が持たれていたのである。焦点となったのは、車長が独立した三人用砲塔の採用、視察能力の強化、クリスティー式に代えてトーションバー・サスペンションを採用すること等だった。

そこで改良型のT-34Mが開発され、1941年秋には生産を切り替えることが決定された。これを阻んだのは独ソ戦の開始であった。ドイツ軍に防戦一方となったソ連軍は、とにかく前線で使える戦車を欲しており、生産ラインの切り替えなどしている余裕はなかったのだ。こうしてT-34は、ソ連軍の主力戦車として大増産が図られることになった。

工場の疎開や新たな工場の参加もあり、T-34は多数の工場で、微妙に仕様の異なる多種多様なヴァリエーションが生産された。それ以外にも主に生産の簡略化によって、明白に異なるいくつかのタイプが作られた。ソ連軍ではこれらの車両に公式のタイプ分けはしていないが、一般にはおおよその生産年を取って、1940年型、1941

T-34中戦車の1941年型に分類されるタイプで、主砲が1940年型の30.5口径76.2mm砲から41.2口径76.2mm砲に換装されている。砲塔上面のハッチは重く大きいもので、前方視界をふさいでしまうという欠点があった。

T-34中戦車の1942年型に分類されるタイプ。砲塔上面に円形の車長用・装填手用ハッチが設けられた。その形状から、ドイツ側に「ミッキーマウス砲塔」と呼ばれた。

■T-34中戦車(1940年型)

重量	26.0トン	全長	5.92m
全幅	3.00m	全高	2.41m
エンジン	V-2-34 液冷ディーゼル1基		
エンジン出力	500hp	最高速度	55km/h
行動距離	300km		
兵装	30.5口径76.2mm戦車砲1門、7.62mm機関銃2挺		
装甲厚	16〜45mm	乗員	4名

年型、1942年型、1943年型に分けられている。

1940年型というのは原型である。砲塔は溶接で組み立てられ、主砲は砲身が短いL11を装備したタイプだ。1941年型では主砲はF-34になるが、砲塔は溶接と鋳造製の二種がある。1942年型では砲塔が上から見て六角形のボルト型の砲塔になる。これは主に生産性の向上のためだ。さらに1943年型では砲塔にキューポラが装備されて、車長の視察能力が改善されている。これらを合わせた総生産数は約3万5000両にもなる。

85mm砲を搭載するT-34-85

T-34はその開発された当時としては、群を抜いたレベルの優れた戦車であった。既述のようにソ連軍自身も気づいていた欠点は色々とあったが、基本的な戦闘力、主砲の威力、装甲防御力、高速走行能力および不整地での機動性は、ドイツ戦車にも引けを取らなかった。

しかし、どんなに優れたものでも陳腐化し、凌駕《りょうが》されることになるのは常のことである。ソ連軍でもそのことは予期し、T-34の改良を図っていた。しかし、彼らはその方向性を誤り、装甲防御力の強化に集中していた。そこに出現したのが、ドイツ軍の重装甲の重戦車ティーガーIや重突撃砲のフェルディナントであった。これらに対抗するためには、主砲威力の強化が必要だった。

こうして開発されたのが、T-34の武装を強化したT-34-85であった。T-34の車体そのままでは大型化した主砲の搭載は不可能であったため、車体を補強してターレットリングを拡大するとともに、卵形をした新たな鋳造砲塔が開発された。この砲塔はようやく三人乗りになり、キューポラも装備され、T-34の積年の欠点も改善されていた。

T-34-85は1943年末、D-5T砲搭載型が先行して生産され、1944年よりS-53砲搭載型に切り替えられた。生産工場ごとに細かな相違があるのはT-34/75と同様である。その総生産数は2万5000両以上に上り、さらに戦後も各国で生産された。

戦車跨乗兵(タンク・デサント)を満載したT-34-85中戦車。T-34-85も51.6口径85mm砲を搭載する1943年型と、54.6口径85mm砲を装備する1944年型に分類される。写真は1944年型。

T-34、T-34-85は、ともにソ連軍戦車部隊の主力として、1941年夏以来、ベルリン攻略戦に至る独ソ戦のあらゆる戦場で使用された。そして、戦後、21世紀の現在に至るまで一部で使用が継続されており、これは本車の優秀性を物語るものであろう。

■T-34中戦車(1941年型)

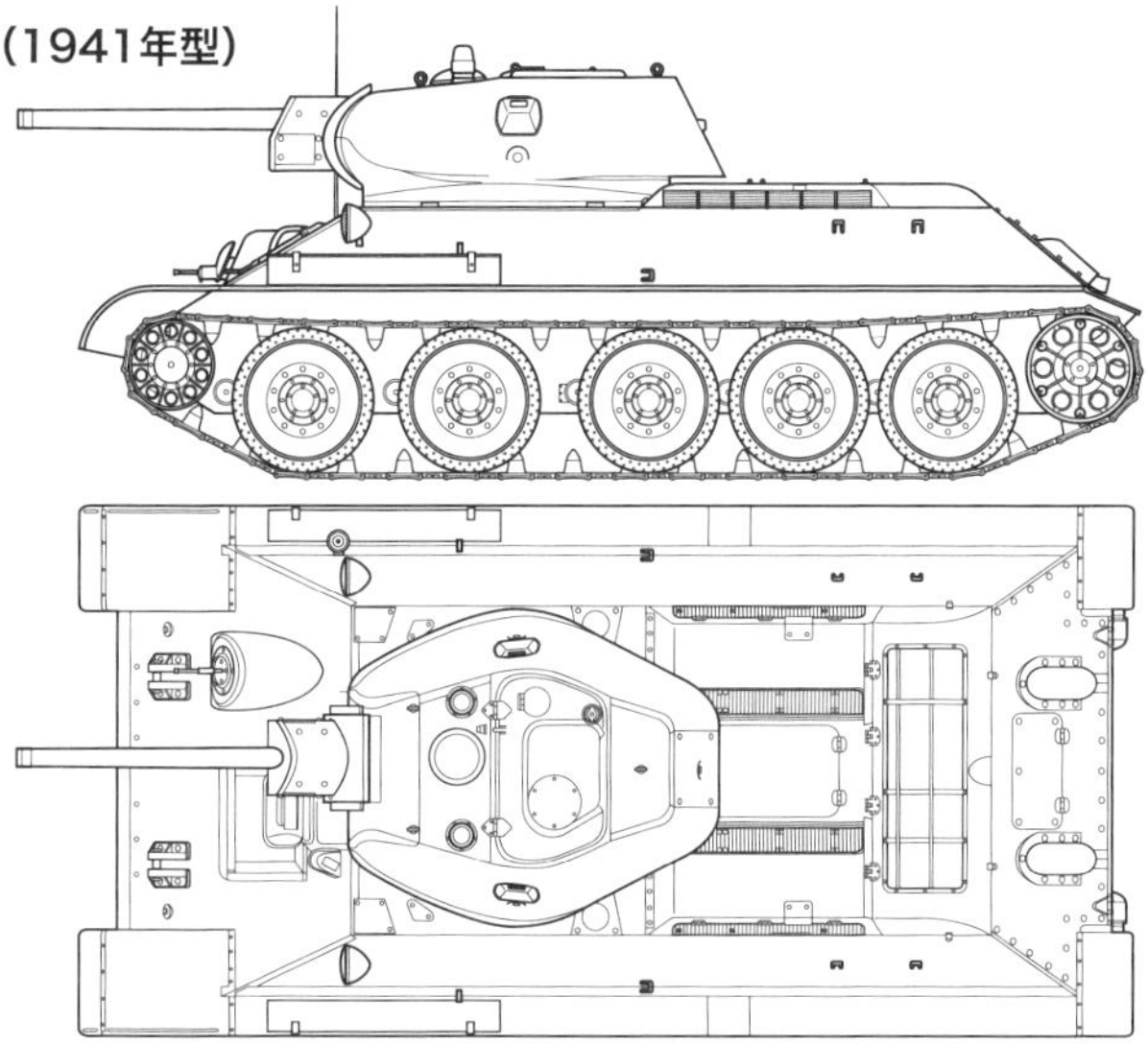

■T-34-85中戦車(1944年型)

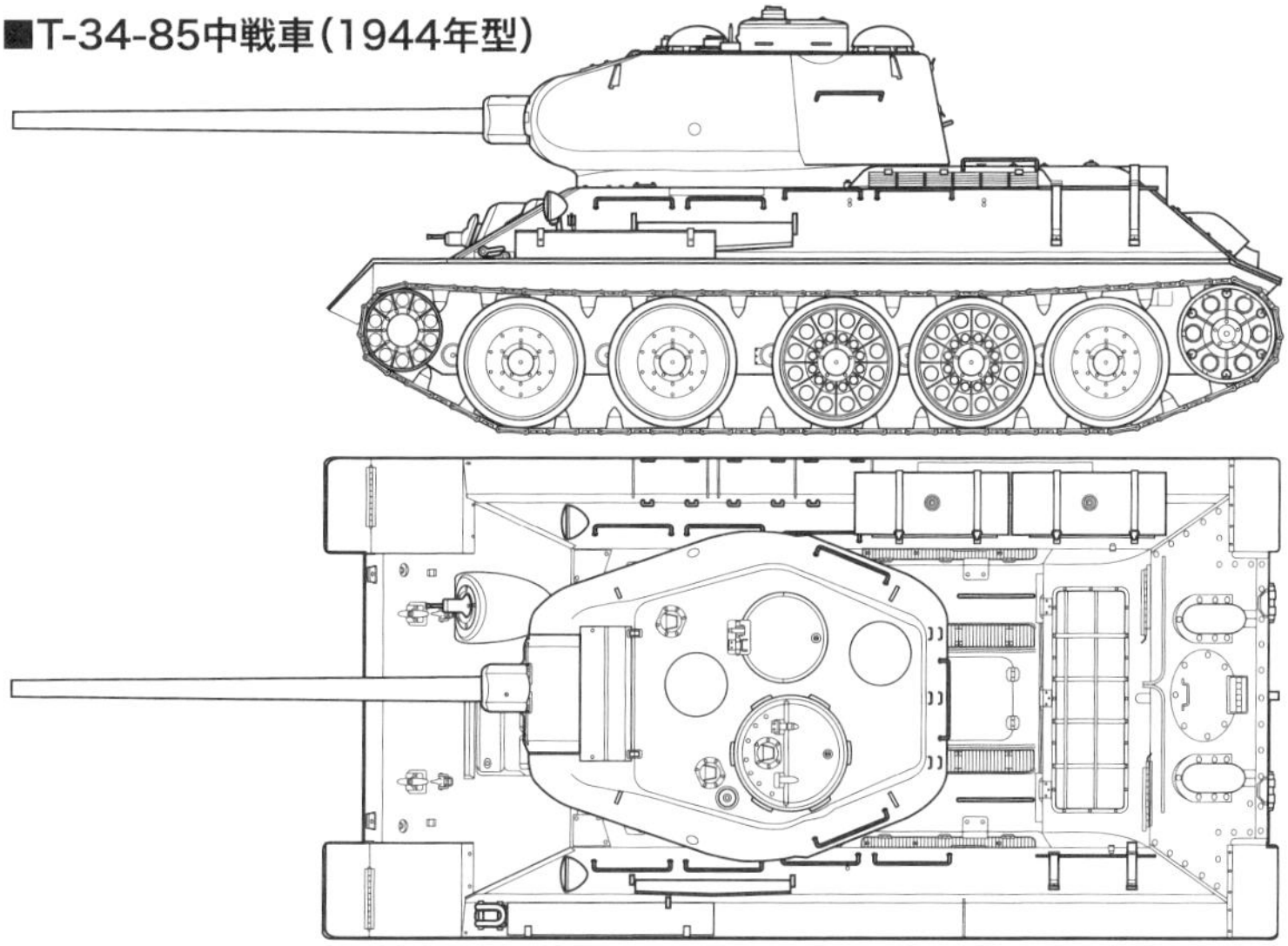

■T-34中戦車(1942年型)

重量	30.0トン	全長	6.75m
全幅	3.00m	全高	2.45m
エンジン	V-2-34 液冷ディーゼル1基		
エンジン出力	500hp	最高速度	55km/h
行動距離	280km		
兵装	41.5口径76.2mm戦車砲1門、7.62mm機関銃2挺		
装甲厚	16〜70mm	乗員	4名

■T-34-85中戦車(1944年型)

重量	32.0トン	全長	8.10m
全幅	3.00m	全高	2.72m
エンジン	V-2-34 液冷ディーゼル1基		
エンジン出力	500hp	最高速度	55km/h
行動距離	300km		
兵装	54.6口径85mm戦車砲1門、7.62mm機関銃2挺		
装甲厚	16〜90mm	乗員	5名

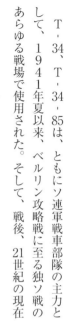

ソ連

T-44中戦車

■T-34の砲塔や足回りを改良した試作車両T-43
■T-34の車体デザインを一新したT-44中戦車
■T-44は部隊配備されるも、独ソ戦には参加せず

T-34の欠点を改良した試作戦車T-43

傑作戦車T-34には実は色々な欠点もあった。既述のように、生産開始当初よりその改良が試みられたが、独ソ戦で使用する戦車生産を優先する必要から、十分に行えなかった。1942年春、装甲防御力を強化し、三人用砲塔とし、トーションバー・サスペンションを装備したT-43が開発された。しかし、ドイツ戦車の性能強化に対応するのに緊急に必要とされたのは、武装の強化であった。このためT-34の武装を85㎜砲としたT-34-85が開発されたわけである。

一方、T-43も武装強化型の開発が進められた。T-43に85㎜砲を搭載することは問題なく可能だったが、この車両は採用されなかった。これは一説によれば、スターリンが望まなかったからだという。つまり、T-34-85があるのに新たな戦車の生産を開始すれば、生産現場を混乱させるというのだ。これはある意味、合理的な判断と言えよう。

このため85㎜砲搭載のT-43の生産は行われなかったが、開発陣はさらに本車の開発を続けた。こうしてまとめられたのがT-44であった。

三人用の大型砲塔を搭載、足回りにトーションバー・サスペンションを採用した試作車両T-43。

T-34を小型・合理化し装甲強化したT-44

T-44のT-34との最大の相違は車体の設計だった。T-34は下部車体に上部車体が乗るような形になっているが、T-44では車体が一体の箱となりT-34にあった袖部の張り出しがなくなっている。さらに車体の全長、特にエンジン室長が切り詰められた。これはエンジンを横置きにしたことで達成されたが、設計にかなり無理があり、本車の実用性を損ねる結果となった。また、サスペンションは

トーションバーとなっていたが、これはT-34M、T-43と続けられた試みがようやく実現したものである。

砲塔はT-34-85と同様の卵形の鋳造製で（そもそも、T-34-85の砲塔はT-43の砲塔デザインを元に設計された）、同じく85㎜砲が装備されていた。主砲については、後に122㎜砲、100㎜砲への換装が試みられたが、結局実用化は見送られた。装甲は前面120㎜、側面75㎜に強化されていたが、車体の小型化・合理化もあり、重量は31・8トンに抑えられている。

T-44は1944年7月に制式化され、同年中に生産が開始された。1945年5月のベルリン攻略戦当時、すでに実戦部隊への配備も進んでいたが、

T-43およびT-34-85と同様の砲塔を搭載、85mm戦車砲を備え、T-43譲りの足回りを持つT-44中戦車。

もはや投入の必要なしとして部隊は温存された。その後、1947年までに1827両が生産され、緊張を増していた極東方面の実戦部隊に配属された。ただし、信頼性等の面で問題があったようだ。

1960年代には現役にあったT-44のエンジンや駆動装置をT-54/55のものに変更する近代化が図られ、信頼性の問題は解消されたようだ。

■T-44中戦車

重量	31.8トン	全長	7.65m
全幅	3.10m	全高	2.40m
エンジン	V-44 液冷ディーゼル1基		
エンジン出力	520hp	最高速度	51km/h
行動距離	300km		
兵装	54.6口径85mm戦車砲1門、7.62mm機関銃2挺		
装甲厚	15～120mm	乗員	4名

T-44中戦車の主砲を試験的に100mm砲とした車両。車体側面にはドイツ戦車のようなシュルツェンも装備されている。

ソ連

KV-1重戦車

■箱型の車体と砲塔を持つ、重量50トン級の重戦車
■高い火力と重装甲でドイツ軍の前に立ちはだかる
■軽量化型KV-1S、85㎜砲搭載のKV-85も開発

単一砲塔を装備する重戦車

1938年、T-35重戦車の後継戦車の開発が開始された。この時要求されたのは、既述のように多砲塔戦車だったが、キーロフスキー工場はこのような戦車を開発することには反対だった。このため、要求された多砲塔戦車と並んで、独自に開発した単一砲塔の重戦車を提案したのである。

この戦車はSMKをベースとして、車体を短縮して単一砲塔としたものであった。新型戦車はクリメント・ヴォロシーロフ元帥の名前を取ってKV戦車と名付けられた。この戦車は明らかにSMK、T-100より、軽量小型であり扱いやすかった。1939年12月、ソ・フィン戦争で戦場試験を行うため、SMK、T-100と並んでKVも実戦投入された。

その結果、SMKは擱座《かくざ》し、T-100が可もなく不可もなく、KV戦車は良好なパフォーマンスを発揮した。この結果、KV戦車(KV-1)が新型重戦車として採用されたわけであるが、時間的経過を考えると、実際はこの戦場試験の前に採用は決定していたのであろう。

KV-1の構造と生産

KV-1のデザインは箱型の車体と砲塔で、T-34ほど洗練されてはいない。その本質は、武装に威力のある76.2㎜砲、車体前面・側面、砲塔全周にわたり75㎜の装甲厚を持つという正統派の重戦車であった。エンジンは強力なディーゼルエンジンで、走行装置には先進的なトーションバー・サスペンションを装備していた。

KV-1の最大の欠点が変速機で、その脆弱性《ぜいじゃく》、信頼性の低さに悩まされた。ただ、KV-1が当時としては比類ない50トン級の戦車であることを考えると、これは仕方

KV-1重戦車のうち、1941年型に分類されるタイプで、1941年12月以降に生産された鋳造製砲塔を持つ車両。左ページの図面は同じ1941年型だが、溶接砲塔を搭載している。

KV-1の装甲を薄くして軽量化、欠点だった変速機を新型に換装したKV-1S。本車自体は短期間の生産に終わったが、後にJS戦車へと発展する。

なかったと言える気もする。KV-1にとって不運だったのは、その後、装甲の強化により重量が増大したことで情況が悪化したことだった。そして、同じソ連戦車でライバルのT-34中戦車が優れた機動力を発揮したことだ。

結果、軽量化と変速機の改良を図ったKV-1Sが開発された。しかし、軽量化により装甲は薄くなり、武装は76・2㎜砲のままだったため、これではT-34と大差ない。重戦車としてのメリットがなく、結局、その生産は短期間で終わった。

KV-1は1940年1月から生産が開始され、1942年8月までに合計3164両が完成した。さらにKV-1Sが、1943年8月までに1075両生産されている。その他、ストップギャップとしてKV-1S車体を改造し、新型砲塔に85㎜砲を装備したKV-85が1943年8月～10月に148両生産された。

KV-1はT-34とともにソ連軍戦車部隊の主力となり、特に緒戦おいて、ドイツ軍の戦車砲、対戦車砲では撃破困難な敵として度々立ちはだかったのである。

■KV-1重戦車（1941年型）

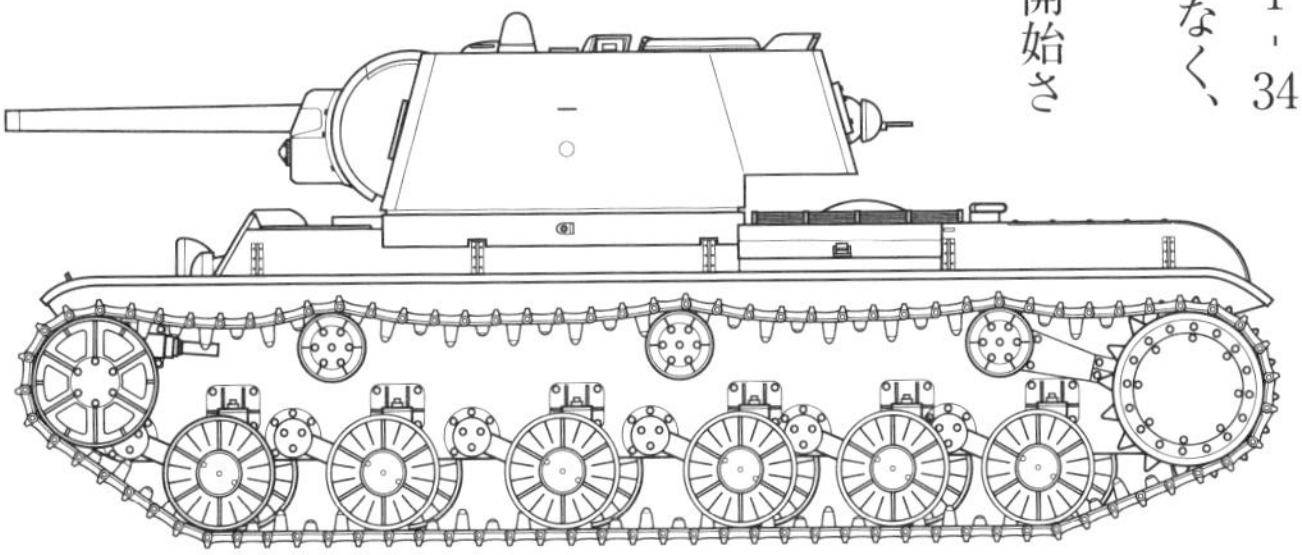

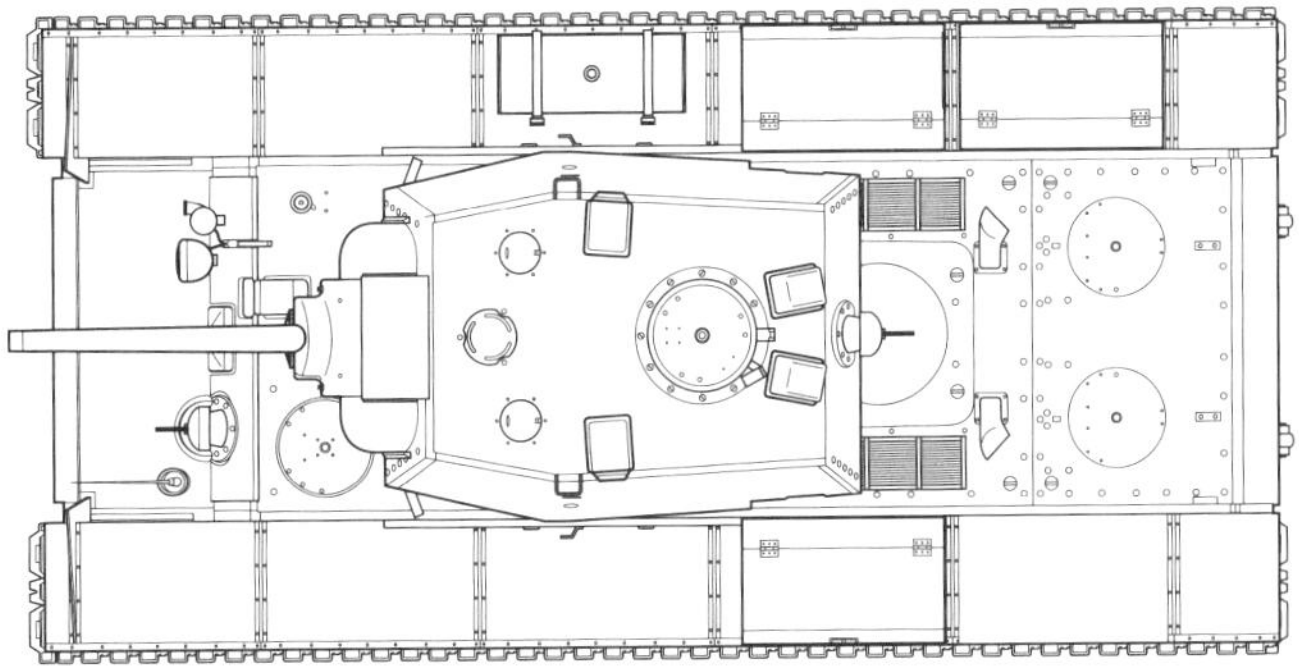

■KV-1重戦車（1941年型）

重量	45.0トン	全長	6.90m
全幅	3.32m	全高	2.71m
エンジン	V-2-K 液冷ディーゼル1基		
エンジン出力	550hp	最高速度	35.4km/h
行動距離	250km		
兵装	41.5口径76.2mm戦車砲1門、7.62mm機関銃3挺		
装甲厚	30～110mm	乗員	5名

KV-2重戦車

■KV-1の車体に152㎜榴弾砲と箱型砲塔を搭載
■敵陣地を攻撃し、KV-1を火力支援する重戦車
■重防御により、独ソ戦緒戦でドイツ軍の進撃を阻止

152㎜榴弾砲を搭載する重戦車

KV戦車は1939年12月、ソ・フィン戦争の戦場試験に合格し採用されたが、この時、敵陣地線破壊のためには、主砲の威力が十分でないことが明らかになった。このため、KV戦車のヴァリエーションとして、より威力の大きい152㎜榴弾砲を搭載した砲戦車型が開発されることになり、急いで巨大な箱型の砲塔が作られ、KV戦車の車体に搭載された。

車体はKV-1そのままだから説明は省く。砲塔はとにかく背が高く、いかにも間に合わせのように、天蓋の周囲に平面装甲板を張り合わせて構成した七面体の形状をしていた。その装甲の厚さは車体同様75㎜あった。主砲は20口径の152㎜榴弾砲M-10Tで、砲弾重量は1発52kgもあった。弾種は榴弾、榴散弾、徹甲榴弾、コンクリート榴弾。徹甲榴弾の装甲貫徹力は射距離500mで72㎜だったが、対戦車戦闘は本務ではない。

この車両は当初、大砲塔付きKV戦車と呼ばれたが、後にKV-2と命名された（そして原型は、小砲塔付きKV戦車を経てKV-1となる）。KV-2はKV-1同様、1940年2月にソ・フィン戦争での戦場試験を受け

152mm榴弾砲を搭載、巨大な箱型砲塔を持つKV-2。ソ連戦車兵たちからは「ドレッドノート」の愛称で呼ばれた。ドイツ兵たちは巨大な車体をギリシャ神話の巨人になぞらえ、「ギガント」と呼んだ。

た後、採用された。こうしてＫＶ－２は生産されることになり、ＫＶ－１と完全に並行して生産された。

部隊でもＫＶ－１：２に対してＫＶ－２：１の比率で配備された。つまり、ＫＶ－２はＫＶ－１の火力支援型ということになる。これはドイツ軍のⅢ号戦車とⅣ号戦車、イギリス軍の通常型と火力支援型と同じ関係と見ることができよう。ＫＶ－２は単独で運用される特別な突破用戦車だったというわけではなかった。

ＫＶ－２改良型砲塔の開発と戦歴

ＫＶ－２の当初の砲塔は、大急ぎで設計されたこともあり、重量過大で欠陥を内包していた。このため、完全に設計を改めた、改良型砲塔が開発された。改良型砲塔は背が高いのは変わらないが、周囲の装甲板を組み合わせが少し洗練された六面体の形状をしていた。

改良型の生産は１９４０年11月から開始された。ＫＶ－２の生産数は試作車を含めて２０４両にとどまるが、これは独ソ戦勃発後、ＫＶ戦車の生産がＫＶ－１に限定されたからである。このうち、初期型砲塔搭載型は試作を含めて24両、改良型砲塔搭載型は１８０両であった。

ＫＶ－２はこのような事情から、独ソ戦の緒戦にしか参加していない。しかし、ドイツ軍に与えた印象は圧倒的だった。特に開戦劈頭《へきとう》のリトアニアでは、街道上に立ちはだかったたった1両のＫＶ－２が、数日にわたってドイツ軍装甲師団の前進を阻むという、戦史上稀《まれ》なる奮戦ぶりを示したのである。

■KV-2重戦車（1941年型）

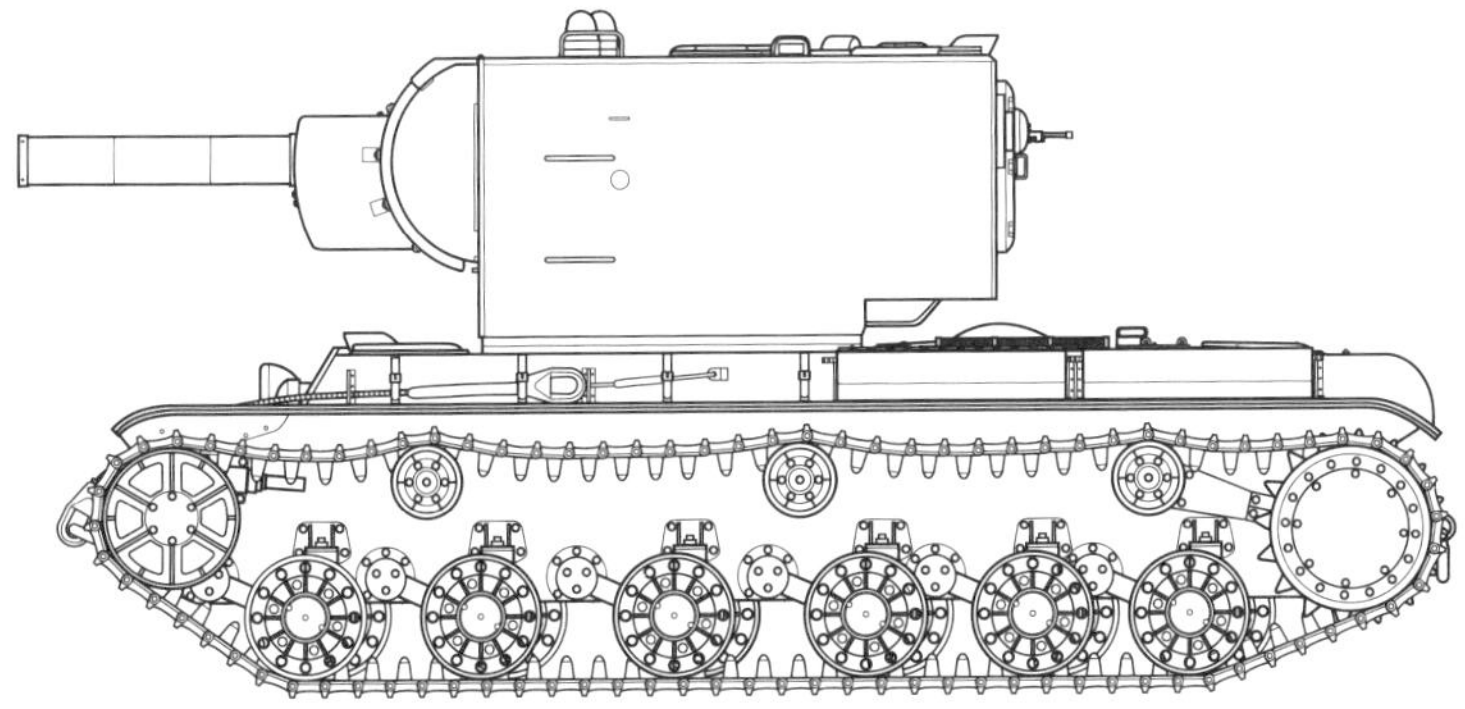

■KV-2重戦車（1941年型）

重量	57.0トン	全長	6.95m
全幅	3.32m	全高	3.24m
エンジン	V-2-K 液冷ディーゼル1基		
エンジン出力	600hp	最高速度	34km/h
行動距離	160km		
兵装	20口径152mm榴弾砲1門、7.62mm機関銃3挺		
装甲厚	30〜110mm	乗員	6名

ソ連

JS-1／JS-2／JS-3重戦車

■重戦車の装甲と中戦車の機動力を兼備するJS戦車
■主砲を122㎜砲に換装、車体を改良したJS-2
■傾斜装甲を全面的に導入、防御力を高めたJS-3

独戦車に対抗する新型重戦車の開発

既述の通り、KV戦車の機動性を改良すべくKV-1Sが開発されたが、武装は変わらぬまま装甲が薄くなり、重戦車なのにT-34と同じという批判を受けるはめになった。実は中戦車と重戦車のこうした関係性は以前より明らかで、戦後になって実現する両者の統合、いわゆる汎用戦車、後の主力戦車（MBT）の考え方は第二次大戦中から萌芽《ほうが》していたのだ。

こうした発想で開発されたのが、1942年に開発されたKV-13であった。KV-13はKVの名称こそ引き継いでいるものの、KVの改良型というよりは、全く新設計の戦車だった。その目指したところは、重戦車並の装甲、中戦車並の機動性の汎用戦車というものだった。これを実現するために、KV-13では極端なまでの小型化が追求されていた。小さければ分厚い装甲でも重量を減らせるというわけである。

ただし、KV-13はあまりに小型化を追求しすぎており、実用性が低かった。何よりも問題だったのは、主砲が76・2㎜砲だったことである。このため、主砲に85㎜砲を搭載し、車体を改良した車両が開発された。本車は1943年9月、JS（またはIS。ヨセフ／イオシフ・スターリンを示す）戦車として採用された。この車両は当初、85㎜砲を装備したためJS-85と呼ばれたが、後にJS-1に変更された。

KV-13およびKV-1Sから発展した車体に85mm戦車砲を搭載したJS（JS-1）重戦車。当初はJS-85と呼ばれており、1944年3月にJS-1と改称されたが、これ以前にKV-13を改修したJS-1と呼ばれる同名の車両があったことから、非公式にJS-85と呼ばれ続けた。

JS-1の構造・生産と122mm砲への換装

JS戦車は85mm砲搭載のため、砲塔と車体が大型化していたが、それでもKVよりも小さくまとめられていた。何よりKVと異なるのは、車体が丸みを帯びた、避弾経始の良好な鋳造製となっていたことだった。サスペンションはトーションバー、エンジンはKVのものと同系列のディーゼルエンジンで出力は600馬力であったが、変速、操向機構が新型となったことと、何より重量が44・16トンと軽くなったことで、満足できる機動力を確保していた。

JS-1は1943年10月から1944年1月までに107両が生産された。ずいぶん生産数が少ないが、これには事情があった。JS-1の生産は開始されたが、当初よりその武装が問題となっていたのである。KVより強化されたとはいえ、ティーガーIや、クルスクで出会ったパンター、そしてフェルディナントのような、ドイツ軍の重装甲戦闘車両には、85mm砲でさえ威力不足であったからだ。

これらに対抗すべく採用されたのが、ソ連軍で軍団砲として使用されていた野砲、122mmカノン砲A-19であった。1943年8月にはJS戦車への搭載の検討が開始され、10月半ばには試作砲塔が完成して同月末には採用となった。この車両は当初JS-122と呼ばれたが、後にJS-2に変更された。

■JS-1重戦車

重量	44.16トン	全長	8.56m
全幅	3.07m	全高	2.735m
エンジン	V-2-JS 液冷ディーゼル1基		
エンジン出力	600hp	最高速度	37km/h
行動距離	150km		
兵装	51.6口径85mm戦車砲1門、7.62mm機関銃2挺		
装甲厚	20～120mm	乗員	4名

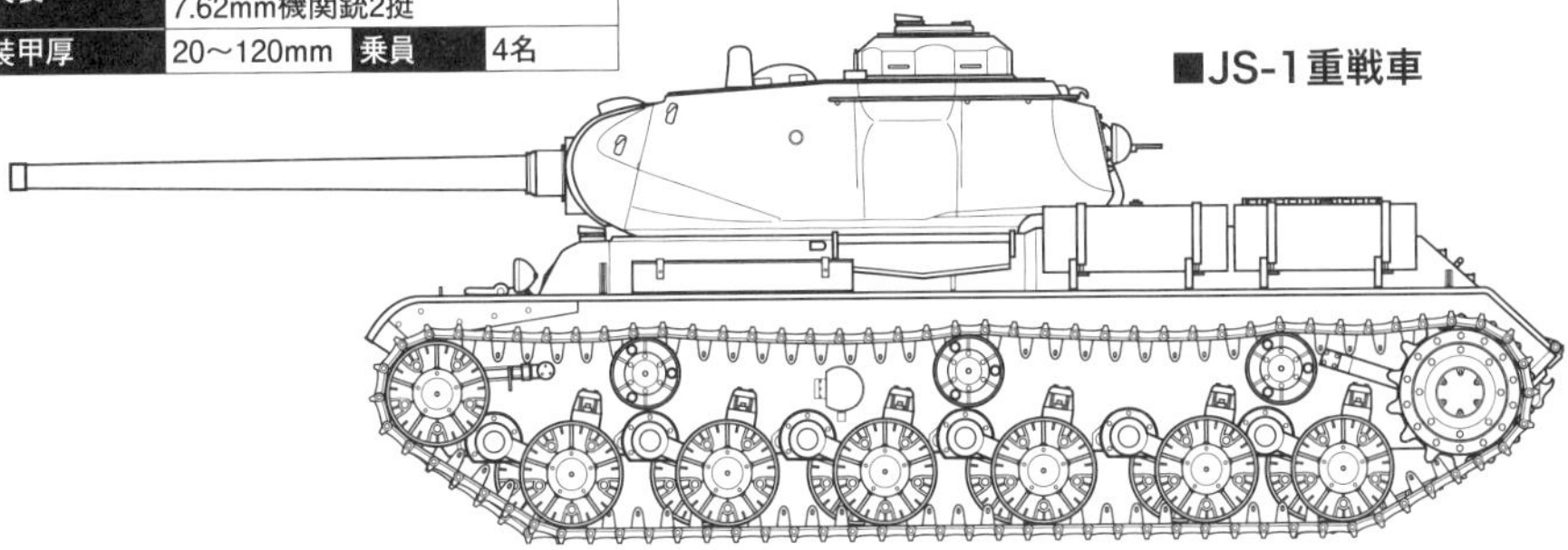

■JS-1重戦車

ドイツ本土への進撃途上にあるJS-2重戦車とソ連軍将兵たち。ドイツ軍のティーガーやパンターに対抗可能な火力と防御力を持つ本車は、ソ連の対独戦勝利に大きく貢献した。

ＪＳ-２の設計と改良

ＪＳ-２は基本的に、主砲以外はＪＳ-１と同一だった。車体は避弾経始が良好な形状で、前面から砲塔基部にかけては鋳造製（後期は形状が変更されて圧延鋼板製となる）、その他の部分は圧延鋼板製だった。砲塔は鋳造製で、やはり避弾経始が良好な卵形をしている。武装の１２２㎜砲は圧倒的な威力で、特に弾量が大きいため、装甲を貫徹できなくとも敵車両に被害を与えることができた。

ＪＳ-２の生産は１９４３年12月に開始され、１９４５年６月までに３３９５両が完成した。このうち初期生産車は、ＪＳ-１の仕様のままに１２２㎜砲を装備したため、主砲防盾等の設計がＪＳ-１のままだった。そして、ＪＳ-１そのものも、後にほとんど（１０２両）がＪＳ-２の仕様に改修されている。なお、１２２㎜砲は生産の極初期段階で、尾栓の形式を変更して発射速度が向上したＤ-５Ｔ戦車砲に変更されている。

ＪＳ-２は優れた重戦車であったが、車体前面の設計にほとんど唯一の問題があった。それは操縦手用視察フラップが設けられていることで、ドイツ軍はこの部分をＪＳ-２の弱点として狙い撃ったのである。このため、フラップがない改修型

■JS-2重戦車

重量	46.08トン	全長	9.83m
全幅	3.07m	全高	2.735m
エンジン	V-2-JS 液冷ディーゼル1基		
エンジン出力	600hp	最高速度	37km/h
行動距離	150km		
兵装	43口径122mm戦車砲1門、12.7mm機関銃1挺、7.62mm機関銃2挺		
装甲厚	20～160mm	乗員	4名

■JS-2重戦車

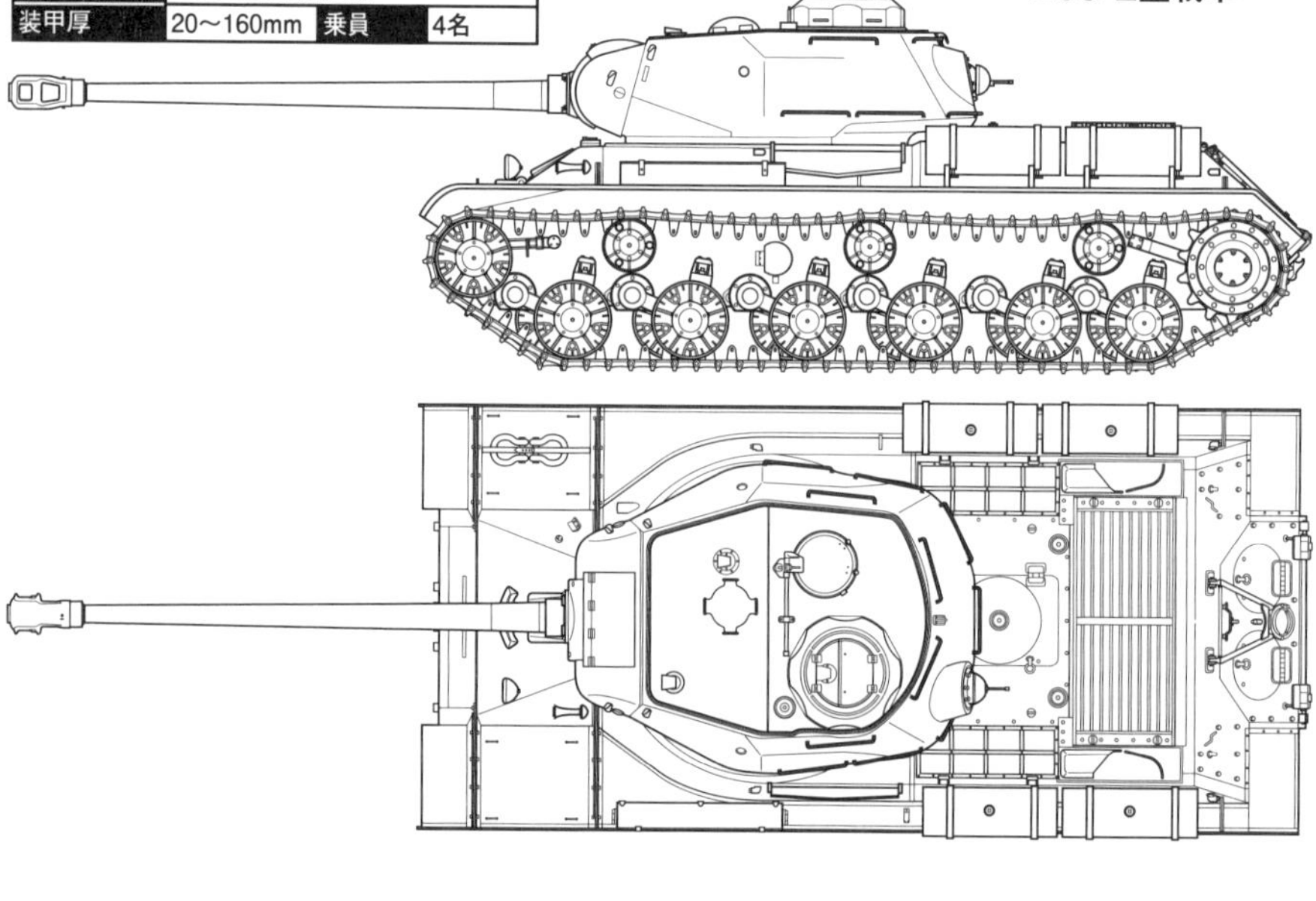

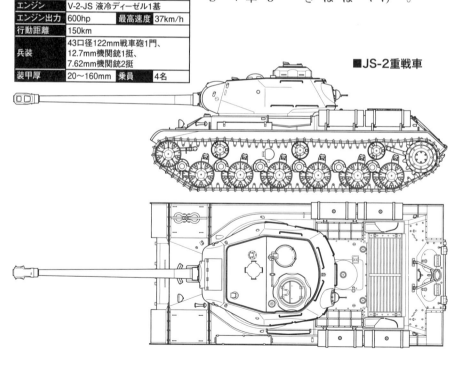

が開発され、1944年6月から生産された。

さらに防御力を高めたJS-3

　こうしてJS-2は、より優れた戦車へと発展した。その防御力は十分強靭《きょうじん》だったが、ティーガーIの8・8cm砲やフェルディナントの長砲身8・8cm砲には、まだ不十分とされたのである。このため、さらなる防御力強化が図られたが、これは単なる装甲の増厚だけにとどまらず、車体・砲塔とも完全に再設計され、未来的とも言えるデザインとなった。

　車体はこれまでの傾斜装甲を極限まで追求した傾斜面で構成され、特に前面は尖り、その形状からシチュカ（カワカマス）と呼ばれるようになった。そして砲塔形状は、これまでの卵型からつぶした饅頭《まんじゅう》のような、低平で丸みを帯びたものとなった。動力装置、走行装置等は基本的にJS-2のものを引き継いでいた。

　こうして設計された新型重戦車JS-3は、1945年3月に制式化され、5月には部隊に引き渡されたが、第二次大戦の戦闘には間に合わなかった。生産数は1945年中に1711両、さらに1948年から1952年までに2311両を数える。JS-3は戦後のハンガリー動乱（1956年）や中東紛争でも使用されている。

　本車は優れた戦車ではあったが、車内が極端に狭く、また、被弾すると装甲接続部がばらばらになるといった欠点もあったという。

122mm砲を備え、最大装甲厚は220mmと大火力・重装甲のJS-3重戦車。重量は45トン級でパンターと同程度で、全幅と全高はパンターより小さく、その分、車内容積が圧迫されていた。

■JS-3重戦車

重量	45.8トン	全長	10.00m
全幅	3.07m	全高	2.44m
エンジン	V-2-JS 液冷ディーゼル1基		
エンジン出力	600hp	最高速度	37km/h
行動距離	150km		
兵装	43口径122mm戦車砲1門、12.7mm機関銃1挺、7.62mm機関銃2挺		
装甲厚	20～220mm	乗員	4名

■JS-3重戦車

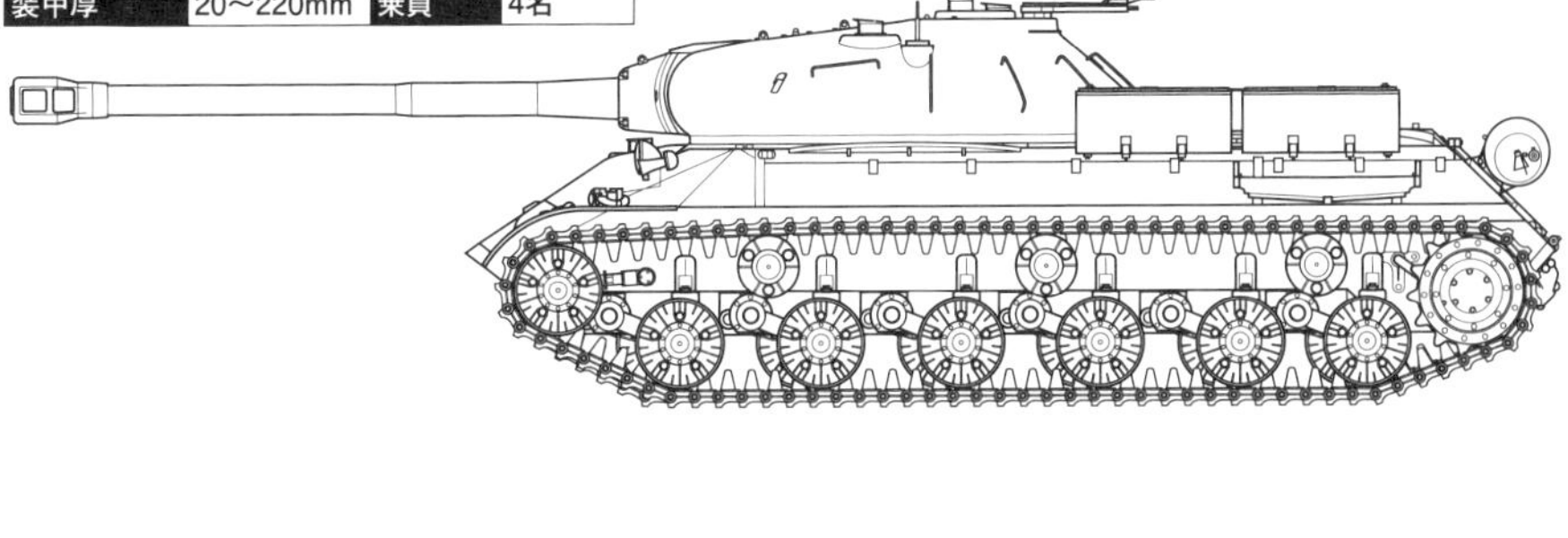

ソ連

ソ連軍の対戦車自走砲SU-152/SU-85 SU-100/JSU-152 JSU-122

■KV-1Sベースの自走加農榴弾砲SU-152
■T-34、T-34-85ベースのSU-85、SU-100
■JSベースのJSU-152およびJSU-122

KV-1S車体を使用したSU-152

1942年4月、ソ連軍では突破する歩兵や戦車に随伴し、連続的な戦闘に従事する一連の装甲車両の開発を決定した。軽中重の三種が開発されることになったが、このうち軽自走砲のSU-76、中自走砲のSU-122は今回の話とは関係ない。三番目の重クラスの自走砲として開発されたのが、SU-152自走加農（カノン）榴弾砲であった。ベース車体となったのはKV戦車の改良型のKV-1Sで、1943年1月に試作車の製作が命じられ、25日で完成するという伝説を残した。2月に量産が命じられ、4月にSU-152として制式化された。そ

KV-1Sをベースに152mm加農砲を搭載したSU-152。愛称の「ズヴェロボイ」には「猛獣殺し」のほか、「オトギリソウ」という意味もある。

重量:45.5トン／全長:8.95m／全幅:3.25m／全高:2.45m／エンジン:V-2-K 液冷ディーゼル1基／エンジン出力:600hp／最高速度:43km/h／行動距離:330km／兵装:28.8口径152mm加農榴弾砲1門／装甲厚:20～75mm／乗員:5名

の設計は、車体下部とエンジンルーム部分はKVそのままで、その前部に大柄の完全密閉式固定戦闘室を設けて、巨大な152㎜加農榴弾砲を限定旋回式に搭載するものだった。

KV-1Sがベースのため、装甲は比較的薄く、車体は全周60㎜厚で、戦闘室もこれと同じ厚さ（前面のみ75㎜）だった。152㎜砲の威力は圧倒的で、当時のすべてのドイツ戦車を遠距離で撃破することができた。本車は独立重自走砲連隊に編成され、クルスクの戦いに投入され、その絶大な威力から〝猛獣殺し〟の異名を与えられた（いささか誇張されているが）。生産は1943年12月まで、670両で打ち切られたが、これはベースのKV-1Sの生産が終了したからである。

T-34ベースの駆逐戦車、SU-85

1943年春、独ソ戦の戦場では、両者の装甲兵器の性能面でソ連軍不利となり始めていた。この情況を早急に何とかすべく、4月、85㎜砲を装備した新型自走砲の開発が命じられた。これがSU-85駆逐戦車であった。ベース車両となったのはT-34、正確にはそれを自走榴弾砲としたSU-122であった。

武装の85㎜砲は対空砲を車載用に改良したもので、高初速で装甲貫徹力が高かった。同砲はドイツのラインメタル製の76・2㎜対空砲をベースに開発された、76・2㎜対空砲のスケールアップ版であった。車体はSU-122の基本デザインを流用しつつ、新型砲に合わせて所要の改良が施されていた。最も目立つ改良点は主砲基部と防盾で、他に戦闘室上に車長用キューポラが設けられていた。

生産は1943年8月に開始され、1944年8月まで

T-34ベースの自走榴弾砲SU-122をベースに、85mm対戦車砲を搭載したSU-85。装甲防御力が高く、駆逐戦車的性格の対戦車自走砲である。写真はドイツ軍に鹵獲された車両。

重量:29.2トン／全長:8.15m／全幅:3.00m／全高:2.45m／エンジン:V-2-34 液冷ディーゼル1基／エンジン出力:500hp／最高速度:47km/h／行動距離:400km／兵装:51.6口径85mm対戦車砲1門／装甲厚:18〜45mm／乗員:4名

に2335両が完成した。当初、本車は独立自走砲大隊に装備され、軍や軍団直轄部隊として運用された。その後は中自走砲連隊が編成され、機械化軍団の対戦車火力支援に使用されている。一部は対戦車砲兵旅団にも配属された。

T-34-85ベースの駆逐戦車、SU-100

SU-85の量産は進められたものの、ドイツ軍戦車の強化は続き、特にクルスクで出会ったパンター戦車やフェルディナント重突撃砲に対しては、ソ連車両の主砲威力の不足は明らかだった。1943年9月には早くもSU-85の武装強化が命じられ、完成したのが、100㎜対戦車砲を装備したSU-100駆逐戦車であった。SU-85とほとんど変わらぬように見えるが、ベース車両がT-34-85に変わっていた。

戦闘室も異なる設計で、前面装甲板は75㎜に強化され、車長用キューポラも円筒形の新型になっていた。1944年9月に生産が開始されたが、100㎜砲が不足したため315両は85㎜砲を装備してSU-85Mとして完成した。戦場には11月頃より姿を見せ始め、その高い戦闘力により部隊から好評を以て迎えられた。

生産は1946年3月までに3037両が完成して一旦停止されたが、1947年から再開され、さらに1956年まで4500両程度生産されている。

重量:31.6トン／全長:9.45m／全幅:3.00m／全高:2.25m／エンジン:V-2-34 液冷ディーゼル1基／エンジン出力:500hp／最高速度:48km/h／行動距離:420km／兵装:56口径100mm対戦車砲1門／装甲厚:18〜45mm／乗員:4名

T-34-85をベース車両とし、長砲身の56口径100mm対戦車砲を搭載したSU-100。1945年初頭、東プロイセンやハンガリー方面への侵攻作戦を皮切りに対独戦に投入されて活躍を見せた。

JS重戦車ベースのJSU-152／122

SU-152の生産はKV-1Sの生産終了により中止されたが、前線での重自走砲そのものの評判は良かった。このため、SU-152に代わって新型重戦車JSをベースとした新型重自走砲が開発されることになった。これがJSU-152である。

開発は正式には1943年9月に開始されたが、実際にはそれ以前から工場で作業が行われており、試作車は早くも10月には完成した。11月には制式装備となり、12月から生産が開始されている。

ＪＳＵ・１５２の設計は基本的にはＳＵ・１５２の方式を踏襲し、車体下部とエンジンルーム部分はＪＳそのままで、前部に固定戦闘室を設けて、１５２㎜加農榴弾砲を限定旋回式に搭載した。戦闘室は似ているが、ＪＳ車体がＫＶ車体より幅が狭かったこともあり、設計そのものは別のものとなっていた。

装甲厚は車体前側面90㎜、戦闘室も前面90㎜、側面75㎜に強化されていた。武装はＳＵ・１５２と変わらないが、１９４４年終わりより装甲貫徹力の高い弾丸が使用されるようになった。ＪＳＵ・１５２は最終的に１９４７年まで生産が続けられ、生産数は２７９０両、このうち１９４５年までに完成したものは１８８５両であった。

ＪＳＵ・１５２は１５２㎜砲の生産不足のため、量産は順調にはいかなかった。この問題を解決するため、代わって１２２㎜加農砲を搭載するタイプが生産された。これがＪＳＵ・１２２である。砲の搭載そのものは元々砲架が共通性の高い設計となっていたため、ほとんどそのまま可能だった。

ＪＳＵ・１２２はＪＳＵ・１５２と並行して生産され、１９４５年９月までに１７３５両が完成した。ＪＳＵ・１５２／１２２は独立重自走砲連隊／旅団に配属されて、大戦終盤のドイツ侵攻作戦で活躍した。

SU-152と同様の発想で、JS重戦車ベースに152mm加農榴弾砲を搭載したJSU-152（ISU-152）。大戦末期の市街戦における敵陣地攻撃では、大口径主砲の威力を活かして活躍した。

重量:46.0トン／全長:9.18m／全幅:3.07m／全高:2.48m／エンジン:V-2-JS 液冷ディーゼル1基／エンジン出力:600hp／最高速度:37km/h／行動距離:150km／兵装:28.8口径152mm加農榴弾砲1門、12.7mm機関銃1挺／装甲厚:20〜90mm／乗員:5名

現存するWWⅡソ連戦車

ソ連戦車が現存するといえば、もちろんメインとなるのはロシアの博物館である。冷戦終結・ソ連崩壊後、ロシアの博物館も随分簡単に訪問できるようになった。そうした博物館の中で第一に紹介したいのが、モスクワ中央軍事博物館である。何よりもこの博物館はモスクワの真ん中にあって、アクセスが容易だ。今回紹介した戦車のうち、戦前に設計されたものの多くがあり、特にKV-2はここにしかない。

続いては、ポクロンナヤの丘・戦勝記念公園である。この公園は戦勝50周年を記念して1995年にモスクワに開かれたものだ。博物館もあるが、巨大な屋外展示場にも多数のソ連戦車が並べられている。

少し不便だが、クビンカ戦車博物館も外せない。現在、クビンカには愛国者公園が開設されており、以前よりアクセスが容易になっている。その他モスクワには、ヴァディム・ザダローズヌイ技術博物館とT-34博物館もあり、両者ともに興味深いコレクションを誇る。

ロシア以外で多数のソ連戦車が見られるのは、フィンランドのパロラ戦車博物館だ。ここには主要なロシア戦車がほぼ網羅されているが、これらはすべてフィンランド軍が戦場で捕獲したものだ。それ以外の場所となると種類は限られるが、イギリスのボービントン、フランスのソミュール等にも、いくつかのソ連戦車が収蔵されている。後はかつての東欧社会主義諸国の博物館にも、戦後も使われたメジャーな車両が多数残されている。

モスクワ中央軍事博物館にある、KV-2唯一の現存展示車両。1941年6月に生産された車両で、KV-2としては最も遅い時期に製造されたものである。（写真／Gandvik）

日本軍
ドイツ軍
イタリア軍
イギリス軍
フランス軍
ソ連軍
アメリカ軍
その他

アメリカ軍の戦車

M1エイブラムズをはじめとする強力な装甲戦闘車両を有するアメリカは、世界に冠たる戦車大国だ。だが、戦車開発の初期は英仏独に後れを取り、初めての国産“戦車”は民間発明家の手によった。その後、第二次大戦におけるドイツ戦車の活躍を見て、にわかに戦車開発が加速。最終的に大戦勝利の原動力となる多くの車両が開発・生産されることとなった。

アメリカ

クリスティー式戦闘車

- 発明家クリスティーが独自に製作した戦車
- 大直径転輪と縦置きスプリングの懸架装置
- 米陸軍には不採用で、ソ連にパテントを売却

個人製作の先進的な新型戦車

現在、世界最強の軍隊を持つアメリカは、意外にもかつては軍事小国であった。第一次大戦に参戦したものの、戦車を国産することはなく、そして第一次大戦後も、アメリカ軍は戦車の開発に冷淡だった。

しかし、そのアメリカで極めて先進的な戦車が開発された。それはいかにもアメリカらしいというべきか、軍によるものではなく、一人の発明家によるものだった。

その発明家の名前はジョン・ウォルター・クリスティーと言う。そう、前章でソ連軍が注目し、BT快速戦車としてライセンス生産した戦車の開発者だ。自動車設計者でもあったクリスティーは、1928年に自己資金で、M1928と呼ばれる戦車を開発した。この戦車は大直径転輪と縦置きスプリングのクリスティー式サスペンションを用い、履帯と転輪の両方で走行できる機構を備えていた。

アメリカ軍騎兵科はM1928に注目し、装甲の強化や全周旋回式砲塔の装備などの改良を加えた新型戦車の開発を求めた。改良型はM1931として完成し、その前面装甲厚は16㎜、車体にはクリスティーの発案による傾斜装甲が取り入れられていた。砲塔には37㎜砲と機関銃が同軸装備されていた。

騎兵科は本車に、T3試作中戦車の名称を与えて7両を

1931年1月22日、お披露目されたクリスティー式戦闘車M1931。当初の武装は37mm砲1門と7.62mm機関銃1挺。傾斜装甲を取り入れた車体、大直径転輪と縦置きスプリングのクリスティー式サスペンションを備えた。

発注した。なお、この名称は後の試験に当たって、T1試作戦闘車に改められた。これはアメリカ軍のお役所的事情で、当時「戦車」は歩兵科のものであり、騎兵は装備できなかったからだ。ただし、関係者の間では「クリスティー戦車」と呼ばれていたという。なお、試験中に砲塔の武装は、12・7㎜機関銃に改められた。これは騎兵科としては、偵察任務にはそれで充分ということなのだろう。試験は装輪走行も含めて行われ、それなりに評価されたようだ。

1936年、試験に供されるT3E2試作中戦車。砲塔の前後左右と車体に機関銃を備える偵察用戦車として製作されたが、米陸軍騎兵科には採用されなかった。

■T1試作戦闘車（T3試作中戦車）

重量	10トン	全長	5.55m
全幅	2.23m	全高	2.28m
エンジン	リバティL-12 液冷ガソリン1基		
エンジン出力	449hp		
最高速度	40km/h（装軌）／64km/h（装輪）		
行動距離	──		
兵装	12.7mmmm重機関銃1挺、7.62mm機関銃1挺		
最大装甲厚	15.88mm	乗員	2名

米陸軍には採用されずに終わる

しかし、アメリカ軍にクリスティー戦車が制式採用されることはなく、1936年5月に試験の終了と開発中止が申し渡された。その結果、失意のクリスティーは、パテント（特許権）をソ連に売り渡すことになるのである。それが最終的に、あの傑作中戦車T-34につながるのだが、後にクリスティーは、米国の敵となったソ連にパテントを売り渡したことを後悔したと言われる。

なお、クリスティー本人によるものではないが、アメリカ軍はクリスティー戦車に続いて、1933年にはT2試作戦闘車、T4試作戦闘車を開発している。特にT4はクリスティー式サスペンションを採用していた。騎兵科は本車の導入を求めたようだが、後述のT5戦闘車（M1戦闘車）が制式採用された。これによって、アメリカからはクリスティー戦車の足跡は、永遠に消えてなくなるのである。

アメリカ

M1戦闘車／M2軽戦車

■米陸軍初の戦闘車＝騎兵科用軽戦車、M1
■M1とともに試験に供されたM2軽戦車
■37mm砲搭載のM2A4は後の軽戦車の基礎に

米軍主導による新型軽戦車／戦闘車の開発

アメリカではクリスティー技師により革命的な戦車が発明されたが、その一方で、アメリカ軍もそれなりに自身での戦車の開発を進めていた。第一次大戦後、独自の軽戦車開発計画が開始されたのは1922年のこと。歩兵科主導で進められ、最初に開発されたのがT1試作軽戦車であった。

1927年8月に試作車が完成したが、本車はフロントエンジンだった。その後、車体の構成や懸架装置が完全に異なる、改良型というより新設計の車両が、T1E1～E6に至るまで製作され続けた。しかし、これらは試験用の試作車というべきで、結局制式化されることはなかった。

1933年、陸軍長官の命令により、軽戦車および戦闘車は重量7・5トンまでとされ、これを受ける形で、同年6月、新型軽戦車／戦闘車の開発が開始された。

1934年4月には、T5試作戦闘車とT2試作軽戦車が関係者に公開された。両車の車体構造は同様で、箱型の装甲車体の前から後ろにかけて、変速機、操縦室、戦闘室、そしてエンジン室の順に配置され、車体左右に走行装置が取り付けられていた。最大装甲厚は15・88mmである。

ただし、両車は砲塔／武装と走行装置が異なっていた。砲塔はT5が双銃塔式だったのに対して、T2は単銃塔式だった。武装は両車ともに12・7mm機関銃と7・62mm機関銃各1挺である。サスペンションはT5が垂直渦巻スプリ

T5試作戦闘車は双銃塔式だったが、次いで単銃塔式のT5E2が開発され、M1戦闘車として採用された。写真の車両は、単銃塔の前面に12.7mm重機関銃1挺と7.62mm機関銃1挺、車体前面右側と銃塔上面に7.62mm機関銃各1挺を備えている。

ングを使用していたのに対して、T2はヴィッカース6トン戦車に類似したリーフスプリングを使用した方式だった。これには両者を比較する意図があった。

M1戦闘車とM2軽戦車の採用

T5はT5E2では単銃塔式となり、1935年にM1戦闘車として採用された。その際、T4戦闘車との比較試験が行われたが、T5の方が価格が半分で済むのが決め手となったようだ。一方、T2はT5との比較試験により、そのサスペンションが不整地での安定性に劣り、耐久性に欠けるとの結果が出て、T5と同じタイプに変更された。これがT2E1で、1935年半ばにM2A1軽戦車として制式化された。

M1戦闘車は試作車を含んで、1937年までに90両が生産された。さらに、発展型のM2戦闘車が1940年に34両生産された。一方、M2A1軽戦車は同年にたった8両しか生産されなかった。これは武装に不満があったためで、その結果、M2A1はT5のような双銃塔式に改められ、M2A2となって1937年までに237両が生産された。

さらに単銃塔に戻り、車体が延長されたM2A3が1938年に73両、武装が37㎜砲、装甲が25・4㎜厚に強化され、車体スポンソンに機関銃が追加されたM2A4が1940年～42年に375両生産された。

これら一連の車両のうち、M2A4はレンドリースでイギリスに送られ、一説によれば、一部がエジプトやビルマに送られたとされる。また、海兵隊に配属されたM2A4は、ガダルカナル島の戦いで使用された。

イギリスへレンドリース（武器貸与）で送られ、整備されるM2A4軽戦車。M2A4はM2軽戦車の最終型で、50口径37mm戦車砲を搭載、主砲同軸および砲塔・車体各部に計5挺の7.62mm機関銃を備えた。なお、英側からはM3軽戦車と同様、「スチュアート」と呼ばれている。

■M1戦闘車

重量	8.523トン	全長	4.14m
全幅	2.388m	全高	2.261m
エンジン	コンティネンタルW670-7 空冷ガソリン1基		
エンジン出力	262hp	最高速度	72.42km/h
行動距離	193km		
兵装	12.7mmmm重機関銃1挺、7.62mm機関銃2挺		
装甲厚	6.35～15.88mm	乗員	4名

■M2A2軽戦車

重量	8.664トン	全長	4.14m
全幅	2.388m	全高	2.337m
エンジン	コンティネンタルW670-7 空冷ガソリン1基		
エンジン出力	262hp	最高速度	72.42km/h
行動距離	193km		
兵装	12.7mmmm重機関銃1挺、7.62mm機関銃2挺		
装甲厚	6.35～15.88mm	乗員	4名

アメリカ

M3／M5軽戦車スチュアート＝

■M2A4軽戦車を改良し、新型37㎜砲を搭載
■従来の米戦車と一線を画す大量生産を実施
■民間用自動車エンジンを搭載するM5も生産

M2A4軽戦車を改良した新型軽戦車

1939年9月のドイツ軍のポーランド侵攻と、続く1940年5月の西方電撃戦の戦闘様相は、アメリカ軍にとって衝撃的なものであった。アメリカ軍では、戦車開発のスピードアップを図り、まず、1940年6月にM2A4軽戦車の改良に着手した。同車は37㎜砲搭載と装甲強化による重量増加で機動性能が低下していたが、これを改善するため、誘導輪を接地型として接地長が延長された。この型式には新たな記号が与えられ、M3軽戦車となった。

M3は、基本デザイン的にはM2A4と変わらないが、各部が変更され、装甲は操縦室、砲塔前面で38㎜になっていた。砲塔も新たに設計されたもので、主砲も37㎜口径ながら新型だった。

M3はM2A4に代わって、1941年3月から生産開始され、1942年7月までに、これまでと比べ物にならない多数の4525両が完成した。途中の1942年6月からはディーゼルエンジンに変更したタイプが並行生産され、1943年1月までに1285両生産されている。

砲塔は当初、リベット留めで組み立てられていたが、101号車から溶接構造となり、車体も1942年1月から溶接となった。1941年10月半ばからは、装甲厚を増し、円筒形となった新型砲塔が搭載された。後期生産車では、37㎜砲も長砲身砲となっている。加えて、砲塔バスケットや主砲安定装置が採用され、車体左右スポンソンの機関銃が廃止されたタイプがM3A1である。M3A1は1943年1月までに4410両、ディーゼルエンジン型が21両生産された。

M3軽戦車のうち、車体がリベット留めの初期生産型。主砲はM2A4軽戦車と同じ50口径37mm戦車砲M5だったが、後期生産型では53.5口径37mm戦車砲M6に換装された。

エンジンの異なるM5軽戦車

M3には航空機用エンジンが転用されていたが、戦争の拡大で供給不安の恐れがあった。このため、民生用自動車

エンジンを転用したタイプがM5であった。M5ではさらに車体形状も、これまでの角張った古臭いものから、傾斜面で構成されたスマートなものに変更されている。M5は1942年4月から生産が開始され、同年12月までに2074両生産された。

これに続くのがM3A3であった。M3A1の動力系のままM5の車体となったタイプで、砲塔形状もスマートなものになっていた。1943年1月から本格生産され、9月までに3427両が完成した。そして、M5の改良型でM3A3と同じ新型砲塔となったのがM5A1で、1944年6月までに6810両生産された。

M3はレンドリースでイギリス軍に供給され、北アフリカで初陣を遂げ、軽快な機動性と信頼性が高く評価された。実は「スチュアート」というのは、イギリス軍の付けたニックネームである。アメリカ軍のM3はフィリピンで日本軍と初めて戦っている。その装甲は当時の日本戦車では貫徹困難だった。

アメリカ軍では、北アフリカに上陸する「トーチ」作戦の当初のフランス軍との戦いでは活躍したものの、その後のドイツ軍の強力な戦車との戦いでは、まともな戦闘は困難だった。このため、イタリアやノルマンディー上陸以降の戦いにおいて、M3系列は戦車戦ではなく偵察用に主に用いられることになった。

なお、M3軽戦車系列はソ連軍やフランス軍でも使用されている。

エンジンの換装に伴い、車体高が高くなったM5軽戦車。M3軽戦車との見た目上の顕著な違いは、車体前面装甲を傾斜装甲としている点で、これはM3にもフィードバックされ、M3A3軽戦車として生産されている。

■M3軽戦車

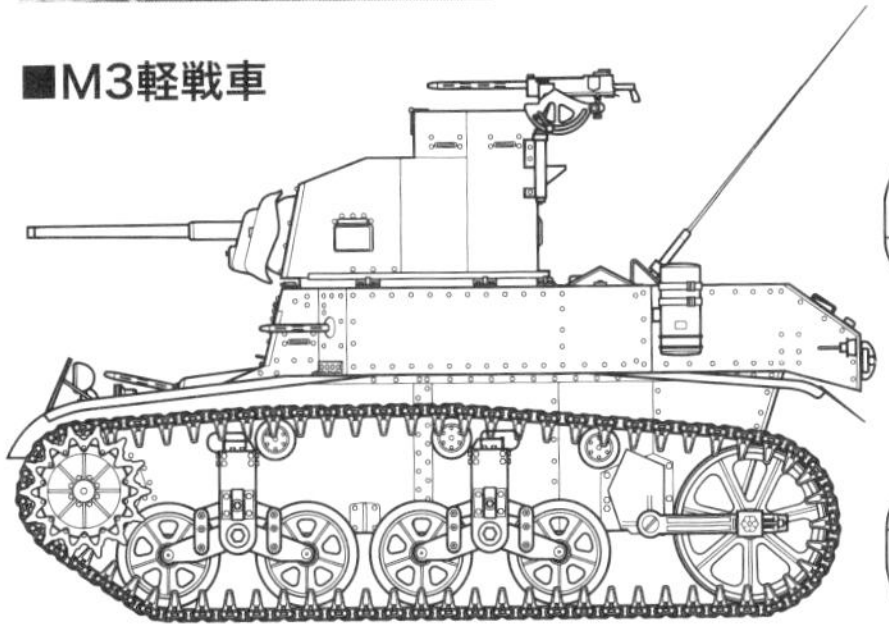

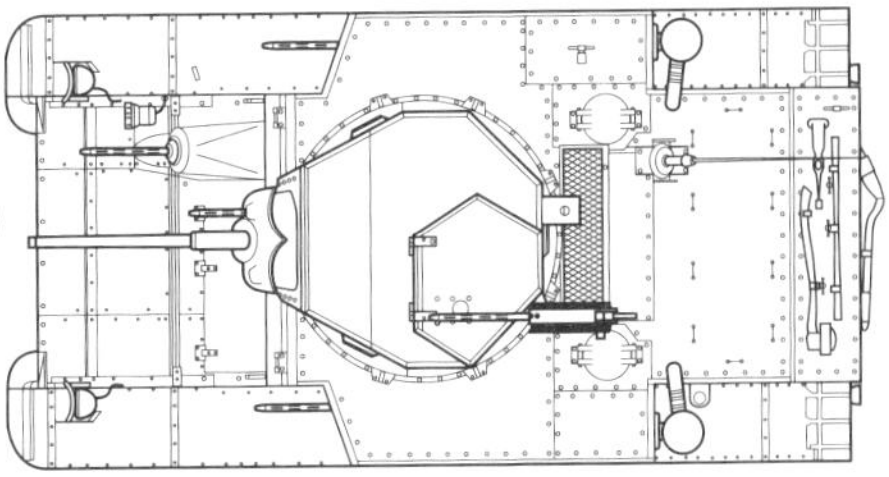

■M3軽戦車

重量	12.701トン	全長	4.531m
全幅	2.235m	全高	2.642m
エンジン	コンティネンタルW670-9A 空冷ガソリン1基		
エンジン出力	262hp	最高速度	57.94km/h
行動距離	113km		
兵装	50口径37mm戦車砲1門、7.62mm機関銃5挺		
装甲厚	9.52～50.8mm	乗員	4名

■M5軽戦車

重量	15.014トン	全長	4.338m
全幅	2.243m	全高	2.591m
エンジン	キャディラック・シリーズ42 液冷ガソリン2基		
エンジン出力	296hp	最高速度	57.94km/h
行動距離	161km		
兵装	53.5口径37mm戦車砲1門、7.62mm機関銃3挺		
装甲厚	9.52～50.8mm	乗員	4名

アメリカ

M3中戦車グラント

- 独戦車に対抗できる、75㎜砲を備えた中戦車
- 車体右側に75㎜砲、砲塔に37㎜砲を搭載する
- イギリス軍仕様の車両がグラントと呼ばれた

車体に75㎜砲を搭載した中戦車

戦間期アメリカ軍が戦車の開発に冷淡だったのは既に書いたが、それは特に中戦車に顕著であった。国産中戦車の開発は1918年に初めて試みられたが、驚くべきことに1930年代に至るまで全く保有されていなかったのだ。1930年代にT3やT4中戦車が試作されたが、これは機関銃を多数装備した、古臭い第一次大戦そのままの車両でしかなかった。

兵器局はこれに代えて、1936年にT5の試作を命じたが、この戦車が後のM3中戦車の原型となった。T5は1938年夏、M2中戦車として採用された。しかしこの戦車の設計も、まだ近代的とは言い難いものだった。小山のような戦闘室の周囲に6挺もの機関銃が装備され、その上に砲塔を載せた、第一次大戦の塹壕戦に向いていそうな戦車だった。1940年6月、電撃戦でフランスがドイツに敗北すると、アメリカ軍は大慌てで戦車の量産に取り掛かることになった。当初、M2中戦車の量産が計画されたが、この戦車が時代遅れなのは明らかだった。特に主砲の37㎜砲は威力不足であり、是が非でもⅣ号戦車やシャールB1に匹敵する75㎜砲を装備した戦車の開発が必要とされたのである。

M3中戦車の武装は、車体右側スポンソンの75mm砲（28.5口径。後に37.5口径）と、車体上部の全周旋回砲塔に搭載する37mm砲（50口径。後に53.5口径）、そして、車体前部左側に2挺（連装）、37mm砲の同軸に1挺、砲塔上面の車長用キューポラに1挺、計4挺備えた7.62mm機関銃である。

しかし、アメリカではまだ大口径砲を全周旋回砲塔に搭載した戦車の開発は行ったことはなかった。このため、間に合わせとしてM2中戦車の車体を流用し、車体右側のスポンソンに、限定旋回式に75㎜砲を搭載した車両が開発された。そして戦闘室上には二階建てに37㎜砲を装備した砲塔が載せられた。この戦車はM3中戦車と名付けられ、1941年4月に量産が開始されたのである。

M3中戦車の構造と各型

M3の車体はまさに巨大な箱で、最大装甲厚は50・8㎜

であった。主砲の75㎜戦車砲は、当初28・５口径の榴弾射撃が主任務の砲だったが、後期の生産型では後のＭ４と同じ37・５口径砲となった。走行装置はＭ１戦闘車／Ｍ２軽戦車に採用されたのと同じく、垂直渦巻スプリングを使用したものである。

Ｍ３はリベット留めで組み立てられていたが、これを鋳造製としたのがＭ３Ａ１で、溶接接合としたのがＭ３Ａ２である。Ｍ３のエンジンは航空機用の星型空冷エンジンだったが、ＧＭ（ゼネラルモーターズ）製液冷ディーゼルとしたのがＭ３Ａ３、クライスラー製液冷ガソリンとしたのがＭ３Ａ４である(※)。Ｍ３は１９４２年12月までに各タイプ合わせて６２５８両生産されたが、その多くはＭ３（無印）であった。

Ｍ３はアメリカ軍では主に訓練用に使用されたが、レンドリースでイギリスやソ連に送られ、特にイギリス軍では北アフリカでロンメル率いるドイツ・アフリカ軍団に押しまくられる中、主力戦車として使用されて戦線を支えた。

なお、イギリス軍向けＭ３は、全高を抑え、車長用キューポラを廃止した独自仕様となっており、これには「グラント」という愛称が付けられた。一方、アメリカ軍仕様のままのＭ３は「リー」と呼ばれている。

■M3中戦車（28.5口径75mm砲搭載型）

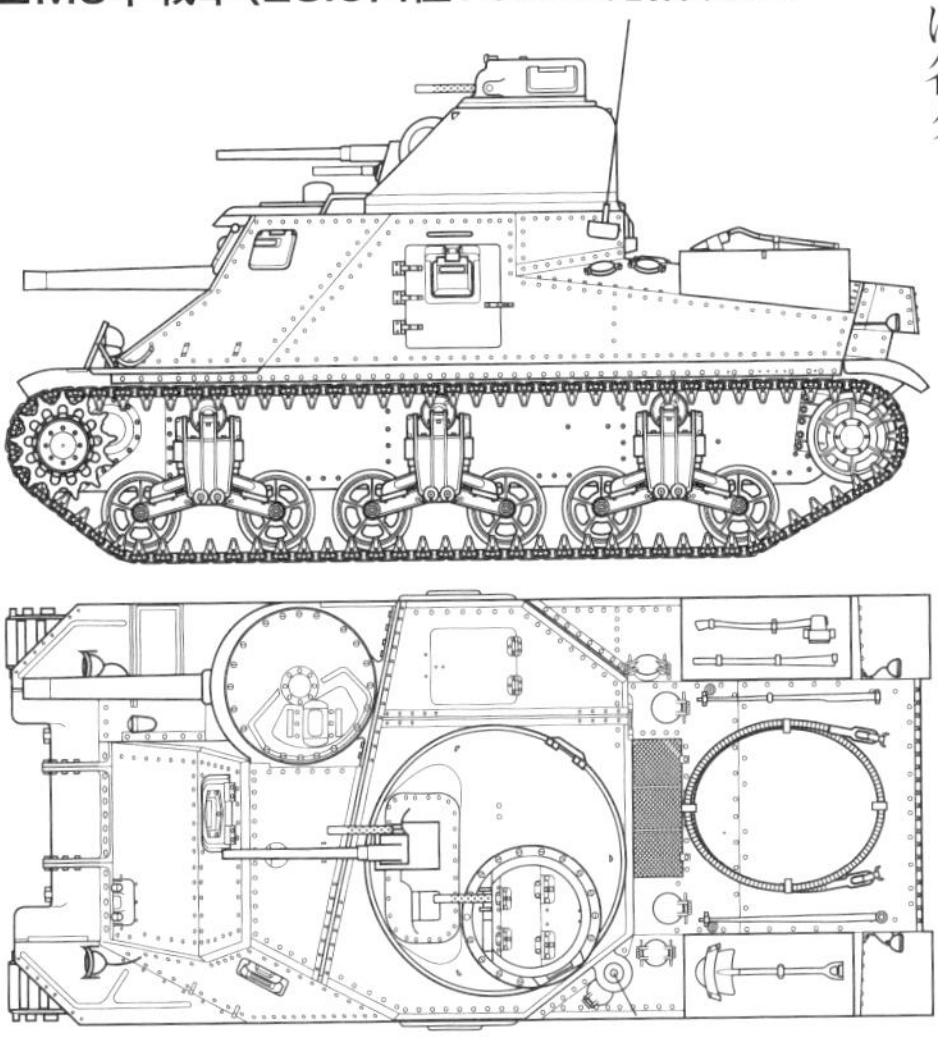

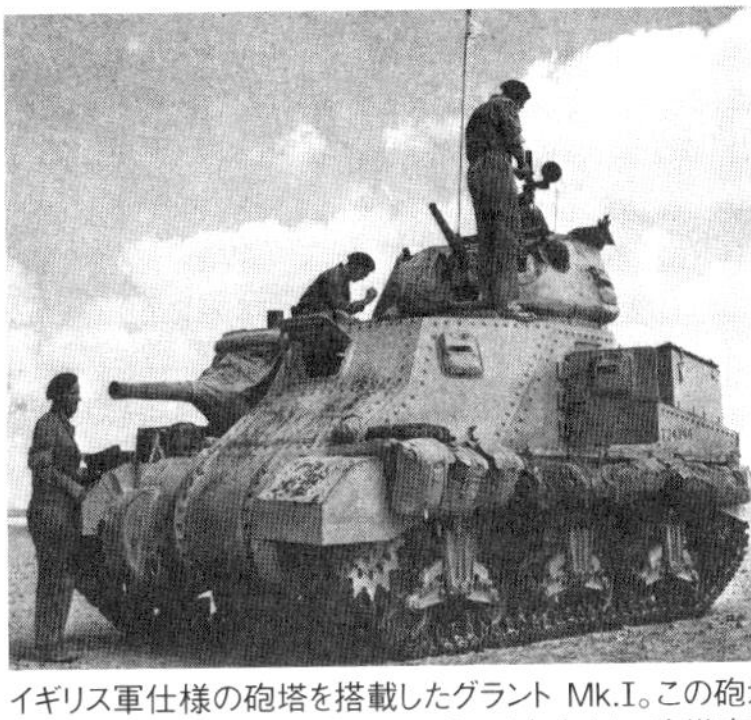

イギリス軍仕様の砲塔を搭載したグラント Mk.I。この砲塔ではM3中戦車の車長用キューポラが廃止され、砲塔高が低められているが、無線機搭載のためのバスル（張り出し）を備えたため、M3中戦車のものより拡大されている。

■M3中戦車

重量	27.896トン	全長	5.639m
全幅	2.718m	全高	3.124m
エンジン	ライトR-975-EC2 空冷ガソリン1基		
エンジン出力	400hp	最高速度	38.62km/h
行動距離	193km		
兵装	28.5口径（または37.5口径）75mm戦車砲1門、50口径（または53.5口径）37mm戦車砲1門、7.62mm機関銃4挺		
装甲厚	12.7～50.8mm	乗員	7名

■グラント Mk.I

重量	27.896トン	全長	5.639m
全幅	2.718m	全高	3.023m
エンジン	ライトR-975-EC2 空冷ガソリン1基		
エンジン出力	400hp	最高速度	38.62km/h
行動距離	193km		
兵装	28.5口径（または37.5口径）75mm戦車砲1門、50口径（または53.5口径）37mm戦車砲1門、7.62mm機関銃3挺		
装甲厚	12.7～76.2mm	乗員	6名

（※）他に、M3A3と同じGM製液冷ディーゼルエンジンを搭載し、リベット留め車体としたM3A5と呼ばれる型式も存在する（通常のM3A3の車体はM3A2と同じ溶接接合）。

アメリカ

M4中戦車シャーマン

■M3中戦車を元に75㎜砲搭載の旋回砲塔を装備
■複数の生産施設で並行生産、多様な型式が存在
■生産途上で改修しつつ、約5万両を大量生産

M4中戦車の開発と構造

M3中戦車が実用化、量産されたものの、M3中戦車はあくまでも暫定的な戦車でしかなく、その量産、配備と並行して新型中戦車の開発が進められた。この車両は開発期間の短縮のため、車体下部、エンジン、動力装置等がM3中戦車から流用され、そこに新型の車体上部と75㎜砲を装備した大型の旋回砲塔を搭載している。

試作車は1941年9月に完成し、同年10月にはM4中戦車として制式化された。先行生産型の製作は11月に開始され、1942年1月には量産型の生産が開始されている。なお、本車はシャーマンという愛称で知られるが、これは前掲のグラントと同様、イギリス軍によって名付けられたものである。

M4の車体上部は、左右が履帯上を覆う、幅の広い箱型をしている。これは直径1753㎜にもなったターレットリングを収める必要からだ。星型航空機用エンジンを搭載したため車高は高くなったが、M3中戦車よりは低い。装甲板は溶接で組み立てられており（M4A1を除く）、前面のみ良好な傾斜面となっている。車体前面装甲の厚さは50・8㎜。なお、後述するように各種のエンジンを搭載し、エンジン室を拡大した影響で、エンジン室上のパネルの形状や車体長が異なるものもある。

75mm砲搭載のM4A3中戦車で、M4A3（75）Wと表記される車両。「W」は弾薬の回りを不燃性の液体で覆い、誘爆しにくくした湿式弾薬庫を備える車両を示す。

砲塔は鋳造製で丸みを帯び、避弾経始は良好である。その装甲厚は前面76・2㎜、防盾88・9㎜だった。防盾は初期には主砲基部のみを覆う幅の狭いものだったが、その後は同軸機関銃と照準口も覆う幅の広いものとなった。砲塔上面には当初、車長用ハッチのみ設けられていたが、後に

装填手用ハッチが追加されている。

主砲の75㎜砲は初めは37・5口径のM2で、後に砲身長がわずかに伸びたM3やM6が使用されたが、両者にはそれほどの威力差はない。

M4中戦車のヴァリエーション

M3中戦車のページでも車体、エンジンのヴァリエーションについて触れたが、M4は生産数増大のため、初めからこのようなヴァリエーションが多く存在していた。これはアメリカ工業力を総動員し、大量生産するためでもあった。

最初に生産されたのは、鋳造製車体のM4A1だった。しかし、鋳造施設が不足していたため、鋼板を溶接接合した車体のM4が並行して生産された。

これに続き、溶接車体を持ち、搭載エンジンによって型式の異なる各型が生産された。すなわち、GM 6046液冷ディーゼルを搭載するM4A2、フォードGAA-Ⅲ液冷ガソリンを搭載するM4A3、クライスラーA57マルチバンク液冷ガソリンを搭載するM4A4である。また、M4A6

■M4A1(75)中戦車

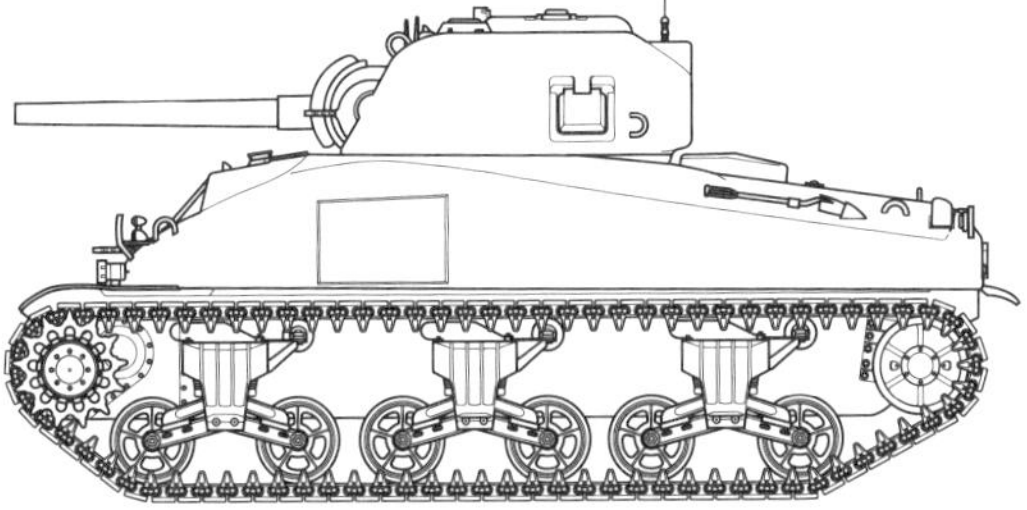

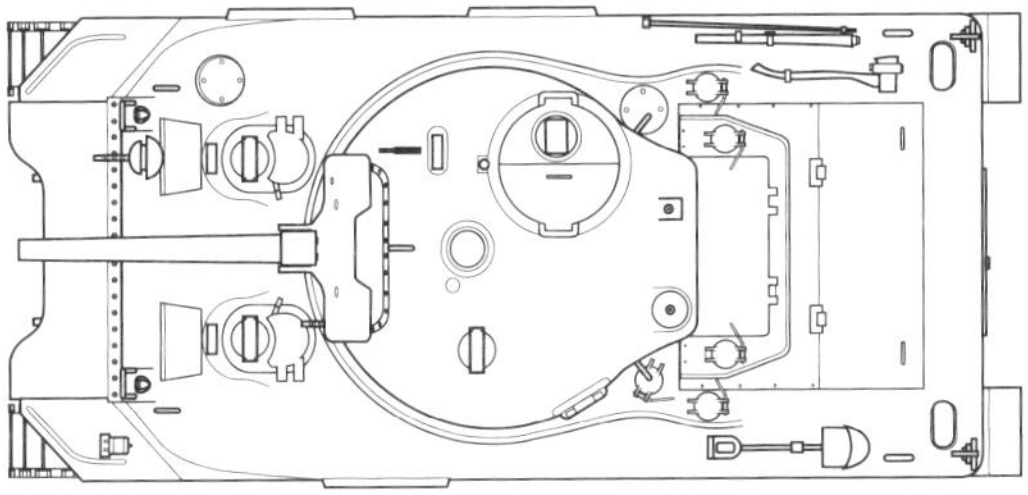

■M4A3(75)中戦車

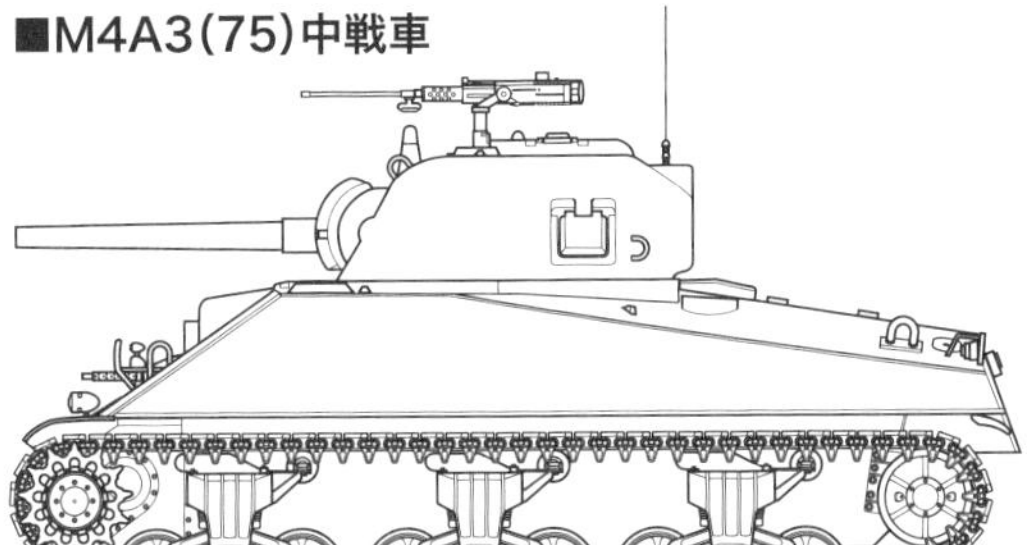

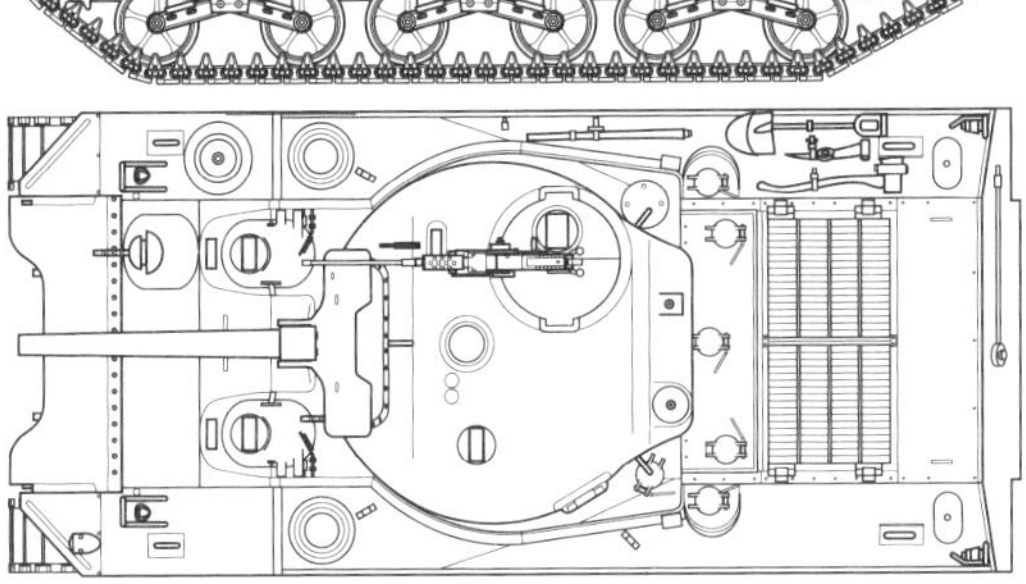

■M4A1(75)中戦車

重量	30.3トン	全長	5.842m
全幅	2.616m	全高	2.743m
エンジン	コンティネンタルR975-C1 空冷ガソリン1基		
エンジン出力	400hp	最高速度	38.62km/h
行動距離	193km		
兵装	37.5口径75mm戦車砲1門、12.7mm重機関銃1挺、7.62mm機関銃2挺		
装甲厚	12.7～76.2mm	乗員	5名

は、鋳造と溶接のハイブリッド車体にキャタピラーRD-1820星型空冷ディーゼルエンジンを装備していたが、少数の生産に留まった（ちなみに、M4A5はカナダ製のラム巡航戦車（※））。

M4中戦車の改良

これらに加えてM4には、生産途中で多くの改良が加えられた。

一つは車体の改良で、原型では前面傾斜がゆるやかで、分割された装甲板が張り合わされ、ハッチ部分が膨らんでいたものが、新型車体では傾斜角が減った一枚板に変更された。この時、装甲厚は63・5㎜に増したが、角度が減ったため、実際の装甲防御力は割り引く必要があろう。なお、このデザインの変更は鋳造製車体でも同様だ。さらに、M4では前部が鋳造、後部が溶接のハイブリッド型車体も生産された。新型車体の生産は1944年初め頃より、各型・各工場ごとに順次進められた。

もう一つの改良点は武装である。M4の主砲は榴弾射撃にはいいが、装甲貫徹力が劣っていた。米兵器局ではすでに1942年初めから、新型戦車砲の開発に着手していた。これはM10駆逐戦車に搭載されたものと同系列の76㎜砲で、シャーマンに搭載するためにわずかに砲身が短縮されている。しかし、そのままでは砲塔が小型すぎて搭載が困難だったため、M4の後継として開発されていたT23試作中戦車の砲塔が流用された。

76㎜砲搭載型M4は1943年末に生産が開始された。76㎜砲搭載型として生産されたのは、M4A1、M4A2、M4A3の3タイプである。当初、アメリカ軍はその必要性に懐疑的だったが、ノルマンディー方面でのドイツ軍戦車との戦いで評価を一変させた。イギリスで放置されていた車両は大急ぎでノルマンディーに送られ、1944年7月の攻勢作戦、「コブラ」作戦で初めて戦線に投入された。また、火力支援用に旧型砲

76.2mm砲を搭載したM4A1、M4A1（76）。長砲身76.2mm砲を搭載するため、T23試作中戦車のものを流用した新型砲塔を装備、砲塔後部にはバスル（張り出し）が設けられている。

（※）M4A5はカナダ軍仕様のM4A1、グリズリーI巡航戦車に米側が与えた型式名という説もある。

塔に105㎜榴弾砲を搭載したタイプも生産された。

M4中戦車の生産と実戦

車体・武装と並んで改良されたのが走行装置であった。M4の履帯は42㎝と幅が狭く、夏場は良かったが、秋の長雨等で地面が泥沼となるとお手上げだった。このため採用されたのが58・4㎝幅の新型履帯で、これとともに、従来の垂直渦巻スプリング懸架装置（VVSS）に代わる新型の水平渦巻スプリング懸架装置（HVSS）も採用された。HVSS型の最初の量産車は1944年8月に完成し、11月より部隊への引き渡しが開始された。HVSS型はM4A3が最も多く、M4、M4A1、M4A2各タイプも生産された。

M4系列は1945年6月までに各タイプ合わせて4万9234両生産された。アメリカ軍ではもちろん主力戦車として、ヨーロッパ、太平洋と広範囲に配備、運用された。ドイツ軍のパンター、ティーガーにこそ見劣りするものの、その信頼性や使いやすさでははるかに勝っていた。

イギリスやソ連にもレンドリースで多数送られたが、特にイギリス軍では北アフリカでのロンメルへの反撃作戦に投入されて勝利の原動力となった。その後、イギリス軍でも主力戦車となり、英国産戦車が脇に追いやられることになった。

M4中戦車のサスペンションは、生産途上でVVSS（垂直渦巻スプリング式）からHVSS（水平渦巻スプリング式）に変更された。M4A3（76）WのHVSS装備型は、試作型M4A3E8の名から、特に「イージーエイト」と呼ばれる。なお、写真はM4A1（76）WのサスペンションをHVSSとしたもの。

■M4A3（76）W中戦車
（イージーエイト／HVSS型）

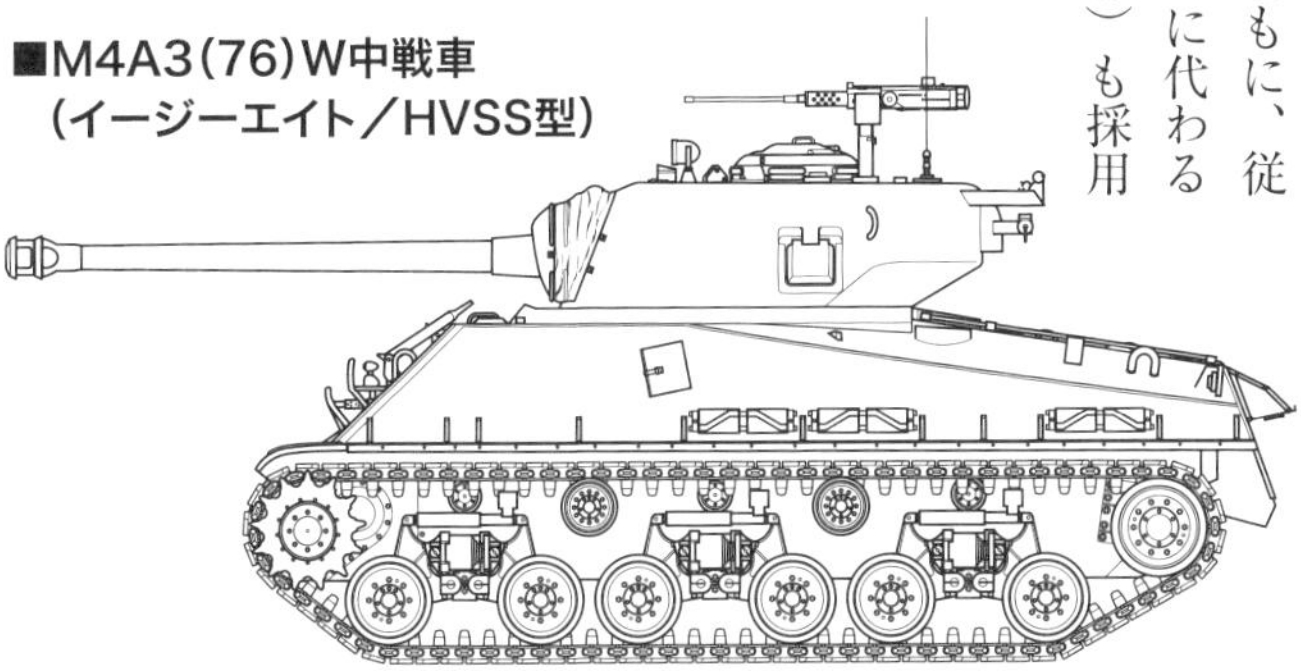

■M4A3（76）W中戦車

重量	32.319トン	全長	6.299m
全幅	2.667m	全高	2.972m
エンジン	フォードGAA 液冷ガソリン1基		
エンジン出力	500hp	最高速度	41.84km/h
行動距離	161km		
兵装	52口径76.2mm戦車砲1門、12.7mm重機関銃1挺、7.62mm機関銃2挺		
装甲厚	12.7～107.95mm	乗員	5名

アメリカ

M24軽戦車チャーフィー

■M3／M5の後を継ぐ、75㎜砲搭載の軽戦車
■傾斜装甲の車体、先進的な足回りを採用した
■WWⅡ末期に実戦参加。戦後日本へも供与

M3／M5の後継軽戦車の開発

アメリカ軍はM3軽戦車を実用化していたが、1941年1月にはすでにその後継となる軽戦車の開発を始めていた。T7と呼ばれた試作軽戦車は、当初は37㎜砲を装備する車両として開発されていたが、北アフリカでM3／M5を使用してドイツ軍と戦った経験から、37㎜砲ではドイツ軍の戦車に対抗することは困難なのは明らかだった。

このため、新型軽戦車の火力強化が求められることになった。T7は75㎜砲を備えたT7E2へと発展したが、もう一つ、M5軽戦車の75㎜砲への換装が試みられた。しかし、これは車体サイズから不可能で、M5A1の機関系を使用して新たな軽戦車が開発されることになった。

こうして開発されたのが、T24試作軽戦車であった。当初はT7E2用に用意された75㎜砲M3の搭載が予定されたが、これでは重量が過大であり、航空機搭載用に開発された軽量75㎜砲T13E1を採用した。同砲は戦車搭載用に改良され、M5戦車砲として採用された。

T24の木製モックアップは1943年5月に完成し、試作車の完成を待たずに9月、限定調達型T24として1000両が発注された。試作車は10月に完成し、各部の改良の後、1944年4月より量産が開始された。M24として制式化されたのは6月のことで、その後、1945年7月までに4731両が生産された。

なお、それまでアメリカ軍には戦車にニックネームを付ける習慣はなかったが、本車にはチャーフィーの愛称が与えられている。

M24軽戦車の設計と戦歴

本車の車体デザインは、これまでのアメリカ軍軽戦車と異なり、傾斜面で構成されたスマートなものとなっていた。装甲厚は前面・側面ともに25㎜しかないが、これは軽量化のため、いたしかたないところだろう。主砲の75㎜砲は39・4口径で、M4の主砲とほぼ同程度の威力があった。ティーガーやパンターには敵うべくもないが、Ⅳ号戦車相

手なら十分対抗できた。

　特徴的なのは、エンジンと変速機が一体となって後部に収められていることだ。そのエンジンはM5A1と同じもので、キャデラックの自動車用エンジン2基を組み合わせたものだった。重量が増加していたが、変速機が変更されたことで低速のトルクが増大し、登坂力は変わらなかった。走行装置は近代的なトーションバーとなり、履帯もこれまでのアメリカ戦車と異なるシングルピン・シングルブロック式（※）となっていた。


　M24の部隊配備は1944年12月から開始され、一部の車両は西部戦線のバルジの戦いにも参加し、ドイツ軍の精鋭・パイパー戦闘団とも戦ったという。イギリス軍にも供与されたが、実戦では使用されなかった。

　我々日本人にとって感慨深いのは、戦後自衛隊に供与されたことであろう。小柄な日本人にはM4より扱いやすかったとも伝えられる。

75mm砲を搭載、傾斜装甲を取り入れた車体・砲塔が特徴のM24軽戦車チャーフィー。チャーフィーの愛称は、米陸軍の機甲部隊の創設に尽力したアドナ・R・チャーフィー・ジュニア少将の名にちなんでいる。

■M24軽戦車チャーフィー

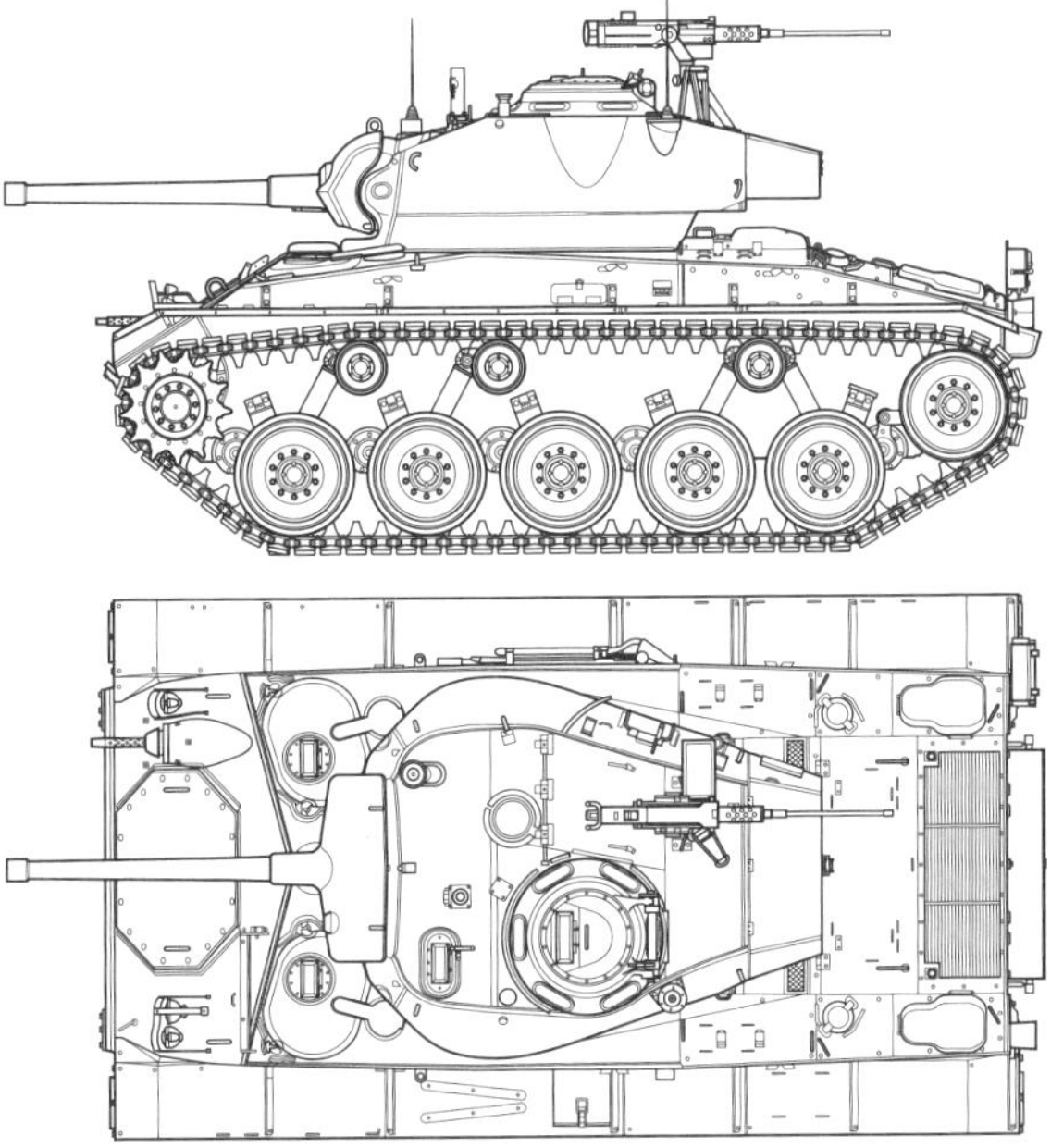

■M24軽戦車チャーフィー

重量	18.371トン	全長	5.563m
全幅	2.997m	全高	2.769m
エンジン	キャデラック シリーズ44T24 液冷ガソリン2基		
エンジン出力	296hp	最高速度	56.33km/h
行動距離	161km		
兵装	37.5口径75mm戦車砲1門、12.7mm重機関銃1挺、7.62mm機関銃2挺		
装甲厚	9.53〜38.1mm	乗員	5名

（※）履帯の接地ブロック同士をつなぐピンが一本のものをシングルピン、二本のものをダブルピンと称する。また、接地ブロックがパーツ一つで構成されるものをシングルブロック、複数のパーツで構成されるものをダブルブロックと呼ぶ。

アメリカ

M26重戦車パーシング

■ドイツ戦車に対抗する90㎜砲搭載の重戦車
■最大102㎜厚で避弾経始の良い形状の装甲
■開発の遅れから、実戦参加は大戦末期のみ

長砲身90㎜搭載の重戦車の開発

1943年2月、チュニジアに侵攻したアメリカ軍は、初めてドイツ軍の本格的な反撃に直面した。ティーガーIを含む歴戦のドイツ戦車隊の前に、アメリカ戦車は敵ではなかった。これは米陸軍首脳部に衝撃を与えた。当時のアメリカ軍の主力戦車はM4中戦車であったが、その性能はドイツ軍のⅣ号戦車には匹敵したものの、ティーガーやパンターといった新型重戦車に及ぶものでなかったのである。

アメリカの戦車開発陣も戦争中、手をこまねいていたわけではなく、M4に続く戦車として、T20、T22、そしてT23と開発を続けていた。しかし、これらは改良されていたものの、M4と大差のない性能でしかなかった。このため、急遽攻撃力を強化した新型戦車が開発されることになった。

主砲の候補となったのは、T71、後のM36対戦車自走砲ジャクソンの主砲となる90㎜砲であった。同砲は対空砲から転用されたカノン砲で、50口径で大きい威力を有していた。まず、T23に90㎜砲を搭載したT25が製作され、続いてその装甲強化型のT26が開発された（後に機関系を換装してT25E1、T26E1に開発名を変更）。

しかし、原型のT23車体に問題があり、またアイゼンハワー連合軍最高司令官らの反対やトーションバー・サスペンションへの疑念等が、その早期の実用化を阻んだ。T26E1の改良型T26E3がようやく量産に移されたのは1944年11月で、1945年3月にM26として制式化された。本車にはパーシングという名前がつけられ、1945年末

ティーガーやパンターに対抗可能な重戦車として開発されたM26パーシング。愛称の命名由来は、第一次大戦時の米欧州派遣軍総司令官のジョン・パーシング元帥。写真は朝鮮戦争時のもの。

までに2212両が完成した。

M26パーシングの構造と戦歴

M26はこれまでのアメリカ戦車からデザインが一新されていた。車体は前部が上下面とも鋳造製で、その後方に装甲鋼板を溶接した箱型をしていた。砲塔は鋳造製で、車体前部ともども避弾経始の良好な形状をしている。装甲厚は車体、砲塔前面ともに102㎜で、当時のアメリカ戦車としては最も厚かった。

主砲の90㎜砲はドイツ軍のティーガーIの装備する、56口径8・8㎝戦車砲に匹敵する性能を有していた。走行装置は、トーションバー・サスペンションに中型転輪、上部支持輪付き、履帯はシングルピン・シングルブロック式（初期）と、これまでのアメリカ戦車から一新されていた。動力装置には信頼性、出力不足等若干の問題があり、これはその後の改良を待たねばならなかった。

M26は完成早々の1945年1月末、運用評価試験「ゼブラ・ミッション」として20両がヨーロッパに送られ、レマーゲン鉄橋の戦い等に参加した。そして、5月までに310両がヨーロッパに送られた。

M26はパンター、ティーガーと対等に戦える唯一のアメリカ戦車として高い評価が与えられたが、もはや第二次大戦欧州戦線は終盤であり、実際に活躍する機会はなく、戦後の朝鮮戦争がその戦歴の中心となった。

■M26重戦車パーシング

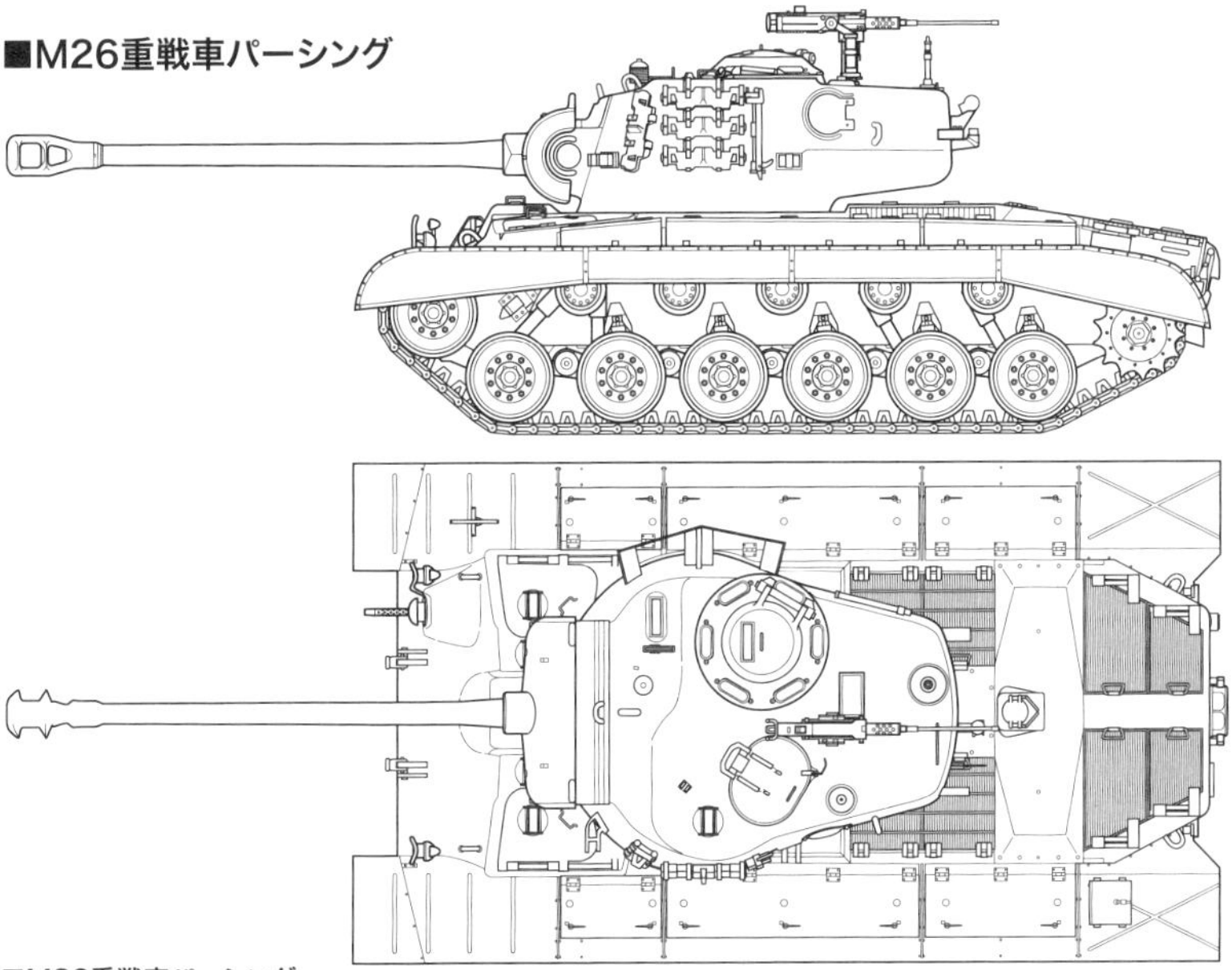

■M26重戦車パーシング

重量	41.892トン	全長	8.649m
全幅	3.513m	全高	2.779m
エンジン	フォード GAF 液冷ガソリン1基		
エンジン出力	500hp	最高速度	48.28km/h
行動距離	161km		
兵装	50口径90mm戦車砲1門、12.7mm重機関銃1挺、7.62mm機関銃2挺		
装甲厚	12.7〜114.3mm	乗員	5名

アメリカ

M18戦車駆逐車ヘルキャット

- オープントップの砲塔に76・2㎜砲を搭載
- 最高速度80㎞／h超の速力と軽快な機動性
- 軍・軍団直轄の戦車駆逐大隊で運用される

軽快な機動性を持つ戦車駆逐車

1940年5月のドイツ軍の電撃戦は、アメリカ軍の対戦車部隊のドクトリンにも大きな影響を与えた。その結果、開発されることになったのが、戦車と異なる対戦車用兵器、戦車駆逐車であった。戦車より大きい火力、高い速力を持つ全装軌式自走砲で、戦車部隊とは独立した、軍・軍団司令部直轄の戦車駆逐大隊で運用された。

戦車駆逐車としていくつかの車両が試作されたが、最初に実用となったのは、M4中戦車の車体をベースに76・2㎜砲を装備したM10であった。M10は優れた性能ではあったが、ベースが中戦車であり、戦車駆逐部隊が望む軽快な機動性という点に難があった。兵器局では並行して軽戦車をベースとした戦車駆逐車を開発し、これは37㎜砲を装備したT42から、57㎜砲を装備したT49へと発展した。

さらに75㎜砲への換装を命じられてT67が開発され、その開発中により強力な76・2㎜戦車砲M3が完成、最終的にT70が開発された。試作車は1943年4月に完成し、6月には量産が命じられ、10月にM18として制式化されている。愛称「ヘルキャット」で呼ばれるようになるが、これは戦車駆逐部隊の部隊章にちなんだものである。

オープントップの砲塔に長砲身76.2mm砲を搭載するM18ヘルキャット。バルジの戦い（1944年12月16日～1945年1月25日）の際、バストーニュでドイツ軍の包囲下に置かれた友軍を救出すべく、第705駆逐戦車大隊のM18が奮闘した戦例がよく知られている。

M18ヘルキャットの設計

本車の車体、砲塔デザインは、先輩格の戦車駆逐車のM10を、そのままスケールダウンしたような形状をしていた。砲塔は極限までの小型化が図られており、左側面には内部

■M18戦車駆逐車ヘルキャット

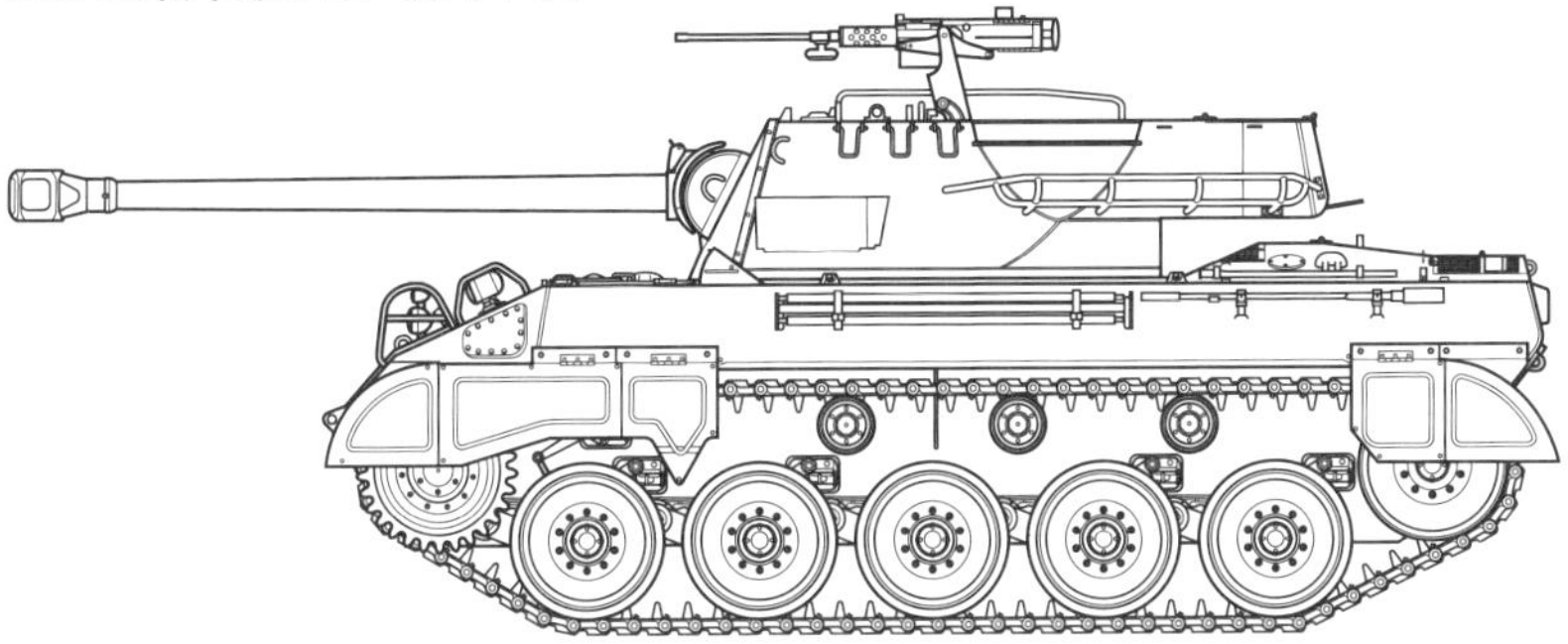

■M18戦車駆逐車ヘルキャット

重量	17.69トン	全長	6.655m
全幅	2.87m	全高	2.565m
エンジン	ライトR-975-C1 空冷ガソリン1基 (後期型:ライトR-975-C4)		
エンジン出力	400hp(後期型:460hp)		
最高速度	80.47km/h	行動距離	161km
兵装	52口径76.2mm戦車砲1門、 12.7mm重機関銃1挺		
装甲厚	4.83〜25.4mm	乗員	5名

に装備された動力砲塔の旋回装置をクリアーするためのバルジが設けられていた。装甲厚はなんと一番厚い砲塔前部でさえ25・4㎜で、車体は各部ともにたったの12・7㎜しかなかった。さらに砲塔上面はオープントップで無防護だった。

その一方で、主砲の76・2㎜砲はM10の主砲と変わらぬ装甲貫徹力を有していた。軽戦車どころか中戦車に匹敵する能力である。つまりM18は、高速力と機動性を持つ対戦車自走砲というべき、特殊な車両であった。これは軽快な機動性を至上命題としたアメリカ戦車駆逐車の性格を良く示すものだろう。

その機動性に関して言えば、M18は重量わずか17・69トンの車両でありながら、400馬力の航空機用転用の星型ガソリンエンジンを搭載していた。変速機には高級なトルクコンバーターを採用し、サスペンションはトーションバー式だった。これら近代的な装備により、なんとその最高速度は80・47㎞/hに達した。

M18は1944年10月までに2507両が生産され、実戦参加は同年3月のイタリアのアンツィオの戦いからだった。以後、イタリアには1個、北西ヨーロッパには20個の戦車駆逐大隊が投入された。さらに太平洋戦線にも投入され、沖縄でも戦っている。

左後上方より見たM18ヘルキャット。砲塔はそろばんの玉のような形状でオープントップ。装甲厚は最も厚い砲塔前面で25.4mm(1インチ)、他の部分は12.7mm(0.5インチ)しかない。

アメリカ

M22軽戦車ローカスト

■空挺作戦に充当可能な、ごく軽量の軽戦車
■37㎜砲を搭載。M3軽戦車より小さく弱装甲
■米軍では使用されず英軍が西部戦線で使用

輸送機搭載が可能な空挺戦車

第二次大戦初期でのドイツ軍による、エバン・エマール要塞攻略、そしてクレタ島占領作戦での空挺作戦の成功は、世界各国軍隊に衝撃を与えた。それまでも各国ともにこの種の作戦には注目していたが、こうした作戦で問題となったのが、空挺部隊が軽装備であることだった。1941年2月27日、アメリカ陸軍および陸軍航空隊、陸軍装備課による会合で、航空機による輸送が可能な戦車、すなわち空挺戦車の開発の要求が出された。

面白いのはこれがイギリス軍にも伝えられたことで、当時、大型グライダーによる空挺機動部隊の編成を考えていたイギリスは大きな興味を示した。これが後押しする形になって、1941年5月22日、T9軽戦車の名称で空挺戦車の基本仕様がまとめられた。各社の提案による検討の後、最終的に開発社に選ばれたのはマーモン・ヘリントン社であった。

同年8月には木製モデルが完成し、陸軍航空隊、陸軍装備課およびダグラス社によって審査された。ダグラス社が入っているのは、同社製のC-54輸送機に搭載することが予定されていたからである。11月には上部車体のモックアップが完成し、ダグラス社に送られた後、細かな変更が加えられ、最初の試作車は1942年4月に完成した。同年5月に行われたC-54への搭載を含む試験は、一応成功に終わった。

試作車で問題となったのは重量の増大で、各種装備を削って重量を極限まで減らした改良型がT9E1として製作された。新たな試作車は1942年11月に完成。評価の後、1943年4月にマーモン・ヘリントン社との間で生産契

グライダーに搭載され、空挺作戦に充当されるM22軽戦車ローカスト。隣に並ぶ英軍戦車兵の身長と同じ程度の全高であることが分かる。

日本軍 ドイツ軍 イタリア軍 イギリス軍 フランス軍 ソ連軍 アメリカ軍 その他

ハミルカー・グライダーの胴体貨物室から、自走して降りるM22軽戦車ローカスト。

約が結ばれ、1944年2月までに830両が完成した。なお、ローカスト（バッタの一種、ワタリバッタ）という名前はイギリス軍が与えたものである。

M22ローカストの構造と実戦使用

M22ローカストは、M3軽戦車より全長、全高ともに小さく、一回り小柄だった。特に重量削減に意が尽くされており、装甲厚はわずか13㎜しかなかった。それを補うため、車体には傾斜装甲が採用されていた。走行装置は、M3軽戦車と同様、垂直渦巻スプリングを使用したものであったが、上部の支持輪は別体となり、側面には補強用のバーが追加されている。エンジンは出力192馬力の液冷ガソリンエンジンで、最高速度は56・33km／hを発揮できた。

M22は結局、アメリカ軍では実戦で使用されることはなく、最初にも興味を示していたイギリス軍でのみ使用された。イギリス軍にはレンドリースで260両（230両とも）が引き渡されており、イギリス軍は本車をハミルカー・グライダーに搭載し、1945年3月のライン川渡河作戦で実戦投入した。

■M22軽戦車ローカスト

重量	7.439トン	全長	3.937m
全幅	2.248m	全高	1.842m
エンジン	ライカミングO-435T 空冷ガソリン1基		
エンジン出力	192hp	最高速度	56.33km/h
行動距離	177km		
兵装	53.5口径37mm戦車砲1門、7.62mm機関銃1挺		
装甲厚	9.53～25.4mm	乗員	3名

アメリカ

LVT(A)-1

■水陸で運用できる装軌式上陸車両LVT
■LVT(A)-1はM5軽戦車の砲塔を搭載
■太平洋方面の島嶼への上陸作戦で活躍する

太平洋島嶼戦に対応した上陸用車両

１９４１年12月8日、日本軍の真珠湾奇襲で開始された太平洋戦争は、これまでの戦争とは全く違う様相を呈した。海軍と協同した陸戦部隊による、太平洋上の島嶼《とうしょ》の争奪戦である。こうした戦いにおいては、これまでの戦場とは全く異なる性格の車両が必要となった。それこそがＬＶＴ(Landing Vehicle Tracked)、装軌式上陸車両であった。この車両は兵員や物資を搭載して海上の船舶から発進し、自力で水上を航走して海岸に上陸するのである。

こうした車両の発明はいくつも試みられたが、直接ＬＶＴに結び付くことになったのは、１９３５年にフロリダのレープリング兄弟が沼地における救助活動用に開発した「アリゲーター」であった。この車両は、箱型の車体で船のように浮かび、車体の左右に装備された履帯式走行装置で陸上の走行とともに水上を進む動力を得ていた。操縦室は前部、エンジンは後部にあり、オープンの中央部が収容スペースとなっていた。

海軍はこの車両に興味を示さなかったが、海兵隊が強く要望し、１９４０年になんとか軍用試作車が調達された。その後、ヨーロッパでの戦争の勃発により、海軍当局も重

装軌式上陸車両LVTにM5A1軽戦車の砲塔と37mm戦車砲を搭載したLVT(A)-1。LVTはアンフィビィアス・トラクター(amphibious tractor)＝水陸両用トラクターの略で「アムトラック」と総称されたが、LVT(A)-1は特に「アムタンク」と呼ばれた。

い腰を上げ、LVT-1として制式化された。LVT-1の生産は1941年7月から開始され、1942年8月にガダルカナル島で初の実戦使用がなされた。

M5A1の砲塔を備えるLVT(A)-1

ただし、LVT-1には欠点も多かった。このため、1941年中に改良型のLVT-2の開発が開始されていた。LVT-2ではトーションバーとラバーのサスペンションが導入され（LVT-1にはサスペンションはなかった）、エンジンはM3A1軽戦車のものが流用されてパワーアップ。これにより、実用性や耐久性が大きく向上していた。

LVTはあくまでも輸送用の車両で、装甲も武装もなかった。これは早くから論議されており、LVT-2の開発中、LVTに装甲と武装を追加する案がまとめられた。こうして開発されたのがLVT（A）-1であった。このAは、アーマー＝装甲を意味する。

LVT（A）-1はLVT-2をベースに装甲を施し、M5A1軽戦車の砲塔を搭載していた。装甲の厚さは6～12㎜で、小火器に耐えるだけのものだった。砲塔には37㎜砲と機関銃が装備され、さらに車体後部左右のリング銃座に機関銃を装備することができた。本車は1943年12月から生産が開始され、1944年にかけて510両が完成した。

LVT（A）-1は海兵隊の水陸両用装甲車大隊と陸軍の水陸両用戦車大隊に配属された。初陣となったのは1944年2月のクェゼリン上陸作戦であった。LVT（A）-1の戦う相手は戦車ではなく敵陣地であり、37㎜砲の火力不足が不満とされたが、その後もマリアナ、沖縄への上陸作戦に参加し、上陸部隊の援護任務を果たしたのである。

■LVT(A)-1

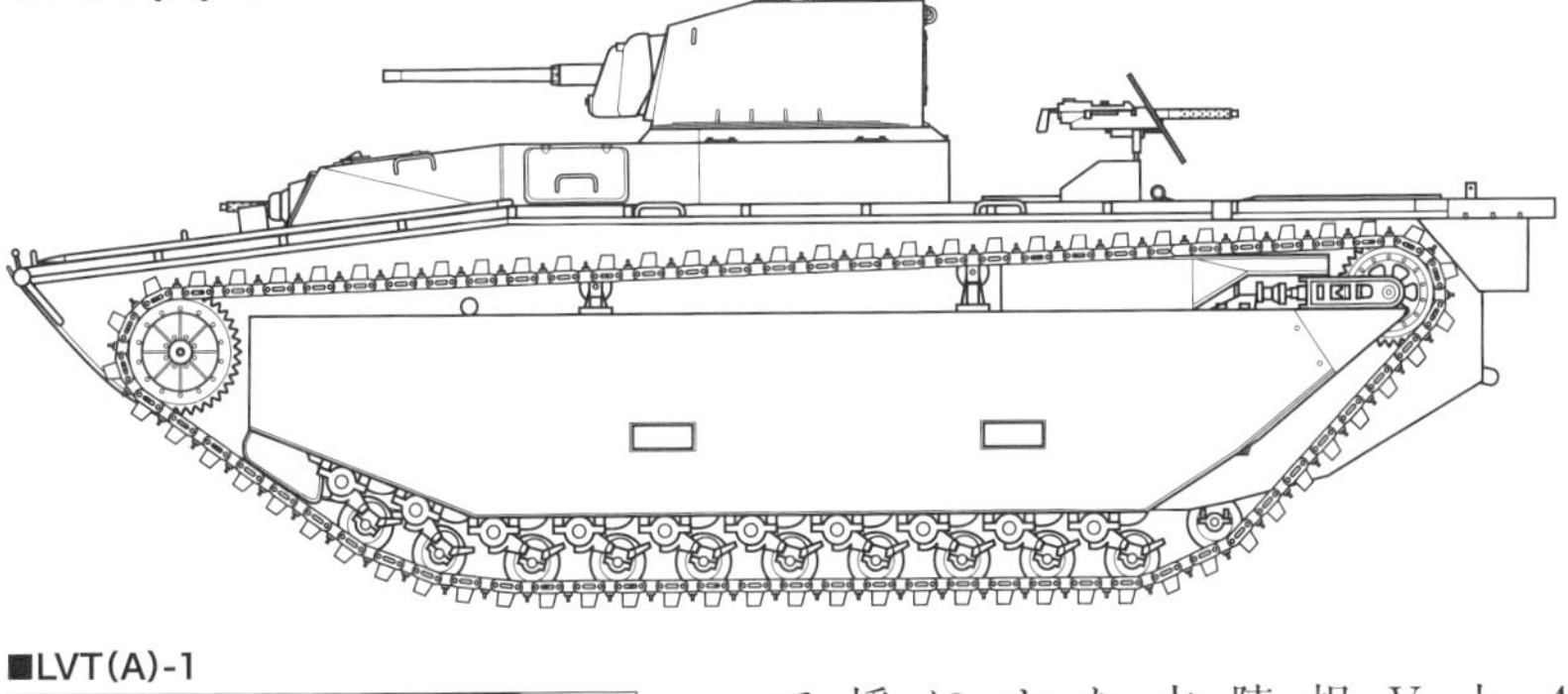

■LVT(A)-1

重量	14.8トン	全長	7.95m
全幅	3.25m	全高	3.07m
エンジン	コンティネンタルW-670-9A 空冷ガソリン1基		
エンジン出力	250hp		
最高速度	40km/h（水上:11km/h）		
行動距離	201km		
兵装	53.5口径37mm戦車砲1門、 7.62mm機関銃4挺		
装甲厚	6～51mm	乗員	6名

現存するWWⅡアメリカ戦車

　第二次大戦期の現存するアメリカ戦車といえば、もちろんメインとなるのはアメリカの博物館である。アメリカといえば、アバディーン戦車博物館（メリーランド州・米陸軍兵器博物館）やパットン戦車博物館（ケンタッキー州ルイビル）の名前が上がるが、昨今、予算不足等で公開情況にかなりの不安がある。WWⅡアメリカ軍戦車はカナダにも当然あるし、もう少し日本人が行きやすいハワイにも、M24軽戦車チャーフィーなどがある（ハワイ陸軍博物館）。

　アメリカ戦車が活躍したのは実際はヨーロッパであり、ヨーロッパのそれこそアメリカ軍が戦った場所には、いくらでもアメリカ戦車が展示されている。博物館でなくて路傍にも。ノルマンディーにはあちこちにシャーマンがあるし、バルジの戦いや「マーケット・ガーデン」作戦の舞台になったベネルクス諸国にも多数が残されている。

　これまでも名前の出た、ボービントンやソミュールの戦車博物館にも多数が展示されている。ロシアのクビンカもそうだ。これらはイギリス、自由フランス、ソ連がレンドリースで受け取って使用した車両だ。特に珍しいのは、イギリスが最初に受け取った極初期型のシャーマンや、映画『フューリー』のシャーマンといったところも。

　レンドリースではないが、アメリカ戦車を供与されて使用した国は他にもある。そう日本だ。戦後設立された自衛隊には、当初アメリカ戦車が供与された。そのほとんどはもう残されていないが、土浦の陸上自衛隊武器学校にはシャーマンやチャーフィーが展示されている。今回は取り上げていないが、M36戦車駆逐車ジャクソンやM41軽戦車ウォーカーブルドッグ、M42ダスター自走高射機関砲などもある。必見であろう。

現存するM36戦車駆逐車ジャクソン。M10A1戦車駆逐車の車体に新型砲塔と、M26パーシングと同じ50口径90mm戦車砲を搭載した。重量28.1トン。1944年10月から西部戦線で戦闘参加し、バルジの戦いにも投入された。土浦の陸上自衛隊武器学校にも保存されている。

その他の国の戦車

ここまで日独伊英仏ソ米の戦車を紹介してきたが、第二次世界大戦は文字通り世界を巻き込んだ戦争であり、これらの国以外の陸上部隊でも戦車が装備された。その中でもいくつかの国は、独自に戦車を開発・生産している。本書の最終章となる本稿では、フィンランド、ハンガリー、ルーマニア、スペインといった国々で開発された戦車たちを紹介する。

フィンランド

BT-42

■ソ連から鹵獲したBT-7を元に開発・生産
■BT-7の車体に箱型砲塔と114㎜砲を搭載
■継続戦争中に実戦参加するも大損害を負う

BT-7を元に〝国産戦車〟を開発

フィンランドは小国で軍需産業も限られており、自国で戦車を国産したことはない。そのフィンランドが第二次大戦中に唯一、完全ではないにせよ「国産」した戦車（フィンランドでは突撃砲に分類）がBT-42であった。完全ではないとは、それが生産ではなく、改造されたものだからだ。その開発が開始されたのは、フィンランドで言うところの継続戦争（1941年6月25日～1944年9月19日）(※)、ドイツ軍のソ連攻撃に付随して発生した戦争中の1942年のことであった。

フィンランドはドイツ軍に呼応してソ連と戦ったが、戦いの過程で多くのソ連戦車を捕獲した。これによって、1942年2月にフィンランド軍戦車部隊は大隊から旅団へと拡大されたのだが、その第3大隊には突撃砲が配属されることになったのである。そして、その突撃砲としてBT-42が開発された。

ベースとなったのはソ連製のBT-7快速戦車で、搭載砲にはイギリス製のQF4・5インチ（114㎜）榴弾砲Mk.Ⅱが選ばれた。試作一号車は1942年9月に試験が行われ、それを受けての改修の後、量産が開始された。BT-42の生産一号車は1943年2月18日に引き渡され、同年秋までに18両が製作されている。

改造要領は、BT-7の車体はそのままに、砲塔は元の砲塔の一部を残し、箱型の構造物を追加してスペースを拡大、114㎜砲を搭載した。砲塔は完全密閉式、全周旋回が可能であることから、自走砲ではなく戦車と見てもよさそうだ。ただし、主砲は榴弾砲で対戦車戦闘力は低く（成型炸薬弾が用意されていた）、車体に比して砲塔が大きく重く、かつ重心が高くなったため、機動性は低下していた。

BT-42の戦闘記録

突撃砲大隊は1943年2月に編成され、6月には試験的にスヴィル川で実戦投入された。派遣は8月まで続き、その際の評価は悪くなかったようだ。しかしその後、突撃

（※）1941年6月22日の独ソ戦の開戦時、フィンランドは中立だったが、領内のドイツ軍の駐留・通過を認めていた。ソ連はドイツ軍機がフィンランド領から発進してソ連を攻撃していることの報復としてフィンランド領に攻撃を加えたため、6月25日、フィンランドはソ連に対して宣戦布告。冬戦争（1939年11月30日～1940年3月13日）の継続であるとして、継続戦争と呼んだ。第二次ソ・フィン戦争とも呼ばれる。

砲大隊にはドイツのⅢ号突撃砲が導入されることになり、BT-42は独立戦車中隊に移された。1944年6月、ソ連軍の大攻勢が開始されると、独立戦車中隊にも出動が命じられた。

BT-42はヴィープリ防衛戦に投入された。歩兵を支援して戦闘に参加したが、BT-42にとって不運だったのは、少数が細切れに投入されたことと、敵戦車と対峙する最前線に配置されたことだった。特に敵戦車は緒戦期とは異なり、JS-2重戦車やT-34-85中戦車であり、もはやBT-42の敵う相手ではなかった。

BT-42は5両が撃破され、ヴィープリも陥落した。残されたBT-42は、その後二度と戦闘に投入されることはなかった。

フィンランドのパロラ戦車博物館に現存するBT-42。同博物館には冬戦争や継続戦争でフィンランド軍が使用した各種の車両が保存・展示されている。(写真／斎木伸生)

■BT-42

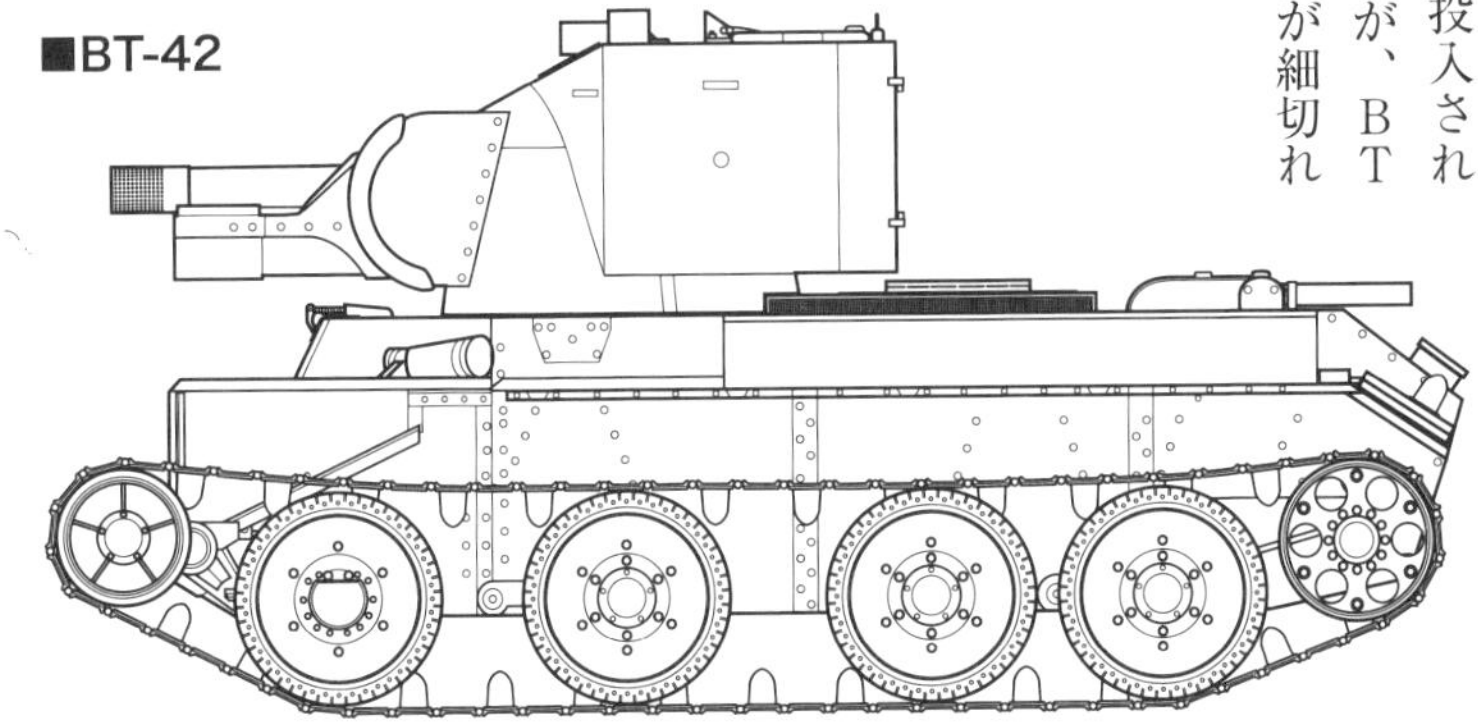

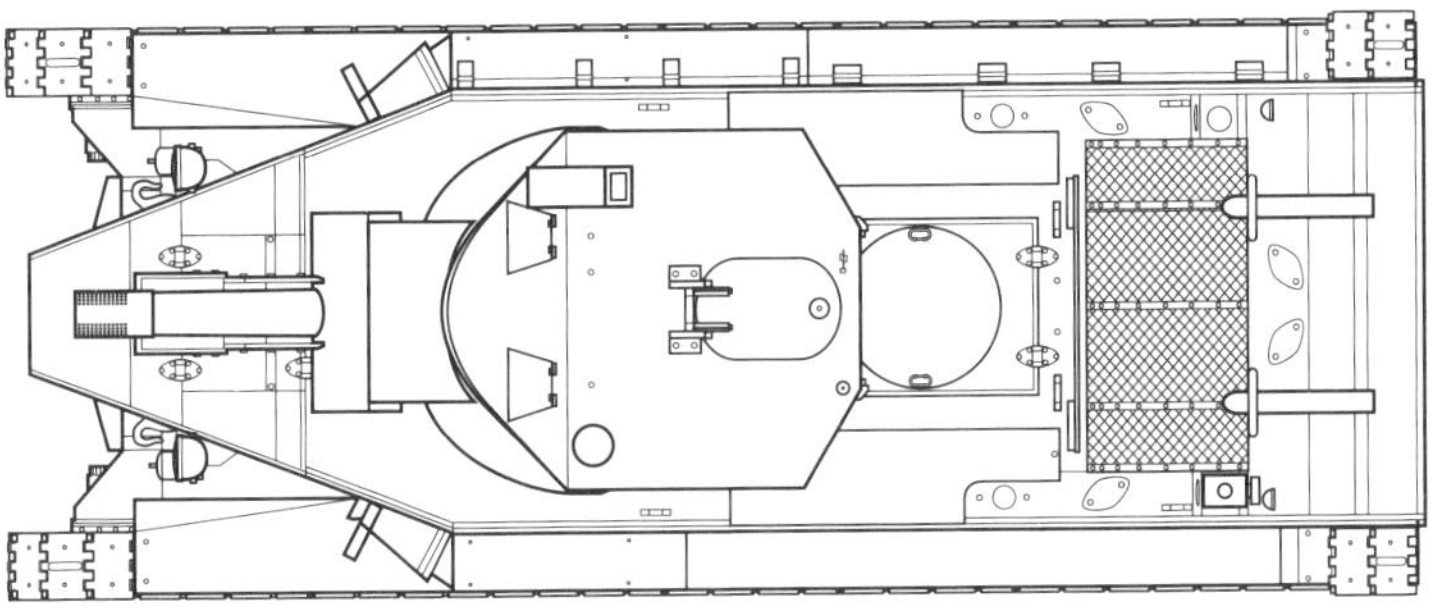

■BT-42

重量	15.0トン	全長	5.66m
全幅	2.29m	全高	2.695m
エンジン	M-17T 液冷ガソリン1基		
エンジン出力	400hp		
最高速度	53km/h(装軌)／73km/h(装輪)		
行動距離	375km(装軌)／460km(装輪)		
兵装	15.55口径114mm榴弾砲1門		
装甲厚	6〜22mm	乗員	3名

ハンガリー

トゥラーン／ズリーニィ

- チェコ戦車をライセンス生産したトゥラーン
- 主砲換装など改修を施したトゥラーンⅡ／Ⅲ
- トゥラーン車体を利用した突撃砲ズリーニィ

トゥラーン中戦車の開発と生産

ハンガリーはかつてはオーストリア＝ハンガリー二重帝国の一部で、ヨーロッパの一流国家としてそれなりの工業力を有していた。戦車に関しても、量産はされなかったものの、一定の開発能力は持っていた。第二次大戦中にハンガリー軍の装備した戦車は、他国製をライセンス生産したものだった。１９３８年に採用されたのが、スウェーデンのランツベルク社が開発したＬ‐60軽戦車をライセンス生産したトルディ軽戦車であった。

トルディは優れた戦車であったが、やはり軽戦車であり、その能力の不足は明らかだった。ハンガリー軍はその導入とほとんど前後するように、より強力な新型戦車の調達を模索した。各国との接触の後、１９４０年に最終的に選定されたのは、チェコのシュコダ社の中戦車Ｔ‐21だった。

チェコスロヴァキアのLTvz.35を原型とするT-21に、ハンガリー独自の改良を施したトゥラーン中戦車（40MトゥラーンⅠ）。リベット留めの車体・砲塔や、小転輪2個をアームで連結してリーフスプリングで緩衝する懸架装置は原型車両と共通する。

イタリアのセモヴェンテと同様、Ⅲ号突撃砲に影響を受けて開発された40／43Mズリーニィ突撃砲。写真の20口径105mm榴弾砲を搭載した型式はズリーニィⅡと呼ばれ、後に開発された、43口径75mm戦車砲を搭載する対戦車型はズリーニィⅠと呼ばれる（ⅡとⅠの順番が逆である理由は不明）。

これは元々、チェコスロヴァキア軍向けに開発されたが、ドイツのチェコ併合によって開発が中止されたものだ。

その設計は基本的に、チェコスロヴァキア軍に採用されたＬＴ vz.35（ドイツ軍でも35（ｔ）戦車として使用された）を拡大発展させたものだった。ハンガリーは自国向けに所要の改良を施した上で、40Ｍトゥラーン中戦車（トゥラーンⅠ）としてライセンス生産した。主砲は40㎜砲、最大装甲厚50㎜、最大速度47㎞／ｈと優秀な車両であった。

しかし、引き渡しは遅れ、最初の車両は１９４２年４月末、発注された２３０両の引き渡しは１９４３年までかかった。さらに追加発注されたが、これは55両（一部は41Mに改修）にとどまり、火力支援型の41Mトゥラーン重戦車（トゥラーン75短砲身／トゥラーンII）が1944年終わりまでに188両生産された。さらに主砲の長砲身化と装甲強化を施した43Mトゥラーン重戦車（トゥラーン75長砲身／トゥラーンIII）も開発されたが、量産は間に合わなかった（6両が完成したとも言われる）。

ズリーニィ突撃砲の開発と生産

ハンガリー軍ではドイツ軍の突撃砲の活躍に触発され、トゥラーンをベースに同種車両の開発が進められた。イタリアのセモヴェンテと似た話だが、デザインもよく似た車両が作られた。これがズリーニィで、1942年夏に試作が開始され、1943年1月には発注され、5月に制式化された。前面装甲は75mmあり、主砲にはハンガリー製の40M 105mm榴弾砲が搭載された。最大速度は43km／hに低下したが、悪くはない。

ズリーニィも生産が遅れ、量産車37両が引き渡された（他に軟鋼製の試作車3両が作られた）のは1943年10月～1944年1月のことだった。追加発注分のうち、20両は1944年4月～6月になり、その後、連合軍の爆撃により生産は中断されたが、9月までに6両が完成したという。

ズリーニィにも長砲身75mm砲を装備した対戦車型（ズリーニィI）が開発されたが、結局、量産には至らなかった。

トゥラーン、ズリーニィは共にソ連領内への派遣部隊には送られておらず、主にハンガリー本土を守る戦いに投入された。

■41MトゥラーンII中戦車

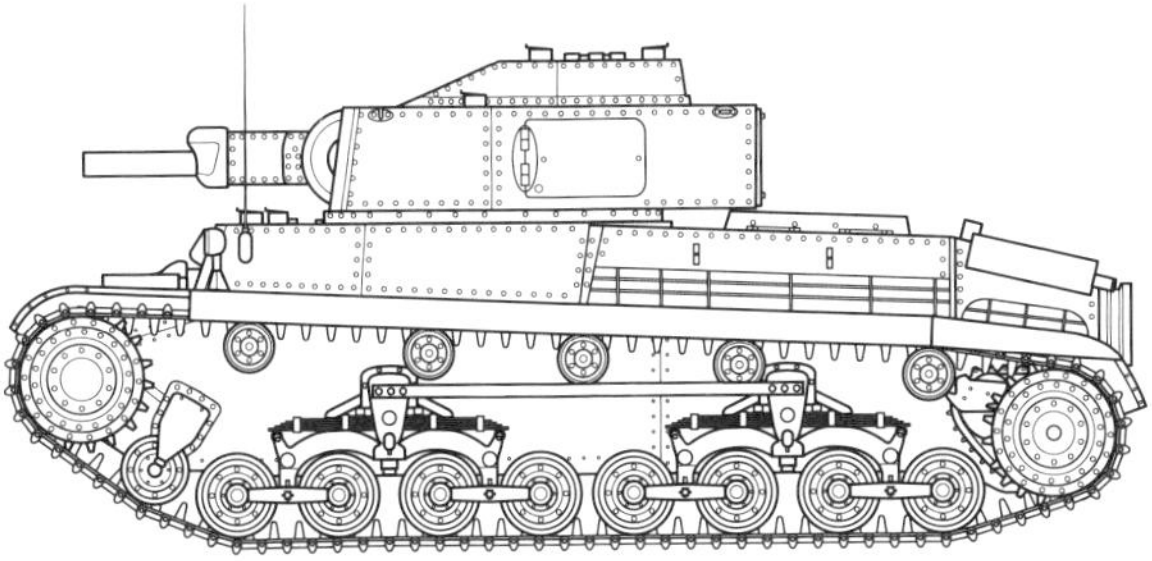

■40／43MズリーニィII
突撃砲

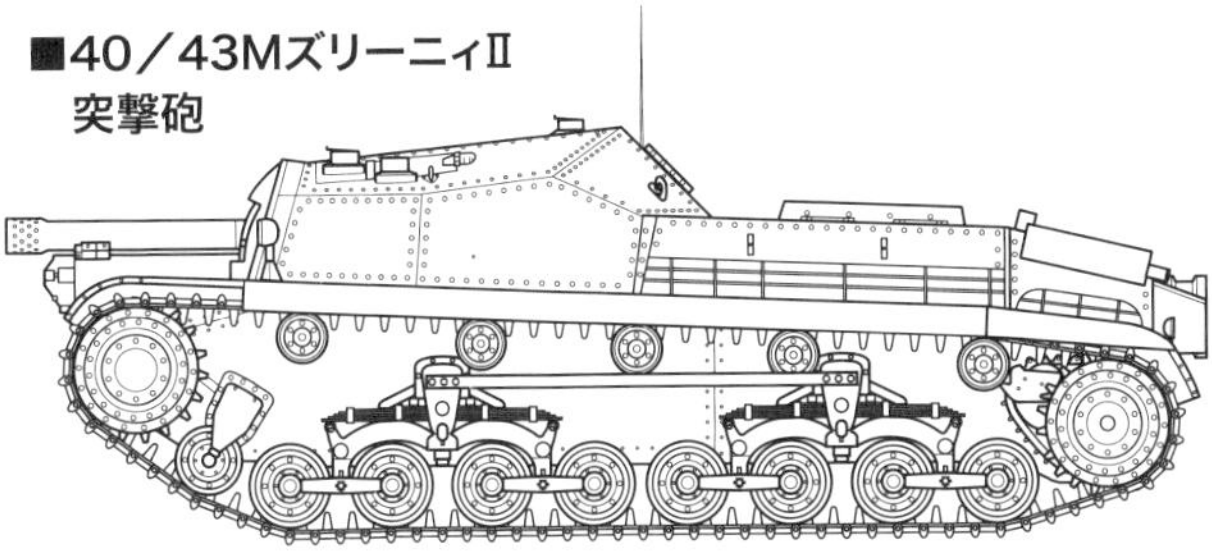

■40MトゥラーンI中戦車

重量	18.2トン	全長	5.55m
全幅	2.44m	全高	2.39m
エンジン	V-8H 液冷ガソリン1基		
エンジン出力	260hp	最高速度	47km/h
行動距離	165km		
兵装	51口径40mm戦車砲1門、8mm機関銃2挺		
装甲厚	8～60mm	乗員	5名

■40／43MズリーニィII突撃砲

重量	21.5トン	全長	5.90m
全幅	2.89m	全高	1.90m
エンジン	V-8H 液冷ガソリン1基		
エンジン出力	260hp	最高速度	43km/h
行動距離	220km		
兵装	20口径105mm榴弾砲1門		
装甲厚	13～75mm	乗員	4名

ルーマニア

マレシャル駆逐戦車

- T-60軽戦車の車体に75㎜対戦車砲を搭載する
- 弱装甲ながらヘッツァーに似た傾斜装甲を持つ
- 大量生産計画が立てられるも生産車は完成せず

ルーマニア国産戦車の模索

ルーマニアはハンガリーと同様、戦車を開発する能力は持たず、第二次大戦中、その装備戦車を輸入に頼っていた。しかし、旧式な戦車の改造を進めると同時に、なんとか国産の戦車を完成させようと模索し、1942年12月、国産装甲車両の研究を開始した。ルーマニアの限られた工業力を考えると、この戦車は本格的な主力戦車ではなく、軽量で機動力に特化した対戦車車両とせざるえなかった。

捕獲したソ連軍のT-60軽戦車の車体に、やはり捕獲されたソ連製122㎜L/12プチロフ・オブコフM1904/1930榴弾砲を搭載したテスト車両M-00が作られた。この車両はマレシャル（元帥）と名付けられたが、これは当時のルーマニア国家指導者・アントネスク元帥にちなんだものであった。試験は1943年6月に開始され、その結果を受けて、10月までに増加試作車3両（M-01、M-02、M-03）が製作された。

その10月には、ルーマニアで開発されたM1943 75㎜対戦車砲の試射が行われおり、これがマレシャルの主砲に採用されることになった。新たな試作車M-04が製作され、試験は1944年2月に行われた。続いて同年3月にはマレシャルの最終プロトタイプとなるM-05、M-06の製作が開始された。

マレシャル駆逐戦車のプロトタイプ、M-00。戦闘室前部の装甲板を装着する前で、内部を見ることができる。全高1.54m、2名乗りのごく小型の車両として設計された。

マレシャルの構造と生産

マレシャルはヘッツアーに良く似たシルエットを持つ駆逐戦車であった。だが、戦闘室はヘッツァーよりさらに引き絞られた三角錐状の外形をしている。装甲厚は10～20㎜とそれほど厚くないが、避弾経始の良さで相当補えるだろう。主砲は前述の通り、ルーマニア国産のＭ１９４３ 75㎜対戦車砲である。同砲はソ連のラッチュブム（76㎜師団砲Ｍ１９４２）を元に開発されたもので、ドイツ軍のＰａｋ40対戦車砲に匹敵する性能を有していた。

エンジンはオチキスＨ‐39エンジンを予定していたが、フランスが連合軍に奪還されたため、チェコのプラガエンジンに変更された（さらに２２０馬力のディーゼルエンジンの採用も予定されていた）。足回りは38（ｔ）戦車に準じるものが採用されたようだ。

マレシャルは、なんと１０００両もの大量生産が予定された。最初の２００両はＭ‐05をベースとするが、残りの８００両はＭ‐06の試験結果を盛り込んだ改良型となることが予定されている。１９４４年3月には、先行生産型の第0シリーズ10両、4月には第Ⅰシリーズ40両と第Ⅱシリーズ50両の生産準備が始められた。

しかし、連合軍の爆撃により生産スケジュールは遅れ、１９４４年8月24日、ルーマニアは連合軍に降伏した。Ｍ‐05とマレシャルの0シリーズの生産作業はその後も続けられたが、9月26日にはソ連軍の命令により、その開発は完全に中止されたのである。結局この時までに、マレシャルの生産型は１両も完成しなかった。

マレシャル駆逐戦車のプロトタイプの4号車、M-04。主砲はM-03までの122mm榴弾砲から48口径75mm対戦車砲に換装された。本車両の設計が、ドイツ軍のヘッツァーに影響を与えたとの説が、一部で信じられている。

■マレシャル駆逐戦車（M-05）

重量	10トン	全長	5.8m
全幅	2.44m	全高	1.54m
エンジン	オチキスH-39 液冷ガソリン1基		
エンジン出力	120hp	最高速度	45km/h
行動距離	—		
兵装	48口径75mm対戦車砲1門、7.92mm機関銃1挺		
装甲厚	10～20mm	乗員	2名

スペイン

ベルデハ軽戦車

■T-26軽戦車を参考としたスペインの国産戦車
■エンジンを車体前、砲塔を後方に置く全体配置
■大仰角の取れる主砲の迫撃砲的な運用も可能

スペイン内戦で得たT-26を参考とする

ヨーロッパの西端、イベリア半島にあるスペインは、かつてはポルトガルとともに世界を分け合った一大帝国であったが、実のところ第二次大戦当時には、工業化の遅れた農業国に留まっていた。フランコ総統による独裁体制を敷いた親ドイツ的国家ではあったが、第二次大戦では結局中立を保った。

そのスペインの戦車開発は、戦前にはわずかにルノーFTを改良したトゥルビア戦車と農業用トラクターを改造したランダサが開発される程度の、ごく初歩的な段階にあった。スペインで最初の本格的国産戦車が開発されることになるのは、スペイン内戦（1936年7月17日〜1939年4月1日）が終結し、国軍の再編が始められる過程においてであった。

スペイン内戦が示したように、戦車部隊の必要性はもはや疑いようがなかった。計画を主導したのはスペイン軍のベルデハ将軍で、その結果、この戦車はベルデハと呼ばれることになる。ベルデハ将軍はまず開発に当たって、スペイン内戦で使用された各種装甲車両を徹底的に研究した。その中で注目されたのは、ソ連のT-26軽戦車であった。

これを受けてベルデハは、T-26を参考にする一方で、それを超える戦車として製作されることになった。試作車は1938年に完成し、改良の後、1940年に生産が開始された。1000両の生産が予定されたが、スペインの工業力の限界や物資の不足もあり、実際に完成したのは

ソ連のT-26の車体を参考に、エンジンを車体前部、砲塔および戦闘室を車体後部にレイアウトしたベルデハI。

100両にも足りなかったと言われる（92両との説がある）。

ベルデハⅠの構造とベルデハⅡ

ベルデハはT‐26を参考にしたとはいえ、全く別の戦車に仕上がっていた。何より特徴的なのは全体配置で、普通の戦車と違って前方にエンジンが置かれ、後方に砲塔が配置されていた。車体は箱型だが、非常に低平なデザインとなっている。装甲は最大25㎜で、主砲は45㎜砲だった。

これまた特徴的なのは、主砲には70度もの仰角がかけられることで、迫撃砲のように大仰角射撃で支援射撃をしようというものらしい。山がちのスペイン国土で使うという、ある意味、非常に考えられた設計ではある。走行装置は唯一、一見してT‐26に似ている部分だ。スペイン・フォードのV‐8エンジンを搭載し、最大速度は44㎞／hを発揮できた。

1941年、ベルデハの改良発展型の開発が行われた。この戦車は車体を大型化し、武装（75㎜砲）、装甲（最大40㎜）を強化する等、実質的に別の戦車となった。何より全体配置が、普通の戦車のように砲塔が前で、エンジンが後ろになっている。本車はベルデハⅡと呼ばれた（これによって、ベルデハはベルデハⅠとなった）。

しかし、1943年末にドイツの輸送船団を抑留してⅣ号戦車を入手したこともあり、ベルデハⅡの生産は中止された。

ベルデハⅠの車体を利用して製作された75mm自走榴弾砲。現在はマドリード郊外エル・ゴローゾにある、スペイン陸軍のアコラサードス博物館（アコラサードスは装甲の意）に屋内展示されている。

トレドの歩兵アカデミーに屋外保存・展示されているベルデハⅡ。砲塔および戦闘室が前方、エンジンが後方の通常形式の戦車となっている。重量10トン、最高速度46km/h、兵装は44口径45mm戦車砲1門、7.92mm機関銃3挺、装甲厚7～40mm、乗員3名。

■ベルデハ軽戦車（ベルデハⅠ）

重量	6.5トン	全長	4.498m
全幅	2.152m	全高	1.572m
エンジン	スペイン・フォード モデル48 液冷ガソリン1基		
エンジン出力	85hp	最高速度	44km/h
行動距離	220km		
兵装	44口径45mm戦車砲1門、 7.92mm機関銃2挺		
装甲厚	7～25mm	乗員	3名

ポーランド

TKS豆戦車／7TP軽戦車

■カーデン・ロイドが原型の、機関銃装備の豆戦車
■20㎜機関砲装備車も生産。対独戦で一部が活躍
■ヴィッカース6トンを改良した7TP軽戦車

TK豆戦車の導入と改良

ポーランドは基本的に農業国でもあり、装甲車両の開発能力は有していなかった。それでも工業化不十分な中で、戦車装備の国産化にも取り組み、最初に開発された車両が豆戦車であった。

ベースとなったのは、1929年にイギリスから輸入されたカーデン・ロイドMk.Ⅵである。これを元にTK-1、TK-2と試作が行われ、次にTK-3が制式化された。TK-3は1931年から1933年にかけて300両（エンジン強化型のTKFを含む）が生産された。

その改良型が1933年に作られたTKSで、上部構造物が全面的に設計変更され、装甲も10㎜に強化されていた。武装は機関銃のままだが、銃架はボールマウント式になり、操作性が向上した。エンジンはTKFと変わらないが、重量増加に対応して足回りが強化され、履帯の幅も広げられた。これによって不整地走破能力が向上したものの、最大速度は46km／hから40km／hに低下していた。TKSは1934年から生産が開始され、1936年までに248両（390両、280両との説もある）が生産された。

TKSは改良されたとはいえ、機関銃1挺の武装では能力不足なのは明らかだった。そこで、大型化したマウントに、国産の20㎜F

■TKS豆戦車（20mm機関砲搭載型）

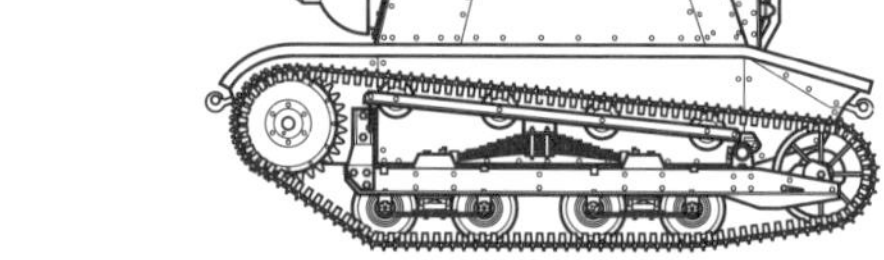

■TKS豆戦車

重量	2.6トン	全長	2.58m
全幅	1.78m	全高	1.32m
エンジン	ポルスキ・フィアット122B 液冷ガソリン1基		
エンジン出力	46hp	最高速度	40km/h
行動距離	200km		
兵装	7.92mm機関銃1挺（または20mm機関砲1門）		
装甲厚	4〜10mm	乗員	2名

カーデン・ロイドMk.Ⅵから発展したTKS豆戦車。車長と操縦手が車内に横並びに位置し、車長は右側に座って機関銃操作も担う。車長席の上には全周旋回可能なペリスコープも設けられている。

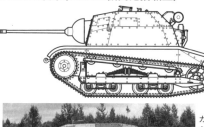

K-Awz.38機関砲を装備した武装強化型が１９３６年に開発された。新造でなく既存のTK-３、TKSからの改修が可能で、開戦までに20両前後が改造されたようだ。

TK-３およびTKSは、主力戦車としては使えるわけもなく、主に装甲（偵察）大隊に配備された。戦闘力が低く活躍できる場面は限られたが、唯一知られるのが、ワルシャワ郊外カンピノスの森の戦い（１９３９年９月18日）で、待ち伏せしたTKSが、ドイツ軍の戦車部隊を痛撃した。

7TP軽戦車の生産と配備

TKSの能力不足はポーランド軍には分かっており、１９３０年代初めにはこれと並行して新戦車の導入が開始された。採用されたのはイギリスのヴィッカース社の輸出用戦車６トン戦車で、１９３２年から１９３３年にかけて機関銃装備の双銃塔型22両、47㎜砲装備の単砲塔型16両が購入された。

さらに、ポーランドはライセンス生産権も獲得し、所要の改良を施して７TPとして採用、量産した。７TPも双銃塔型と単砲塔型が生産され、単砲塔型はボフォース37㎜砲を装備していた。また、装甲も若干強化され、ディーゼルエンジンを装備した。７TPは１５５両（開戦前に１３６両）が生産された。

７TPの単砲塔型はポーランド軍の戦車大隊に配属され、一方、双銃塔型は訓練用に使用された（ただし、敗色濃厚な中で実戦投入された）。７TPは、ポーランドに侵攻してきた、Ⅰ号、Ⅱ号戦車が主力のドイツ戦車部隊に局地的戦闘で優位を発揮する場面もあったが、ドイツ軍の空地一体の電撃戦の前に敗れ去ったのである。

■7TP軽戦車
（双銃塔型）

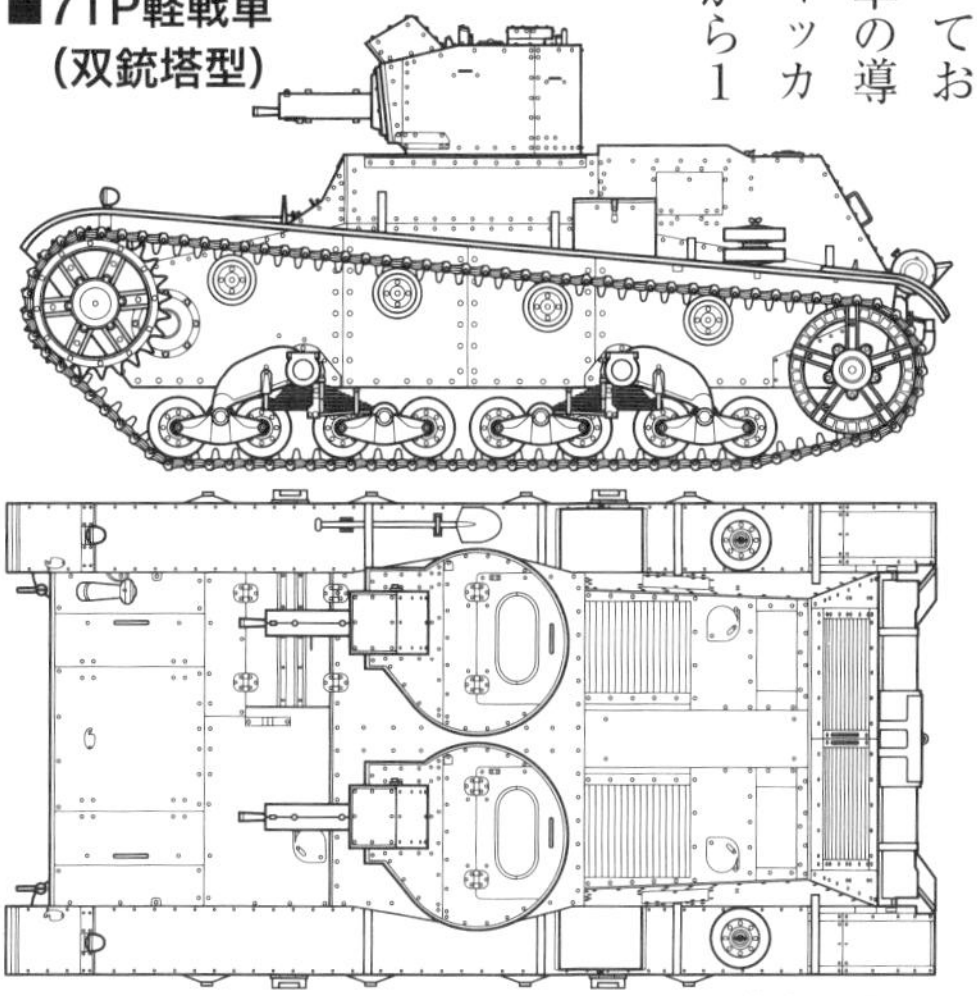

■7TP軽戦車

重量	9.4トン（双銃塔型） 9.9トン（単砲塔型）		
全長	4.75m	全幅	2.40m
全高	2.273m		
エンジン	PZInz.235 液冷ディーゼル1基		
エンジン出力	110hp	最高速度	32km/h
行動距離	150km		
兵装	7.92mm機関銃2挺（双銃塔型） 45口径37mm戦車砲1門、7.92mm機関銃1挺（単砲塔型）		
装甲厚	5～17mm	乗員	3名

ヴィッカース6トン戦車に独自の改良を施したポーランドの軽戦車、7TP。オリジナルのヴィッカース6トン戦車と同様、双銃塔型と単砲塔型が生産された。写真は単砲塔型で、45口径37mm戦車砲を搭載している。

カナダ

ラム巡航戦車

- M3中戦車の車体に旋回砲塔を備えた巡航戦車
- 2ポンド砲搭載のMk.Iと6ポンド砲搭載のMk.II
- 砲塔を撤去した装甲兵員輸送車などが運用される

ラム巡航戦車の開発と生産

1940年初夏、欧州大陸でドイツ軍に大敗しダンケルクから撤退したイギリス軍は、深刻な装備不足に襲われていた。その結果、カナダでの戦車の生産を求めたが、当時、同時にカナダでも戦争の危機感が高まっていた。1940年8月、カナダは2個機甲師団の増設を決めたが、その編成のためには巡航戦車1000両が必要だったのである。戦車不足に悩むイギリスからの供給は望むべくもなかった。

このためカナダは、自国で必要な戦車を国内で生産することにした。イギリス軍はカナダにクルセイダー巡航戦車の生産を求め、そのサンプルも送付していた。しかし、カナダ軍は同車ではなく、お隣の国アメリカで開発、生産に向かっていたM3中戦車により大きな興味を抱いたのである。

しかし、M3中戦車の設計、特に主砲を車体に限定旋回式に取り付けていたことはカナダを満足させなかった。このためカナダは、M3中戦車のコンポーネントを使用して、自国で戦車を国産することにしたのである。こうして製作されたのがラム巡航戦車であった。試作車は1941年6月に完成し、同年中に詳細設計が詰められた。

鋳造製の車体と砲塔を持つラム巡航戦車。写真はMk.Iで、車体前方左側に7.62mm機関銃1挺を備える独立した銃塔が見える。

本車の下部車体はM3中戦車のものが流用されており、足回りはまったくM3そのものだった。上部車体と砲塔はカナダで独自に設計され、鋳造車体に鋳造砲塔が使用されている。ただ、上部車体も砲塔もデザイン的に、そんなにシャーマンと違ったふうには見えない。なお、車体前部左側には、独立した機関銃塔が装備されていた。

予定では、主砲には6ポンド砲が搭載されるはずだったが、イギリスから設計図が届かず、1941年末に完成した最初の50両には、暫定的に2ポンド砲が搭載された。これがラムMk.Ⅰで、1942年1月から6ポンド砲を搭載したラムMk.Ⅱに生産が切り替えられた。Mk.Ⅱは1943年にかけて1899両が生産された。

ラム巡航戦車の運用

しかし、M4シャーマン中戦車が実用化されたことでその必要性は薄れ、戦車型として実戦投入されることはなかった。特に主砲の威力不足が仇となり、75㎜砲を装備したシャーマンに置き換えられる結果となった。

主砲を6ポンド砲に換装したラムMk.Ⅱ。防盾の形状もMk.Ⅰから変更されている。写真はオランダ軍の装備車両で、戦後の1948年に撮影されたもの。

生産されたラム戦車の多くはイギリスに送られて、訓練用に使用された。

その他、ラムが実戦に使用された例として、主砲を取り外した砲兵観測戦車、砲塔を撤去して装甲兵員輸送車としたラム・カンガルーがあった。ラム・カンガルーの正確な改造数は分かっていないが、ある戦車旅団の野戦整備場だけで120両が改造されたというから相当数であったことは分かる。戦車並（元は戦車そのものなのだから）の装甲を持つラム・カンガルーは、兵士には好評だったという。

ラム巡航戦車から砲塔と砲塔バスケット、弾薬庫を撤去して装甲兵員輸送車（APC）としたラム・カンガルー。

■ラム巡航戦車（ラムMk.Ⅱ）

重量	29.6トン	全長	5.79m
全幅	2.77m	全高	2.67m
エンジン	コンティネンタルR-975-C1 液冷ガソリン1基		
エンジン出力	400hp	最高速度	38.4km/h
行動距離	232km		
兵装	6ポンド（43口径57mm）戦車砲1門、7.62mm機関銃3挺		
装甲厚	12.7～76.2mm	乗員	5名

オーストラリア

センチネル巡航戦車

■M3中戦車を参考としたオーストラリア国産戦車
■ACⅠは2ポンド砲の弱武装により実戦投入されず
■武装を強化したACⅢおよびACⅣも開発された

オーストラリア産巡航戦車の模索

カナダ同様、英連邦諸国の中で、第二次大戦中に戦車を国産したのがオーストラリアであった。戦前よりオーストラリアは、イギリスに戦車を初めとする陸上装備を頼っていたが、イギリスのヨーロッパでの敗北でそれが困難になった。同時に太平洋では日本軍の脅威も高まり、1940年夏、国産戦車の開発を決めたのである。検討に当たっては参考として、イギリス、アメリカ戦車が研究された。

1940年12月、AC（オーストラリア巡航戦車）Mk.Ⅰ（ACⅠ）センチネルとして、その要求仕様がまとめられた。しかし、開発はなかなか進まず、このため1941年6月にはその簡易版というべきACⅡが開発されることになった。ただ、実際にはACⅡは非現実的な設計で、1941年9月には結局ACⅠ計画に戻った。

ACⅠセンチネルの構造と改良型

ACⅠの試作車は1942年1月に完成、改良が加えられた量産車は同年7月に完成した。オーストラリアで製造するため、鋳造製車体が採用された。車体は当初、6つのパーツに分割して製造し、ボルト留めで組み上げる予定だったが、より大型のパーツの製造が可能なことが分かったため、前部が分割されるだけとなった。

車体・砲塔ともに、かなり複雑な形状をしており、そのせいか、操縦室部も砲塔内部もかなり狭い。武装は2ポンド砲だが、砲塔リ

シドニーのヴィラウッド試験場にて走行試験中のAC Mk.Ⅰ巡航戦車センチネルの試作車。1942年撮影。

ングが余裕を持って設計されており、後に武装を強化した発展型が開発・計画された。面白いのが副武装で、水冷機関銃を使用していたため、特徴的な筒状の装甲カバーが取り付けられていた。

　足回りは、M3中戦車に似て非なるものであった。当初はM3中戦車と同じ垂直渦巻スプリング式が使用されることになっていたが、水平渦巻スプリング式に変更され、実際、性能的にも後者が優れていることが明らかになった。

エンジンは国内で調達できるものとして、キャデラック・モデル75 4ストロークV型8気筒液冷ガソリンエンジン3基が組み合わされた。これにより出力は330馬力が得られ、最大速度は48・28km／hが発揮できた。

　量産車の軍への引き渡しは1942年11月に開始された。しかし、すでにこの頃には、アメリカから潤沢な数量のアメリカ製戦車の引き渡しが進められており、また、アメリカも生産中止への圧力をかけた。1943年7月、ACⅠは65両が完成したところで生産が打ち切られた。結局、本車が実戦に投入されることはなかった。

　発展型として、25ポンド砲を装備したACⅢ、17ポンド砲を装備したACⅣが開発されたが、どちらも量産されなかった。

AC Mk.Iセンチネルの副武装は、主砲防盾右側と車体前面中央に備えられたヴィカース7.7mm機関銃で、水冷機関銃であるため、筒状の装甲カバーで覆われている。写真の車両では車長用キューポラに対空用の機関銃を追加している。

長砲身の17ポンド砲（76.2mm口径）を搭載した砲塔を載せた試験車両AC E1。センチネルは25ポンド砲（87.6mm口径）を備えるACⅢ、17ポンド砲搭載のACⅣが開発されたが、いずれも量産には至らなかった。

■センチネル巡航戦車（ACI）

重量	28.489トン	全長	6.325m
全幅	2.769m	全高	2.559m
エンジン	キャディラック・モデル75 液冷ガソリン3基		
エンジン出力	330hp	最高速度	48.28km/h
行動距離	322km		
兵装	2ポンド（50口径40mm）戦車砲1門、7.7mm機関銃3挺		
装甲厚	25〜65mm	乗員	5名

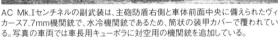

スウェーデン

L-60軽戦車／Strv.m／42中戦車

■溶接構造、トーションバー懸架装置のL-60軽戦車
■L-60を発展させた75㎜砲搭載のStrv.m／42
■共に実戦参加していないが、改型が80年代まで現役

L-60軽戦車の開発と改良

スウェーデンは北欧の小国であるが、武装中立国として有力な軍需産業を有している。戦車に関しても、世界でも数少ない国産国の一つであった。これには第一次大戦の敗戦国ドイツが関係しており、禁止された戦車開発をスウェーデンに逃れて続けたという側面があった。その中心的役割を果たしたのが、ランツベルク社であった。

ランツベルク社は、１９２９年に装輪装軌兼用車両Ｌ-５（未完成）、１９３０～31年に装軌車両のＬ-10、装輪装軌兼用のＬ-30などを開発。Ｌ-10はスウェーデン軍の審査を受け、Ｓｔｒｖ.ｍ／31（※）として制式化され、１９３４年に少数生産された。Ｌ-10を元に１９３４年に開発された発展型がＬ-60軽戦車であった。その設計は、車体、砲塔は溶接で組み立てられ、基本装甲は15㎜、サスペンションには近代的なトーションバーが採用されていた。

Ｌ-60は既述のようにハンガリーに採用されたが、スウェーデン軍へも売り込まれ、武装を37㎜砲に強化した改良型がＳｔｒｖ.ｍ／38として１９３９年に16両生産された。さらに、装甲が最大50㎜に強化されたＳｔｒｖ.ｍ／39が１９４１年春までに20両、砲塔設計、変速機等を改めたＳｔｒｖ.ｍ／40Ｌが１９４１年に１００両、同じく装甲を強化し、車体サイズが若干異なるＳｔｒｖ.ｍ／40Ｋが１９４２～１９４３年に80両（84両とも）生産されている。

ランツベルクL-60軽戦車は、改良型がStrv.m/38としてスウェーデン軍に採用された。武装は20mm機関砲から37mm戦車砲へ変更されている。

Strv.m／42中戦車の開発と生産

しかし、Ｌ-60系列は優秀な車両だが軽戦車だ。戦争中

（※）Strvは、スウェーデン語で「戦車」を意味するStridsvagn（ストリッツヴァグン）の略。

の諸外国の戦車の発展を鑑《かんが》みてこれでは心許ない。１９４１年、スウェーデン軍は20トン級の中戦車の開発を開始、これがＳｔｒｖ.ｍ／42であった。実はランツベルク社ではハンガリー向けにＬａｇｏ（ラーゴ）と呼ばれる16トン級の戦車を開発しており、この経験が役立った。

本車はＬ-60の拡大発展型で、主砲には75㎜砲を装備、最大装甲厚は55㎜だった。エンジンは当初、適当な出力のものがないため２基搭載（３２０hp）されたが、後にボルボの新型エンジンとなり、出力も向上（３８０hp）した。

スウェーデン軍は調達を急ぎ、開発中の１９４１年11月に１００両の生産を発注した。さらに１９４２年１月には60両、６月にも80両が追加されたが、生産は遅れた。結局、第一号車の引き渡しは１９４３年４月になり、最終的に１９４５年１月までに完成したのは２８２両であった。

スウェーデンは大戦で中立を保ち、Ｌ-60／Ｓｔｒｖ.ｍ／42ともに実戦の機会はなかった。戦後すぐにＳｔｒｖ.ｍ／42の一部（87両）は、Ｐｖｋｖ.ｍ／43と呼ばれる固定戦闘室の駆逐戦車に改造された。さらに、１９５０年代終わりには２２５両が、新型砲塔とＴ-34-85中戦車のような長砲身75㎜砲を装備するＳｔｒｖ74に改造された。本車はなんと１９８０年代まで使用されている。

Strv.m/38にさらなる改良を加え、砲塔設計や駆動系を改め、装甲強化と車体拡大を施したStrv.m/40K。

L-60軽戦車系統を拡大発展させた中戦車、Strv.m/42。WWⅡスウェーデン戦車で最多の282両が生産されたが、実戦投入されることなく終わった。

■L-60軽戦車

重量	6.8トン	全長	4.66m
全幅	2.11m	全高	1.85m
エンジン	ビューシンクNAG V8 液冷ガソリン1基		
エンジン出力	155hp	最高速度	48～50km/h
行動距離	200km		
兵装	20mm機関砲1門、7.7mm機関銃1挺		
装甲厚	5～13mm	乗員	3名

■Strv.m／42中戦車

重量	22.5トン	全長	6.215m
全幅	2.34m	全高	2.585m
エンジン	スカニア・ヴァビスL603/1 液冷ガソリン2基（後にボルボA8B 液冷ガソリン1基）		
エンジン出力	320hp（後に380hp）		
最高速度	42km/h	行動距離	—
兵装	34口径75mm戦車砲1門、8mm機関銃2挺		
装甲厚	9～55mm	乗員	4名

現存するWWⅡその他の国の戦車

フィンランドのBT-42突撃砲は、退役後に処分されたが、幸運なことに1両だけが生き残り、現在、同国のパロラ戦車博物館に展示されている。以前は露天展示だったが、現在では屋根と壁で守られるようになった。ハンガリーのトゥラーン／ズリーニィは、ハンガリー本国にはなく、なんとロシアのクビンカにある。これはソ連によって接収されたもので、経緯はともかく生き残ったことは喜びたい。

ルーマニアのマレシャルは、そもそも量産車が完成しておらず、試作車も現存していない。スペインのベルデハⅠは不運にも存在しないが、アコラサードス博物館に対戦車自走砲に改造された車両がある。また、ベルデハⅡは一旦標的とされたが、保存運動が起こり、トレドの歩兵アカデミーに展示されるようになった。

ポーランドのTKS戦車は、筆者はワルシャワの軍事博物館で見たが、その後、別の博物館に移動したようだ。ロシアのクビンカにもある。7TPは存在しない。カナダのラムはカナダに行かなくとも、イギリスのボービントン戦車博物館に戦車型とラム・カンガルーの両方がある。センチネルもオーストラリアに行かなくとも、やはりイギリスのボービントンにある。

スウェーデンのL-60およびStrv.m/42は、スウェーデンのストレングネースのアルセナーレン（アーセナル）戦車博物館で見ることができる。

スウェーデン陸軍のP7機甲連隊（南スコーネ機甲連隊）ではStrv.m/42が完全な状態で動態保存され、イベントなどで出展・展示されている。（写真／Jorchr）